高等职业教育农业农村部"十三五"规划教材
浙江省普通高校"十三五"首批新形态教材

宠物文化

朱国奉 贾 艳 主编

U0209434

中国农业出版社
北 京

内容简介 ✂

　　本教材内容包括宠物概述、宠物历史文化、宠物的功能及弊端、宠物情感文化、宠物血统文化、宠物赛事文化、宠物产业文化、宠物店铺经营文化、宠物文学与影视文化。在内容的选择上，充分体现文化性、专业性、实用性、现代性特点，注重与学生就业岗位相结合，努力与高职高专学生的文化基础相一致，以激发学生的学习兴趣。

　　本教材适合于高职院校宠物类专业学生公共课教学，同时兼顾其他社会需求。

编审人员名单

主　　编：朱国奉　贾　艳

编　　者：（以姓氏笔画为序）

卢劲晔　朱国奉　刘　静　李含侠

李锦强　何　军　陆　江　罗友文

姜忠华　贾　艳

主　　审：蒋春茂　胡新岗

数字资源及课程建设名单

主 持 人：贾　艳　朱国奉

团队成员：（以姓氏笔画为序）

李明明　陈一飞　罗友文　赵海云

胡新岗　禹海杰　费　枫

前 言

改革开放 40 多年来，我国人民的物质、文化生活水平得到极大的改善和提高，随着城市化进程的不断推进，人们的精神生活也越来越充实、越来越丰富多彩，饲养宠物正是充实人们精神生活的有效途径，宠物已成为许多人生活中不可缺少的伴侣。宠物的大量饲养形成了我国独特的宠物文化现象，这种文化现象已融入人们的日常生活之中。

江苏农牧职业技术学院宠物类专业开设已有 20 年的历史，宠物科技学院创办也有 10 多年的历史了，应该说宠物类专业教学在国内高职院校中处于领先地位。2015 年，宠物科技学院承担教育部项目——宠物教学资源库建设任务，宠物文化这门课程是教学资源库建设内容的一个组成部分，由于这是一门公共基础课程，也是一门跨学科课程，学院决定组织宠物专业和文化基础课教学一线的教师合作编写《宠物文化》，同时，认真听取、吸纳宠物相关行业、企业技术人员意见，邀请他们对教材编写进行指导。由于目前我国宠物医学专业方面出版的书籍大多数是技术方面的教材，尚没有一本完整地介绍宠物文化现象的书籍或教材，教师一直以讲义代替教材，编写组在编写过程中只能零零星星地挖掘素材、碎片化地寻找资料。本教材根据高职高专人才培育目标和培育规格的要求，以江苏省教育厅《关于全面提高高等学校人才培养质量的意见》文件精神为指导，以《"十三五"江苏省高等学校重点教材建设实施方案》为编写依据，在认真总结以往教育教学实践经验基础上，紧密结合高职院校学生成长成才要求，对接职业标准和岗位要求，围绕学生全面素质培养和就业创业能力提升这一目标，突出通识教育，实现通用性与专业性的有机结合。

本教材写作人员长期在职业技术学院教学一线担任教学工作，教学理论和经验较为丰富，编写水平较高。本教材结构严谨、实例丰富、特色鲜明，是目前我国关于宠物文化书籍方面的第一本写作体例较为完备的书籍，也是教育部宠物专业国家资源库建设的成果之一，因此本教材具有一定的独创性、较强的实用性和先进的理论性。宠物文化还是国家级职业教育"现代宠物技术"专业教学资源库的示范课程（课程网址：https：//www.icve.com.cn/portal_new/courseinfo/courseinfo.html？courseid＝8rovaj-msi5hudgjwfxkxa），也是浙江省省级精品在线开放课程（课程网址：https：//www.zjooc.cn/course/2c91808376d245cc0176d-25a92360109）。宠物文化课程资源库由嘉兴职业技术学院贾艳老师主持，嘉兴职业技术学院禹海杰、陈一飞、李明明、赵海云、费枫老师，江苏农牧科技职业学院朱国奉、罗友文、胡新岗老师共同制作完成。

  本教材由江苏农牧科技职业学院朱国奉、陆江、李含侠、卢劲晔、李锦强、刘静、罗友文老师，浙江嘉兴职业技术学院贾艳老师，中国宠物正向训练创始人何军、南通安安宠物医院院长姜忠华联合编写，由蒋春茂、胡新岗教授担任主审。在此，对于编写过程中给予帮助的各位领导、老师和同仁一并表示衷心的感谢。本教材编写分工如下：第一章由贾艳、卢劲晔、何军编写；第二章由朱国奉编写；第三章由刘静、贾艳、罗友文编写；第四章由卢劲晔编写；第五、六、十章由李锦强编写；第七、八章由陆江、姜忠华编写；第九章由李含侠、朱国奉编写。全书由朱国奉、贾艳、陆江统稿。

  本教材在写作过程中，参考了国内外高校的相关教材、专家学者的专著、相关杂志、画册以及网络信息资料，不能一一列出，在此，我们深表敬意和歉意！由于编者水平有限，教材中难免存在不当之处，敬请各位专家和读者朋友批评指正，不吝赐教，以便我们在下次修订时一并改正。

朱国奉

2020 年 5 月

目　录

前言

第一章　宠物概述

第一节　宠物的种类 …………… 1
一、哺乳类宠物 …………… 1
二、鸟类宠物 ………………… 3
三、两栖类宠物 ………………… 4
四、爬行类宠物 ………………… 4
五、观赏鱼类宠物 ……………… 5
六、节肢动物类宠物 …………… 6
第二节　宠物分类介绍 …………… 7

一、犬 ……………………… 7
二、猫 ……………………… 10
三、鱼 ……………………… 14
四、鸟 ……………………… 15
第三节　宠物业的发展 …………… 17
一、宠物业发展简史 …………… 17
二、我国宠物业发展概况 …………… 18

第二章　宠物历史文化

第一节　宠物文化的概念与特点 … 20
一、宠物文化的概念 …………… 20
二、宠物文化的特点 …………… 20
第二节　宠物的萌芽 …………… 22
一、犬与图腾崇拜和神话传说 …… 22
二、犬与祭祀和殉葬 …………… 23
三、犬与馈赠和玩赏 …………… 24
四、犬与狩猎和古代战争 ……… 24
五、犬与古代历法 ……………… 25
六、犬与古代交通运输 ………… 26
七、犬与古代饮食文化 ………… 26

八、犬与古代畜牧业经济 ……… 27
第三节　宠物的兴起 …………… 28
一、我国古代宠物的兴起 ……… 28
二、现代宠物的兴起 …………… 29
第四节　宠物的繁荣 …………… 30
一、西方发达国家宠物饲养状况 … 30
二、我国现阶段宠物饲养状况 …… 32
三、中西方宠物文化的差异 …… 34
四、当前我国宠物文化行业存在的
　　问题 ……………………… 35
五、对策措施 …………………… 35

第三章　宠物的功能及弊端

第一节　宠物娱乐功能 …………… 38
一、狩猎 ………………………… 38
二、玩赏 ………………………… 39
三、陪伴 ………………………… 40
四、比赛 ………………………… 42

五、社交 ………………………… 43
第二节　宠物协助人类工作功能 …… 44
一、导盲 ………………………… 44
二、拉车 ………………………… 44
三、牧羊 ………………………… 45

四、护卫 …………………………… 45
五、警用 …………………………… 46
第三节　宠物安抚患者功能 ……… 46
一、有助于改善患者的情绪 ……… 46
二、有助于改善心血管方面的
　　疾病 ………………………… 47

三、有助于治疗心理方面的疾病 …… 47
第四节　现代宠物饲养的弊端及
　　　　对策 …………………… 47
一、现代宠物饲养的弊端 ………… 48
二、宠物饲养弊端的根源及对策 …… 51

第四章　宠物情感文化

第一节　宠物心理特征 …………… 54
第二节　宠物情感特征 …………… 56
一、犬的吠叫 ……………………… 56
二、犬的身体语言 ………………… 57
三、犬的气味表达 ………………… 57
四、犬的情感表达 ………………… 58
第三节　宠物的行为 ……………… 59

一、宠物的姿势 …………………… 60
二、宠物的日常行为 ……………… 61
三、宠物的异常行为 ……………… 63
第四节　宠物心理障碍调试 ……… 64
一、犬的心理障碍分类 …………… 64
二、犬的心理障碍消除 …………… 65

第五章　宠物血统文化

第一节　宠物标准 ………………… 66
一、犬的头部 ……………………… 67
二、犬的躯干 ……………………… 68
三、犬的四肢 ……………………… 68
第二节　血统证书 ………………… 69

一、概述 …………………………… 69
二、判读 …………………………… 70
三、血统表 ………………………… 71
第三节　世界名犬介绍 …………… 72
第四节　世界名猫介绍 …………… 81

第六章　宠物赛事文化

第一节　国际宠物赛事概述 ……… 90
一、犬展概况 ……………………… 90
二、猫展概况 ……………………… 94
第二节　宠物展赛制介绍 ………… 96
一、全犬种比赛 …………………… 96
二、单独展（公主王子赛制）…… 98
三、单独展（BOV）……………… 100

四、CFA 赛制 …………………… 102
第三节　宠物赛事介绍 …………… 103
一、形态比赛 ……………………… 103
二、敏捷性比赛 …………………… 103
三、接飞球比赛 …………………… 103
四、飞盘比赛 ……………………… 104
五、犬类服从比赛 ………………… 104

第七章　宠物产业文化

第一节　宠物产业概述 …………… 106
一、我国宠物产业发展历程 ……… 106
二、我国宠物产业的结构 ………… 107
三、宠物产业的主要职业工种 …… 109
第二节　宠物消费与宠物产业
　　　　发展 …………………… 110

一、宠物消费现状 ………………… 110
二、我国宠物产业发展现状 ……… 111
第三节　宠物饮食与保健产业 …… 117
一、宠物食品与保健品产业的
　　起源与发展 ………………… 117
二、宠物食品与保健品的特点和

　　种类 ·········· 118
　三、宠物食品与保健品企业 ······ 119
　四、我国宠物食品与保健品市场
　　分析 ·········· 119
🐾 第四节　宠物诊疗与药械产业 ······ 120
　一、宠物医疗产业发展历程 ······· 121
　二、宠物医疗产业的人才需求
　　分析 ·········· 121
　三、宠物诊疗行业协会 ········ 122

🐾 第五节　宠物美容产业 ·········· 123
　一、我国宠物美容产业的运行
　　环境 ·········· 123
　二、宠物美容市场 ········ 123
🐾 第六节　宠物用品产业 ········ 124
🐾 第七节　宠物产业发展困境与
　　宠物行业发展前景 ······· 126
　一、宠物产业发展困境 ········ 126
　二、宠物行业发展前景 ········ 128

第八章　宠物店铺经营文化

🐾 第一节　宠物美容用品店经营 ······ 130
　一、店铺选址 ·········· 130
　二、经营管理 ·········· 131
　三、人力资源管理 ········ 134
　四、宠物用品采购 ········ 135

🐾 第二节　宠物医院经营 ·········· 135
　一、营业筹备 ·········· 135
　二、文化建设 ·········· 136
　三、营销策略 ·········· 138
　四、宠物医疗安全管理 ········ 140

第九章　宠物文学与影视文化

🐾 第一节　动物文学 ·········· 143
　一、概念 ·········· 143
　二、主要特征 ·········· 145
　三、价值取向 ·········· 145

　四、创作风格 ·········· 146
　五、动物小说 ·········· 147
🐾 第二节　宠物文学 ·········· 147
🐾 第三节　宠物影视文化 ·········· 150

附录　宠物组织机构介绍 ·········· 153
参考文献 ·········· 157

第一章　宠物概述

　　人类饲养犬、猫的历史颇为悠久，规模也较为庞大，鱼类和鸟类的饲养也有较长的历史。我国是一个幅员辽阔、人口众多的农业大国，栽培植物、豢养动物历史悠久。在当今社会，饲养宠物是常见现象，大部分宠物主人通常会饲养犬、猫、鱼、鸟等小动物。近年来，宠物市场上出现了新的宠物品种，例如蜥蜴、蛇、蜘蛛、蜈蚣、鼠等，这是与人们日常生活中或惯性思维所理解的宠物不一样的"异宠"。网络中还出现了一些虚拟网络宠物，它们也不断满足着人们饲养各类宠物的需要。日常生活的丰富多彩，人们对新事物的不断追求，使得各种各样的个性宠物不断出现，这就远远超出了人们所习惯理解的"宠物"概念，词典上对宠物的解释也很难完全涵盖不断变化的日常生活中出现的一些新事物、新现象。

　　如何定义宠物概念及宠物概念范围的宽窄都将会影响到人们的日常生活以及与其他人的关系。因为人们都生活在一个与自然、动物相处的开放的环境中，人与宠物、宠物与宠物之间的关系都有可能引发法律上的关系或问题。因此如何认定宠物就显得尤为重要。

　　宠物的定义大概经历了三个发展阶段：第一阶段是指"家庭豢养的受人喜爱的小动物"（《新华汉语词典》的定义）。第二阶段是指"受人宠爱的动物或其他物品"（《现代汉语新词语词典》的定义）。第三阶段也就是当代的宠物定义，是指法律意义上的宠物定义，我国目前尚无关于宠物的法律上的明确规定。

　　宠物有广义与狭义之分。广义的宠物是指人们出于非经济目的，精心饲养的供玩赏愉悦的生态、非生态物质，包括动物宠物、植物宠物、虚拟宠物等。狭义的宠物仅指人们出于非经济目的，精心饲养的供玩赏愉悦的动物宠物。动物宠物包括哺乳动物宠物、观赏鱼、观赏鸟、爬行动物宠物、节肢动物宠物等。人们常说的宠物是狭义的概念，即家庭豢养的受人喜爱的小动物，特别是各种可爱的犬、猫。

第一节　宠物的种类

　　按目前可以当作宠物的物种分类，宠物可分为哺乳类宠物、鸟类宠物、两栖类宠物、爬行类宠物、观赏鱼类宠物、节肢动物类宠物、植物类宠物等。本教材的宠物仅特指动物宠物，重点介绍宠物犬、猫。

一、哺乳类宠物

哺乳动物（图1-1）是脊椎动物亚门的一纲，通称兽类。多数哺乳动物是全身披毛、运动快速、恒温胎生、体内有膈的脊椎动物，是脊椎动物中躯体结构、功能行为最为复杂的最高级动物类群，因能通过乳腺分泌乳汁来给幼体哺乳而得名。哺乳动物分布于世界各地，根据生活环境不同，有陆地生活、水中生活和空中飞翔等方式；营养方式有草食、肉食和杂食3种类型。哺乳动物是动物界里多样化程度最高的一类，它们的身体结构应生存环境的需求而高度特化。最大的哺乳动物蓝鲸的体重（150吨）差不多是最小的凹脸蝠（2克）的7 000万倍。它们的外形也是千奇百怪，例如长颈鹿进化出了2米多长的脖子和能从嘴里伸出45厘米的舌头；大象有一个像人手一样灵活的鼻子；海豚长得像鱼一样；蝙蝠像鸟类一样为了在空中飞翔而有一双翅膀。

图1-1 哺乳动物

哺乳动物中作为宠物的动物有传统的宠物犬、猫等，作为家庭宠物饲养的犬的历史最悠久，虽然犬的习性和外形同狼大相径庭，但犬是在1万多年前由狼演化而来的，进一步研究也证实，狼和犬的DNA组成几乎完全相同。人们猜测，某些狼或原始犬类因闻到食物香气而设法挤到人类的火堆旁，进一步证明自己没有攻击性或能当好帮手，从而得以走入早期人类的部落。25只或30只狼与数目相近的游牧人群一前一后走过荒野，追捕大型猎物，狼群在营地附近流连、捡拾残羹，人类则可能会利用狼卓越的嗅觉与速度来找寻、追踪可能的猎物。黑夜里，狼还可以凭敏锐的感官在危险接近时示警。当时的生活或许并不如人们想象中艰难，许多时候食物都颇为充沛，捕食动物少见，人类与野生动物间的藩篱也不乏缝隙。就是透过这些缝隙，体型较小或具较小威胁性的狼慢慢占据了人们的心。这些狼过着由首脑统驭的群居生活，深谙伏低作小的诀窍，因此能适应受人类统治的日子。人类和狼之间的联盟关系由此诞生，驯养的历史因此而展开。

作为家庭饲养宠物的猫在世界范围内也相当广泛。在300万年前左右，猫科的遗传基因就已确立，逐渐演化出目前所有的猫。猫真正驯化的时间在四五千年前。欧洲家猫的祖先是非洲山猫，亚洲家猫的祖先是印度沙漠猫。非洲野猫的幼猫很容易驯养，一般认为，很可能就是目前所有家猫的主要祖先。家猫能够与野猫杂交，并能产下具有生育能力的后代，猫容易家养，也容易野化，家猫一旦重返自然界，很容易适应环境，成为野生猫。

二、鸟类宠物

鸟类（图1-2）是由古爬行类动物进化而来。鸟类的祖先是始祖鸟，为中型大小的鸟类，有着宽而长的圆形翅膀和比体躯更长的尾巴。始祖鸟可以成长至1.2米长左右，它的羽毛与现今鸟类羽毛在结构上相似。但是除了一些与鸟类相似之处外，始祖鸟还有爬行动物恐龙的某些特征。

图1-2　鸟类宠物

鸟是两足、恒温、卵生的脊椎动物，身披羽毛，前肢演化成翼，有坚硬的喙。鸟的体型大小不一，既有很小的蜂鸟（如最小的蜂鸟见于古巴的松树岛，体长约5.5厘米，体重约2克），也有巨大的鸵鸟（鸵鸟是现代鸟类中最大的鸟，高可达3米，善于行走和奔跑）。

鸟的种类繁多，是仅次于鱼类的第二大脊椎动物，全球有9 000多种，我国拥有1 200余种。我国是世界上鸟类资源最丰富的国家之一。目前鸟类可分为三个总目。

1. 平胸总目　包括一类善走而不能飞的鸟。平胸总目鸟类为现存体型最大的鸟类（体重大者达135千克，体高2.5米），适于奔走生活。

原始特征：翼退化、胸骨不具龙骨突起，不具尾综骨及尾脂腺，羽毛均匀分布（无羽区及裸区之分）、羽枝不具羽小钩（因而不形成羽片），雄鸟具发达的交配器官，足趾适应奔走生活而趋于减少。分布限于南半球（非洲、美洲和澳大利亚南部）。代表种：鸵鸟（或称非洲鸵鸟）、美洲鸵鸟和新西兰几维鸟。

2. 企鹅总目　是一类善游泳和潜水而不能飞的鸟。潜水生活的中、大型鸟类。

适应潜水生活的特征：前肢鳍状，适于划水。鳞片状羽毛均匀分布于体表，尾巴短小，腿短而移至躯体后方，趾间具蹼，适应游泳生活。在陆上行走时躯体近于直立，左右摇摆，

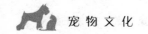

皮下脂肪发达，有利于在寒冷地区及水中保持体温，骨骼沉重而不充气，胸骨具有发达的龙骨突起，这与前肢划水有关，游泳快速，被称为"水下飞行"。分布限于南半球。代表种：王企鹅，主要分布于南极洲及其附近岛屿。

3. 突胸总目 两翼发达能飞的鸟，绝大多数鸟类属于这个总目。突胸总目包括现存鸟类的绝大多数，分布遍及全球，总计约 35 个目，8 500 种以上。

共同的特征：翼发达，善于飞翔，胸骨具龙骨突，最后 4～6 块尾椎骨愈合成 1 块尾综骨，具充气性骨骼。正羽发达，构成羽片，体表有羽区、裸区之分。雄鸟绝大多数均不具交配器官。

三、两栖类宠物

两栖动物（图 1-3）最早出现于 2.35 亿～3 亿年前，由鱼类进化而来，在漫长的演变过程中，鱼类从水里到陆地逐渐自我完善达到了质变并适应陆地新环境，因而形成了两栖动物，它们是最早的登陆四足动物，长期的物种进化使两栖动物既能活跃在陆地上，又能游动于水中。与动物界中其他种类相比，地球上现存的两栖动物的物种较少，目前正式被确认的种类约有 4 350 种。两栖动物的主要特征是：体温不恒定，卵生，幼体在水中生活，经变态后成体可适应陆地

图 1-3 两栖类宠物

生活，用肺呼吸，皮肤裸露而湿润，无鳞片、毛发等皮肤衍生物，黏液腺丰富，具有辅助呼吸功能。

两栖动物体型各异，它们的防御、扩散、迁移能力弱，对环境的依赖性大，种类比其他纲的脊椎动物少，其分布除海洋和大沙漠外，平原、丘陵、高山和高原等各种生境中都有它们的踪迹，最高分布海拔可达 5 000 米左右。它们大多昼伏夜出，白天多隐蔽，黄昏至黎明时活动频繁，酷热或严寒时以夏蛰或冬眠方式度过。以动物性食物为主，没有防御敌害的能力，鱼、蛇、鸟、兽都是它们的天敌。我国生物多样性丰富，现有两栖类动物 302 种。而云南由于特殊的地理和复杂多样的自然环境，具有十分丰富的两栖类物种（100 余种），约占全国两栖类动物种数的 40%。

四、爬行类宠物

爬行纲是从距今约 3 亿年前的石炭纪的迷齿类两栖动物演化来的。到石炭纪末期，地球上的气候发生剧变，部分地区出现了干旱和沙漠，使原来温暖而潮湿的气候变为干燥的大陆性气候——冬寒夏暖。植物界也随着气候的变化而变化，大多数蕨类植物被裸子植物代替，致使很多古代两栖类动物灭绝或再次入水，而具有适应陆生的结构（如角质化发达的皮肤、完善的肺呼吸系统等）以及羊膜卵的古代爬行纲动物则能生存并在斗争中不断发展，并将两栖类动物排挤到次要地位，到中生代古代爬行纲动物几乎遍布全球的各种生态环境，因而人们常称中生代为爬行动物时代。

爬行纲动物是肺呼吸、混合型血液循环的变温动物，体表被鳞，如蛇、蜥蜴等，或骨

板，如龟、鳖等，无毛、无羽，产羊膜卵。

爬行动物在哺乳动物出现前就已经出现了。恐龙是爬行动物的代表，曾经称霸地球。与两栖动物不同，爬行动物的皮肤干燥且表面覆盖着保护性的鳞片或坚硬的外壳，这使它们能离水登陆，在干燥的陆地上生活。在恐龙时代，爬行动物曾主宰着地球，对动物的进化产生了重大影响。大多数爬行动物生活在温暖的地方，因为它们需要太阳和地热来取暖。很多爬行动物栖居在陆地上，但是海龟、海蛇、水蛇和鳄鱼等都生活在水里。

五、观赏鱼类宠物

鱼类（图1-4）是低等的水栖脊椎动物，从整个动物演化的情况来看，脊椎动物是由无脊椎动物演化来的，有颌类是由无颌类进化而来的。鱼类是有头有颌，以鳍和尾作为运动器官，靠鳃呼吸，常年生活在水中的冷血低等脊椎动物。多数学者认为鱼类是由原始的有头类进化而来，原始的有头类在进化过程中一支形成无颌的甲胄鱼类，另外一支腮弓向颌弓转化形成棘鱼类，并在棘鱼类的基础上，到泥盘纪进化出现由若干骨块组成的骨甲，形成具有偶鳍的盾皮鱼。甲胄鱼有头无颌，不属于鱼类的范畴，棘鱼类有头有颌，是迄今人类发现出现在地球上最早的鱼类化石，发现于距今4.5亿年的奥陶纪晚期。

图1-4　观赏鱼类宠物

鱼类终生生活在海水或淡水中，也有少部分可以离开水短暂生活，大都生有适于游泳的体型和鳍，用鳃呼吸，以上下颌捕食。淡水和海水的含盐量不同，此外，随地理环境的不同，水温差和含氧量的差别也很大。由于这些水域、水层、水质及水里的生物因子和非生物因子等水环境的多样性，鱼类的体态结构为适应外界的不同变化而产生了不同的变化。

观赏鱼是指具有观赏价值的有鲜艳色彩或奇特形状的鱼类。它们分布在世界各地，品种达数千种。有的生活在淡水中，有的生活在海水中。有的来自温带地区，有的来自热带地区。有的以色彩绚丽而著称，有的以形状怪异而称奇，有的以稀少名贵而闻名。在世界观赏鱼市场中，观赏鱼通常由三大品系组成：温带淡水观赏鱼、热带淡水观赏鱼和热带海水观赏鱼。

1. 温带淡水观赏鱼 温带淡水观赏鱼主要有红鲫、中国金鱼、日本锦鲤等，它们主要来自中国和日本。红鲫的体型酷似食用鲫，依据体色不同分为红鲫、红白花鲫和五花鲫等，它们主要被放养在旅游景点的湖中或喷水池中，如上海老城隍庙的"九曲桥"、杭州的"花港观鱼"等。中国金鱼的祖先是数百年前野生的红鲫，它最初见于北宋初年浙江嘉兴的放生池中。公元 1163 年，南宋皇帝赵构在皇宫中大量蓄养金鲫。金鱼的家化饲养是由皇宫中传到民间并逐渐普及开来的。

日本锦鲤是一种名贵的大型观赏鱼，寿命通常为 60～70 年，体长可达 1～1.5 米。随着年龄和环境水温的变化，锦鲤身上的花纹色泽和形态也会不断变化，就像水墨画一样。日本锦鲤的起源地为日本新潟县，每年 10—12 月，来自世界各地的锦鲤爱好者聚集此地，选购自己喜爱的锦鲤，瞻仰闻名于世的"锦鲤发祥地"。

2. 热带淡水观赏鱼 热带淡水观赏鱼主要来自热带和亚热带地区的河流、湖泊中，它们分布地域极广，品种繁多，大小不等，体型特性各异，颜色五彩斑斓，非常美丽。依据原始栖息地的不同，它们主要来自三个地区：一是南美洲的亚马孙河流域的许多国家和地区，如哥伦比亚、巴拉圭、圭亚那、巴西、阿根廷、墨西哥等地；二是东南亚的许多国家和地区，如泰国、马来西亚、印度、斯里兰卡等地；三是非洲的三大湖区，即马拉维湖、维多利亚湖和坦干伊克湖。

热带淡水观赏鱼较著名的品种有三大系列：一是灯类品种，如红绿灯、头尾灯、蓝三角、红莲灯、黑莲灯等，它们小巧玲珑、美妙俏丽、若隐若现，非常受欢迎。二是神仙鱼系列，如红七彩、蓝七彩、条纹蓝、绿七彩、黑神仙、芝麻神仙、鸳鸯神仙、红眼钻石神仙等，它们潇洒飘逸，温文尔雅，大有陆上神仙的风范，非常美丽。三是龙鱼系列，如银龙、红龙、金龙、黑龙鱼等，它们素有"活化石"的美称，名贵美丽，广受欢迎。

3. 热带海水观赏鱼 热带海水观赏鱼由三十几科组成，较常见的品种有雀鲷科、蝶鱼科、棘蝶鱼科、粗皮鲷科等，著名品种有女王神仙、皇后神仙、皇帝神仙、月光蝶、月眉蝶、人字蝶、海马、红小丑、蓝魔鬼等。热带海水观赏鱼颜色特别鲜艳，体表花纹丰富。许多品种都有自我保护的本性，有的体表生有假眼，有的尾柄生有利刃，有的棘条坚硬有毒，有的体内可分泌毒汁，有的体色可任意变化，有的体型善于模仿，林林总总，它们千奇百怪，充分展现了大自然的神奇魅力。

欣赏和养殖观赏鱼是当今人类一项极富情趣的休闲活动。它可以使人们欣赏到海底水族世界的种种奇观，而各种鱼类游戏其间，更借助于光影作用，晶莹剔透，富丽绚烂，使人目眩神迷、遐想无限。许多家庭中也养着各种不同类型的观赏鱼，它们成为庭院或厅室一景，高雅别致，令人赏心悦目。

六、节肢动物类宠物

节肢动物（图 1-5）也称为节足动物。是一类身体由很多结构各不相同、机能也不一样的环节组成的动物，通常可分为头、胸、腹三部分，但有些种类胸部和头部合在一起，也有些种类胸部和腹部没有分化，还有些种类全身愈合，不分头、胸、腹。节肢动物身体表面有坚厚的外骨骼，一般每个体节上都有一对分节的附肢，又称节肢。节肢的运动极其灵活，主要用于爬行和游泳。节肢动物在动物界中的种类最多，节肢动物品种繁多，约占全部动物品种的 85%，达 100 多万种，而且每种的数目多得惊人。在节肢动物里，昆虫占其总数的

80%；甲虫又占昆虫的87%。节肢动物身体的分化以及身体变化的多样性，使它获得了对环境的高度适应性，几乎在地球上任何空间都可以找到节肢动物，生存场所包括海水、淡水、高山、空气、土壤，甚至是动物及植物的体内及体外，常见的有蜈蚣、虾、蟹、蜘蛛以及各类昆虫等。

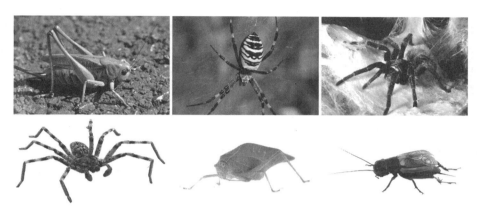

图1-5 节肢动物类宠物

节肢动物作为国内最具争议的一类异宠，其中以蜘蛛为代表，蝎、蜈蚣等毒虫为主要推广产品。这些原始的生物因为拥有凶悍的外形、狂野的性格和一定危险性而被年轻人追捧。

我国目前虽然没有专门规范宠物饲养的法律法规，但凡是列入我国《野生动物保护法》《濒危野生动植物国际贸易公约》以及各地市规定的野生保护动物名录的野生动物，都不允许随意地买卖饲养。在异宠中，私人喂养的蛇类、蛙类以及蜥蜴等异宠其实都是名列保护动物名录的野生动物，如果要人工饲养必须向野生动物管理部门申请驯养繁殖许可证，并办理相关的种源引进手续。私自售卖保护动物，将面临没收动物、罚款等处罚，如果贩卖国家级濒危野生动物，将被追究相关的刑事责任。

第二节 宠物分类介绍

一、犬

(一) 犬的起源

犬是人类首先驯化的宠物。人类的远祖大约在200万年前就出现在非洲大陆，那时候的"人"还介乎人与动物之间，主要靠采集和猎食为生。由于当时的人类没有像狮子、老虎一样的勇力，无法单独进行狩猎，不得不依靠集体的努力捕获食物，甚至与其他动物合作，并在合作过程中建立了永久的伙伴关系。

在自然进程中，早期人类和其他生命体一样面临着优胜劣汰的考验。人类在嗅觉和听觉上的迟钝就是一种致命的缺失，尤其在人类的原始时代，这不仅会在狩猎中失去线索和机会，更有可能对于潜在的危险、危机缺乏警觉和防备，如在睡梦中被潜入的对手伤害。

人们在长时期的狩猎实践中发现了狼具有机敏灵活，擅长攻击和守护，善于捕获其他弱小动物等特性，因而设想把狼驯化为自己狩猎的助手，这就是最早的犬。

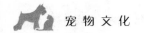

根据考古学的发现，在 1.5 万年前的亚洲，狼就被当地人驯化成功，即犬，这是人类第一种驯化成功的动物。紧接着，大约在 1.1 万年前，人类驯化了羊，与此同时，人类开始种植农作物。有些科学家坚信，正是因为人成功地把狼驯化为犬，并为人类使用，才激发了灵感，想到可以试着人工培育其他动植物。也就是说，从某种意义上讲，犬在推动人类发展进程上起过重要作用。

澳大利亚人类学家曾提出过一个惊人的观点，认为犬在推动人类进化的过程中可能起到了相当大的作用，这主要表现在行为上，如犬使用尿液来标注领地，人受到启发后，也学会使用圆形和绘画来标记领地。另外，在犬的帮助下，人类获取食物的能力大大提高，这使人和犬形成了互利的关系，人类也因而得到进一步发展。

（二）犬的发源地

有关犬的发源地和发源时间，科学家们进行了大量的考证研究。到目前为止，最早的犬化石证据来自德国，是 1.4 万年前的一个下颌骨化石，另外一个是来源于中东 1.2 万年前的一个小型犬科动物骨架化石，这些考古学证据表明犬起源于欧洲或西南亚。但是不同品种的犬在形态上的多样性，似乎又倾向于犬起源于不同地理群体狼的假说，所以仅靠考古学很难提供犬起源的可靠线索。

中瑞科学家组成的研究小组搜集了来自欧洲、亚洲、非洲和北美洲的 654 只犬的基因样本，分析了遗传物质的碱基排列后发现，这些犬拥有几乎相同的基因，科学家通过基因测试推断东亚应该就是犬的发源地，而不是过去人们一直认为的中东地区。

美国和秘鲁等国家的科学家组成的研究小组比较了南北美大陆和亚洲、欧洲的犬以及欧洲殖民者到达美洲大陆前就在拉丁美洲和阿拉斯加等地生存的犬的碱基排列，发现拉丁美洲和瑞典的犬的部分基因都源于过去的欧亚狼。这部分基因在 15 世纪欧洲殖民者到达美洲之前就已在美洲家犬身上显现。他们认为，犬在东亚起源并扩大到整个亚洲和欧洲，继而在 1.2 万～1.4 万年前由美洲大陆的第一批定居者穿越白令海峡带到了美洲。

（三）犬的驯化

虽然科学家对于现代犬种的确切起源仍有相当多的意见，不过有强有力的证据（DNA 分析）显示，被驯化的狼应该是它们的远祖。

有一种现今被普遍接受的观点是，在 1 万多年前，人类已经有了固定的居所，以家庭或者部落为单位生活在一起。由于人类获取食物的能力已经达到相当高的水平，这时狼觉得接近人类，捡拾人类丢弃的食物，比自己去狩猎要省时省力，因此一些大胆而懒惰的狼就逐渐接近人类居住的地方。人们会抱着年幼的小狼玩，如果它们成熟后表现出攻击性，就会被人类吃掉，而不具攻击性的狼就被驯养下来，也为人们在食物缺乏的季节提供了新的储备。

生物学家雷蒙就是支持这种自我进化论的代表人物。他发现很多流浪犬在垃圾场里居住，那里也有一些拾荒者出没。每当拾荒者来到的时候，流浪犬都会四散跑开，但是每只犬都会有不同的逃跑路线，它们逃开的距离也不相同，逃跑路线和距离取决于允许人类接近它们的程度。有个别亲近人类的流浪犬甚至可以和人住在一起，不过大多数流浪犬都更为独立或者喜欢和同类住在一起。

科平格据此推论出狼的驯化过程，他认为犬很可能在 1.5 万年前出现，那时人类居住的环境已经初具规模。人类聚居导致了大量的垃圾，包括吃剩的骨头和肉、粮食甚至是人类的粪便。这吸引了很多种前来寻找机会的动物，如昆虫、鸟类、小型哺乳动物，当然也有狼。

狼和其他动物的区别在于，它们遇见人以后不会急着逃走，胆大而笨拙、不够敏感的狼甚至不怕人类在其身边活动。经过无数代自发的调整和适应，新品种出现了，这就是更温顺更小的犬。

随着时间的推移，狼被自然分化为两类，远离人类居所的狼离人类越来越远，而在人类居所附近生活的狼则越来越繁荣，两种在不同环境中生活的狼在生理上也逐渐出现了差异。在人类附近生活的狼只能在人类附近生活的地方找到交配对象，因此繁殖出的后代越来越温顺，体型和头骨都越来越小，大脑也变小很多，狼于是这样缓慢地变成了村犬。

人工选择的育种计划已经使家犬在体型、大小、毛皮、颜色乃至整个形态上发生了很多变化，目前世界上有超过 800 种性情不同、形态各异的品种犬，既有至少 2 000 年前就已存在的松狮犬，又有品种历史不足 200 年的德国牧羊犬。正是由于家犬群体内存在如此丰富的多样性，因而它们可以胜任玩赏犬、猎犬、雪橇犬、导盲犬、缉毒犬、搜救犬等种种不同的角色。

但是狼在何时何地被何人驯化仍是未解之谜。关于犬起源的研究，国际上目前主要有三种假说：其一，认为是欧洲人首先将狼驯化成了犬；其二，认为犬的起源与中东的农业革命有关；其三，认为犬是在东亚或中国南方首先驯化成功，然后被带到世界各地。家犬的起源和驯化一直是一个争议不断的科学问题。

（四）犬的种类与分布

据查证，目前世界公认的有 800 多个犬品种。由于犬的品种较多，形态、血统较复杂，部分犬在用途上可兼用，目前尚无一种完善的分类方法。目前主要有以下几种分类方法：

（1）按体型分类。

① 超小型犬：这类犬体重不超过 4 千克，身高不超过 25 厘米。由于体型特小，可放入袖内或口袋内，故有"袖犬""口袋犬""珍宝箱犬"之称。代表犬种有吉娃娃犬、约克夏㹴、博美犬、玩具贵宾犬、马耳他犬等。

② 小型犬：这类犬体重不超过 10 千克，身高不超过 40 厘米。此类犬具有开朗的性格和悦目的外貌，但警戒心较强，吠声较大。代表犬种有西施犬、北京犬、巴哥犬、腊肠犬、日本狐狸犬、美国可卡犬等。

③ 中型犬：其体重 11～30 千克，身高 41～60 厘米。由于个体略大，活动范围广，多用作家庭玩赏犬、猎犬，少数可用作警犬、军犬。代表犬种有松狮犬、沙皮犬、惠比特犬、巴色特犬、史宾格犬等。

④ 大型犬：其体重 31～40 千克，身高 61～70 厘米。因个性较强，用途广泛，可用作军犬、警犬、猎犬、看家犬、导盲犬、牧羊犬等。代表犬种有德国牧羊犬、杜宾犬、拉布拉多猎犬、金毛寻回猎犬等。

⑤ 超大型犬：其体重在 41 千克以上，身高在 71 厘米以上。拥有魁梧的身躯、威武的外貌，常做看家、护卫、狩猎、拖运等工作。代表犬种有圣伯纳犬、大丹犬、大白熊犬、藏獒、阿富汗猎犬等。

（2）按用途分类。

① 工作犬：指从事狩猎以外各种劳动作业，如担任护卫、导盲、牧畜、侦破等工作，一般体型较大，比其他犬机敏、聪明，具有惊人的判断力和独立排除困难的能力。这类犬是对人类贡献最大的犬，主要有德国牧羊犬、拉布拉多猎犬、金毛寻回猎犬等。

② 狩猎犬：主要用于狩猎作业的犬，又称为猎犬。这类犬体型大小不等，但都机警，

视觉、嗅觉敏锐，善于发现猎物的踪迹，且具有温和、稳健的气质，主要品种有阿富汗猎犬、比格犬等。

③枪猎犬：用于猎鸟的犬，多数由狩猎犬演变而来，一般体型较小，性格机警、温顺、友善，能把鸟从隐蔽处追逐出供猎人射击，有的更能通过头、身躯、尾巴的连线指示鸟的位置，主要有波音特犬、金毛寻回猎犬、杜宾犬等。

④㹴犬：这类犬善于挖掘地穴猎取栖于土中或洞穴中的野兽，多用于捕獾、狐、水獭、兔、鼠等，因多数是捕鼠高手，故又称为"鼠犬"。㹴犬现已演变为漂亮的玩赏犬而遍布全球，比较著名的有约克夏㹴、猎狐㹴、波士顿㹴等。

⑤玩赏犬：指专门作为家庭用的小型室内犬。此类犬体态娇小，容姿优美，举止优雅，被毛华美，可增加人们生活的情趣。代表品种有北京犬、蝴蝶犬、吉娃娃犬、玩具贵宾犬、博美犬等。

⑥家庭犬：适于家庭饲养的一类犬，对主人忠心、热情，活泼好动，待人亲切，能给人们增添许多生活的乐趣，适于独居者与老人饲养。主要品种有贵宾犬、日本狐狸犬、西施犬、松狮犬等。

（3）美国养犬俱乐部（AKC）分类。品种标准是指由该品种产地或被国家承认的某一品种专门俱乐部制定，对某一特定品种的理想成员得到的一致公认的文字描述，品种标准是犬展、犬赛的标尺，更是对某个品种育种的方向和目标。世界上第一个养犬俱乐部（KC）于1873年在英国成立，此后AKC、世界犬业联盟（FCI）等相继成立，规定了各种犬的品种标准，同时使犬种的分类统一化。但FCI予以承认的某些犬种，KC或AKC不一定认可。AKC将其承认的147个犬种分为以下7个组别：

①运动犬组：运动犬善于帮助人们猎鸟，喜欢与人亲近，活泼而警觉，主要犬种有金毛寻回猎犬、拉布拉多猎犬等。

②狩猎犬组：狩猎犬依靠敏锐的嗅觉和听觉追赶捕猎，可爱且非常亲近人类，主要犬种有比格犬、腊肠犬等。

③工作犬组：工作犬体型较大，可以完成各种使命，诸如放牧、拉车载物、看家护院等，主要犬种有西伯利亚雪橇犬、萨摩耶犬等。

④㹴利组或㹴犬组：㹴犬源于狩猎小型动物，性格坚韧、聪明、勇敢，主要犬种有约克夏㹴、雪纳瑞犬等。

⑤玩具犬组：玩赏犬体型娇小，喜欢与人相伴，一直被当作人类亲密的伙伴饲养，主要犬种有贵宾犬、博美犬等。

⑥家庭犬组或非运动犬组：家庭犬与其他犬种的标准不同，不一定能完成本身犬种所具有的本领，但作为家庭伴侣是最优秀的，主要犬种有松狮犬、英国斗牛犬等。

⑦畜牧犬组：畜牧犬承担放牧工作，有极高的智商，常需要大量的运动，主要犬种有德国牧羊犬、苏格兰牧羊犬等。

二、猫

家猫的原始祖先是非洲野猫，因为非洲野猫的体型稍大于家猫，性情也比其他品种野猫温顺。非洲野猫经常出没在人类居住地附近，由于很容易被驯化，往往被作为当地居民的宠物来饲养。驯化后的猫被带到世界各地后，可能与当地野猫杂交，成为不同地区现代家猫的祖先。目前，带深色斑纹的欧洲家猫皮毛纹路兼备了欧洲野猫和非洲野猫的特点，而印度家猫所带的斑点说明它们的祖先与亚洲野猫有着血缘关系。家猫与丛林猫等另外一些野猫品种杂交后产生的品种不大可能对家猫的主流品种产生重大影响。

（一）猫的发源地

考古学家在不同史前人类遗址附近都曾发现过猫的残骸，包括约 9 000 年前的以色列新石器时代遗址、4 000 年前的巴基斯坦印度河谷遗址。不过这些残骸很可能是为了谋取皮毛或肉而被杀死的野猫。有趣的是，考古学家在地中海的塞浦路斯岛上同时发现了 8 000 年前的猫和鼠的残骸，它们可能被人类移民带到岛上。尽管这些猫可能尚未完全驯化，但它们是有意被带到岛上来防治鼠害的。

几乎可以肯定家猫是遍布于欧洲、非洲和南亚的小型野猫的后代。在广袤的地域内，野猫根据当地的环境和气候条件，演变出无数个野猫亚种群。它们的外观不尽相同：生活在北方的欧洲野猫身材粗壮、耳短、皮毛厚；生活在南方的亚洲野猫则身材小巧、身上带斑点。

（二）猫的驯化

大体来说，猫不是驯养动物的理想候选者。大多数驯养动物的祖先都是群居生活的，这些群居动物早已对人来人往的热闹环境习以为常了，所以只要食物充足、有地方可待，它们就很容易适应狭小的空间。

相反，猫是个独来独往的猎手，为了保卫自己的领地，对同性同胞很不客气。另外，大多数驯养动物都以分布广泛的植物为食，猫则是专性肉食动物，很难消化肉类以外的任何东西——实际上，猫已经完全丧失了消化糖类的能力，无法品尝甜味了，而肉在人类为驯养动物准备的食谱中相当罕见。猫的这些特点说明，与其他被人类列入驯养名单、被迫执行特殊任务的动物不同，猫很可能是自愿与人类生活在一起的，因为它们在人类这里看到了机遇。

距今 1 万年前的新石器时代，新月沃土的早期人类聚居地创造了一种全新的环境，向一切懂得变通又具有好奇心或者胆小而饥饿的野生动物开放，任它们开发探寻，家鼠就是其中一种。考古学家在以色列发现，约 1 万年前，在人类最早的野生谷物窖藏中就能找到这种起源于印度次大陆的啮齿动物的残留物。虽然它们在野外敌不过本地的野生鼠类，但当它们把窝挪到人类的家中和粮库里时，它们却发展壮大起来。

对猫来说，家鼠是个很大的诱惑；城郊的垃圾堆也对猫具有巨大的吸引力，那里资源丰富，猫科动物全年都能在那里觅食，这两种食物来源都促使猫去适应与人为伴的生活。用进化生物学的术语来说，自然选择更偏爱那些能与人共存的猫，因为它们拥有垃圾和鼠这样稳定的食物来源。

久而久之，在新月沃土地带，与人类主导环境融合得越好的野猫就越繁衍壮大。总的来说，在猫的驯化中，新生态位的选择机制占主要作用，但猫与猫之间的生存竞争仍左右着它们的进化，并限制着它们的顺从度。当然，由于这些原始家猫基本上需要自谋生路，所以它们捕捉猎物和翻拣残渣的技巧依旧娴熟。时至今日，全世界城市乡镇中数量众多的流浪猫就能证明这一点，大多数家猫不依靠人也很容易生存下去。

相比而言，猫转变成完全驯养动物的证据在年代上则要晚得多。以色列一具制作于 3 700 年前的象牙猫雕像暗示，猫在传入埃及之前，在新月沃土时期就已经是房屋和乡村里的寻常景象了。约 3 600 年前，埃及新王国时期的绘画作品才真正为人们提供了已知最古老、最可信的猫被完全驯化的证据。画作中的猫安坐于椅子下方，有时戴着项圈或拴着绳

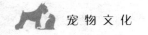

套，还经常从碗中取食或舔食物残渣。这类题材的画作相当多，意味着当时猫已是埃及人家庭中的常见成员。

这些画作在很大程度上给学者们留下了"埃及是猫驯化起源之地"的印象。但是，即使是最古老的、有关野猫的埃及画作，也比9 500岁高龄的塞浦路斯墓葬晚5 000～6 000年。孕育了大量文化成果的古埃及文明虽然算不上家猫驯化的源头，但的确在后来的驯化方向、家猫向全球分布等方面起到了关键性作用。埃及人将人类对猫的喜爱提升到了一个全新的高度。2 900年前，家猫摇身变为女神贝斯特，成了埃及的官方神祇，在贝斯特的圣城布巴斯提斯，用作祭品、制成木乃伊并被埋葬的猫数量非常可观。数以吨计的猫木乃伊说明，古埃及人不仅是在捕获未驯服或野生状态的猫，更是在有史以来首次有目的地培育家猫。

以后的几个世纪，对于出口他们所崇拜的猫的行为，埃及都明文禁止，不过这条禁令全无用处，2 500年前，家猫还是到达了希腊。此后，满载谷物的货船从埃及亚历山大城直达罗马帝国的各个城市。其间，人们肯定把猫带上了甲板以防鼠患，猫从此开始在港口城市定居下来，并逐步向四周扩散。

到了2 000年前，罗马人忙着拓展帝国版图时，家猫也随着他们四处旅行，渐渐遍布全欧洲。德国石勒苏益格的托夫廷遗址展现了公元4～10世纪德国的居民生活，就提供了这方面的证据。在那一时期的艺术和文学作品中，猫的形象也越来越常见。

同样的事情也发生在地球的另一端：家猫可能在2 000年前就已经将自己的"势力"扩展到了东方。它们沿着希腊、罗马和远东之间已经成熟的贸易路线，经美索不达米亚来到中国，穿越海陆抵达印度。接下来就发生了很有趣的事，由于远东地区没有能与新来者杂交的土著野猫，东方家猫很快走上了独立的进化道路。

那么，猫真的已经被驯化了吗？答案是肯定的，但它们的驯化可能仅仅只是个开始，尽管与人相处融洽，大多数家猫却仍不驯服，也不指望人类帮忙寻找食物和配偶。其他驯养动物（如犬）与野生先祖的外貌已经完全不同，一般的家猫却依然保持着野猫的体态。当然，家猫确实有一些不同于野猫的形态学特征，如略短的四肢、稍小的脑容量，以及为消化厨房食物残渣而进化出的更长的肠道。

家猫的进化还在继续，可以说，它们的进化之路还很长。以人工授精和体外受精等技术为支撑，猫的培育者正将猫的遗传学研究推向一片从未开垦过的处女地：将家猫与其他种的猫科动物杂交，创造出千奇百怪的新品种。孟加拉猫和卡拉猫就是这方面的例子，它们分别是家猫与亚洲豹猫和金猫的杂交后代。因此，如今的家猫可能即将跨越前所未有的演化变革门槛，成为一个多物种的复合体，它们的未来不可估量。

（三）猫的种类与分布

已被确认的家猫品种超过100种，不同品种的主要区别在于体型、眼睛的形状和颜色及被毛的长短等。猫的分类方法较多，可从猫的体型、眼睛及被毛等方面进行分类，其中以被毛长短分类法最为常见。

1. 按体型分类

（1）短脚长毛型猫。又称肥胖型长毛猫，纯种长毛猫的身体浑圆，体型粗短而结实，头部宽阔，脸圆，腿短，常被人形容为像结实的矮脚马，主要品种有波斯猫、波曼猫、喜马拉雅猫等。

（2）肌肉发达型猫。多数短毛猫都有强壮的体格，它们肌肉发达，四腿粗短。这种猫最为常见，主要品种有英国短毛猫和美国短毛猫等。

（3）体型细长型长毛猫。又称修长型长毛猫，与短脚长毛型猫不同，这类猫有长形的身体、楔形的面颊、纤细的四肢和杏仁形的眼睛，主要品种有巴厘猫、安哥拉长毛猫和索马里猫等。

（4）体型细长型短毛猫。这种体型的猫有瘦长的四肢、楔形的面颊、大而尖的耳朵和略倾斜的眼睛，主要品种有暹罗猫、阿比西尼亚猫和埃及猫等。

2. 按猫眼的形状和颜色分类　猫眼的形状大致可分为 3 种：圆形、倾斜形和杏仁形。成年猫的眼睛颜色以绿色、金黄色为主，蓝色则较为罕见，3 种颜色之中有不同程度的深浅，从而形成了更多的渐变色。需要注意的是，几乎所有的猫出生时眼睛都是蓝色，而非纯种猫的眼睛以绿色最为多见。

3. 按毛的长短分类　猫的被毛是最具显著特征的，不仅是指被毛颜色和图案花纹，也指其对猫体态和外观大小的影响。纯种猫按被毛的长度分为长毛猫、短毛猫和无毛猫。

（1）长毛猫。长毛猫的被毛非常茂密，甚至能使猫的体型增大一倍，而底层被毛是猫体型扩大的主要原因。长毛猫在春季和秋季会大量脱毛，而使外貌发生较大的变化。

长毛猫的脸形分为三大类：圆脸、楔形脸或是介于两者之间。脸形通常与体型有关，圆脸猫体型矮胖，楔形脸的猫体型较修长，脸形在一年之中也有变化，尤其是在脱毛期或是茂毛期更明显不同。圆脸长毛猫头圆而结实，顶宽，双颊圆而饱满，耳小，尖端呈圆形，耳间距宽，耳位低，鼻短宽，鼻梁凹陷。楔形脸长毛猫两耳间距宽，并呈直线向鼻口部变窄，侧看时脸形突出，鼻长且直，耳大而尖。中间脸形长毛猫头长中等，比例恰当，侧看脸呈直线形或稍有凹陷，耳大而尖，间距宽，高高位于头上。

（2）短毛猫。因短毛猫被毛较短，人们常能清楚地看到其毛皮下的肌肉线条。短毛猫在外观和毛皮质地上不尽相同：被毛可能是短而光亮，紧贴身体，也可能身体各处的被毛长短不一；被毛质地也有细腻和粗糙、厚密和松软、平直和卷曲之分。

短毛猫的脸形分为三大类：圆脸、楔形脸或是介于两者之间。圆脸短毛猫的脸呈圆形，双颊饱满，头顶很宽，鼻宽而短直，侧看时前额呈圆形，鼻梁略凹，耳小，间距宽，耳尖呈圆形。楔形脸短毛猫的脸形细长典雅，鼻口部明显变窄，侧看时脸呈直线形，长鼻无凹陷，耳大而尖，耳根宽。中间脸形短毛猫的头比例适中，头顶略宽，并逐渐变成稍呈圆形的三角形，鼻梁略凹陷，耳中等偏大，耳根宽。

（3）无毛猫。无毛猫的全身无毛或毛较少，有时身体的某些特殊部位有绒毛分布，如加拿大无毛猫全身披有一层绒毛，尤其是在脸、耳、脚和尾巴上。

（四）猫的外貌特征

猫的身体可分为头、颈、躯干、四肢和尾巴五部分。

不同品种的猫头部形态不同，其头颅无论大小均为圆形头骨成弓形弯曲。大脑发育完好，平衡神经发达。猫耳郭时常向正面开展，在头不动的情况下，其耳朵可做 180°的转动。猫的听觉能力强。猫的牙齿分为门齿、犬齿和白齿。犬齿特别发达，门齿不发达。成年猫牙齿共 30 枚，幼年猫的牙齿共 26 枚，可以根据牙齿来判断猫的年龄。

猫颈部能旋转 180°以上，较为灵活。猫躯体较为柔软，行动时灵活自如，即使从高处掉落也能调整姿势使脚先着地减少伤害。猫后肢肌肉发达，猫的弹跳高度可达身长的 5 倍多。猫的前肢有 5 指，后肢有 4 趾，指趾末端均有利爪。成年猫的利爪可以随意缩回或伸

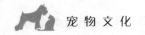

出，爪在猫休息和行走时缩进去，只在捕鼠和攀爬时伸出来，防止指甲被磨钝。猫的四肢脚底有脂肪质肉垫，所以行走无声，捕食猎物时不会惊动猎物。尾是猫的重要器官，对于保持平衡有很大的作用。

（五）猫的生活习性

猫喜爱吃肉，是肉食性动物。它是鼠的天敌，还会猎取鸟类、鱼类、昆虫等。猫每天都会用爪子和舌头清洁身体、洗脸与梳理毛发。每次大便后都将粪便盖好或埋好，十分爱干净。猫的猎食工具是爪，为了保持爪的锐利和适当长度，它需要经常在木头上面磨爪。猫行动敏捷，捕猎动物时动作迅速、敏捷而又善于隐蔽。猫喜欢夜晚活动，白天喜欢待在明亮、温暖、干净的地方睡觉，夜间外出捕食。交配求偶也在夜间进行，春秋季的夜晚常常可听到"叫春"的声音。

猫天生聪明，活泼好动，喜欢嬉戏玩耍，好奇心强，认家本领特强。猫敏感、多疑、孤独、爱嫉妒。野猫在自然界中是以个体活动为主的，只有在繁殖期，公母猫才聚在一起。家猫保持了这一天性。猫的独立性很强，比较自我，不愿做自己不喜欢的事情。

猫感情丰富，能以声音和身体语言表达自己的喜怒哀乐，还会用耳、眼、嘴、尾巴和肢体等表达自己不同的感情。

三、鱼

（一）鱼的起源

从远古时代起，鱼一直与人类密切相关，甚至成为人类赖以生存的食物之一。中国是淡水养鱼最早的国家，大约在公元前4 000—前3 500年，中国就有关于池塘养鱼的记载。早在中国的东汉中期（公元25—220年），范蠡《养鱼经》中将养鱼和水稻种植结合起来，后人评价这本书是世界上最早的养鱼专门文献。罗马帝国统治时期，养鱼业已在地中海地区兴起，而后又成为中欧基督教修道院粮食生产的一部分。

在人们满足了基本的食物需求以后，鱼的作用也产生了分化，淡水鱼中出现了供人观赏的品种。在公元前769年，人们就发现了美丽的金鱼，将它视作神鱼供奉。后经历代人工培育，成了现在供人观赏的艳丽多姿的金鱼。

金鱼是从野生鲫驯化而来的观赏鱼类，最初被驯化的一类鲫为赤鳞鱼，即红黄色的金鲫，也就是金鱼最早的祖先。唐朝时，金鲫出现，这个时候的金鲫仅仅是半家化养殖用于放生；宋朝时，除了金鲫以外，人类开始驯化其他品种的鲫，这个时候的金鱼才逐步变成了家养的观赏鱼。元朝，金鱼传入北京，很多人"凿石为池"加以饲育。明末是金鱼发展最盛的时期，人们改池养为盆养，金鱼品种不断增多。

16世纪初，中国金鱼及饲养经验传入日本，17世纪末传入葡萄牙和英国，19世纪初传入美国。随着人类海底探索活动以及淡水鱼繁育技术的发展，观赏鱼的品种越来越多。

（二）鱼的种类与分布

鱼类是世界上最古老的脊椎动物，它们几乎栖居于地球上所有的水生环境——从淡水的湖泊、河流到咸水的大海和大洋。全世界现有鱼类约为20 500种，我国约有2 500种。其中生活在温暖海域的约8 000种，生活在冷海的约1 130种，海洋上层带生活的约220种，生活在江河、湖泊的淡水鱼约8 275种。在这其中，观赏鱼种类估计有1 600多种，其中约750种为淡水观赏鱼，其余为海水观赏鱼。

（三）鱼的外貌特征

鱼的身体分头、躯干和尾巴三部分，鱼的头骨与躯干间缺乏颈部，头部不能灵活转动，体躯多呈梭形，在水中游泳减少水的阻力，体表多披鳞片，以鳃进行呼吸，口的开合、鳃弧的张缩促使水的通入与流出，血液循环是单循环，与鳃呼吸相联系，心脏一房一室。多数淡水鱼有特别的色彩和斑纹，或者体色与周围环境一致，可隐蔽自己或迷惑敌人及猎物，以保护自己或偷袭猎物。在浅水中，鱼的体色通常背为青、绿色，腹为浅白色，这些颜色被称为消灭色，从水底望上去，以为是天空，望下去，则觉是海水；而在深水中，体色非常阴沉，常为深红、黑等色。喜于水面结队游泳的鱼，鱼体斑纹常有纵纹，游泳时，望上去比实际上快。居住于水草、河流边的鱼，鱼体斑纹多为若干深黑色的条纹，具保护色作用。居住洞穴的鱼，通常无色素细胞，鱼体为肉色。晚间活动的鱼，部分鱼体颜色非灰即黑，少数为红色。

（四）鱼的生活习性

几乎所有的鱼类都具有一定的颜色，有些色彩单一，有些则色彩丰富，并形成各种各样的条纹和花斑。生物色具有多方面的生物学意义，普遍存在的有隐蔽色（保护色）、警戒色、眼斑、拟态、性别色等生物色现象，这些都是鱼类对环境长期适应的结果，对鱼类的生存和繁衍具有重要的意义。

鱼在水中四处游动，其主要目的就是觅食。鱼是变温动物，其体温随着水温变化而变化，所以说不同季节的水温变化都在很大程度上限制了鱼的活动范围。鱼在不同季节有不同的活动范围，即使是在一天之中，其活动地点也在不时变化。除了食物、水温变化带来的影响，人为干扰也是一个重要因素，因为有些水域钓鱼、旅游者多，生活在这些水域中的鱼抗钓本能增强，同时也变得异常警觉。

四、鸟

（一）鸟的起源

人类最早从旧石器时代开始养鸟，距今约 1 万年前的越南首先开始养禽，之后中国、印度、埃及、古希腊、古罗马等国家相继开始家禽的驯养。在新石器时代，我国长江流域的屈家岭人类遗址中曾发掘有陶鸡，说明早在公元前，家鸡就已经在华夏大地上被广泛饲养了，而波斯及美索不达米亚是公元前 600 年、英国是公元前 100 年才有禽类饲养的。

鸟的起源

目前有关人类养鸟的记载以我国古代文献居多。在奴隶社会，随着阶级的出现，出现了为满足上层社会需要观赏鸟类的记载，例如孔雀、百灵、鹦鹉等。据《后汉书·西南夷传》记载，我国云南一带土地平坦、开阔，物产富饶，鹦鹉、孔雀之类的珍禽很多，当地人们的物质生活水平很高。

唐朝时，人们对鸟类的喜爱达到了空前的地步。唐玄宗沉迷于斗鸡，使斗鸡成了一个行业——斗鸡坊，驯鸡、养鸡者地位优越，当时社会上流传有"生儿不用识文字，斗鸡走马胜读书"的民谣。

宋朝时，除大量养鸽以外，玩养百灵、画眉也很盛行。明清之际，富裕之家一般都喜爱养鸟，以此为生活增添新的情趣。

鸟类在我国的宠物豢养历史上的重要地位可能与民间传说有关。民间传说中的凤凰是一种仅次于龙的图腾动物，在"血统"上与鸟类近缘，也许凤是一种已经灭绝了的鸟类。《山海经》记述"有鸟焉，其状如鸡，五彩而文，名凤凰""黄帝之时，以凤为鸡"。从形态类别分析，如果真有凤的话，它只应该属于鸡形目的鸟类，凤是鸟类的文化转型，鸟类是凤的世俗化身。依此看来，古代人们饲养鸟类是为了实现对凤凰图腾的某种崇拜或仰慕。不仅如此，鸟类也以其特有的体态、色彩、歌声给人以欢快的感觉，使人受到美的熏陶。

鸟类起源于距今1.5亿年前的原始爬行类动物。1861年，始祖鸟化石的发现为连接爬行动物和现代鸟类提供了关键证据。1868年，英国生物学家Thomas Huxley在前人研究的基础上，提出了鸟类起源于爬行动物当中的恐龙的假说。从20世纪70年代开始，在美国耶鲁大学教授John Ostrom等人的努力下，人们在世界各地发现了大量化石证据，支持鸟类起源于手盗龙类恐龙的假说，并使得这一假说成为有关鸟类起源的主流假说。中国古生物学家徐星等人也为鸟类恐龙起源说提供了一系列新证据。国际鸟类基因组联盟对48个鸟类物种（这些鸟类物种包括乌鸦、鸭、隼、鹦鹉、企鹅、朱鹮、啄木鸟和鹰等，囊括了现代鸟类的主要分支）进行基因组测序、组装和全基因组比较分析，发现鸟类从恐龙进化而来的有力证据。

由恐龙进化而来的鸟类，经过亿万年漫长的历史变迁、演化和发展，体型随时间推移持续不断地变小，腿骨也不断地变得纤细，由少数低级的种类逐渐形成许多复杂、高级的种类。它们在体型、羽毛颜色以及生活习性等许多方面都发生了极大而多种多样的变化。

一旦鸟类的体型得以演变成型，新鸟类的种类就会快速地出现，原因可能是小巧的体型更利于寻找食物和避难居所，而它们的祖先体态庞大的恐龙则要困难许多。如果没有祖先恐龙提供的良好的演化开端，现今就不会有鸟类翱翔蓝天了。

（二）鸟的种类与分布

鸟类的种类分布

鸟类的种类和数量在脊椎动物中仅次于鱼类。全世界现存的鸟类已知的有9 020多种，我国有2 250多种。根据鸟的形态和结构特征可分为2个亚纲：古鸟亚纲和今鸟亚纲。古鸟亚纲的种类早已灭绝，只有化石标本。今鸟亚纲又称新鸟亚纲，可分为齿颌总目、平胸总目、企鹅总目和突胸总目共4个总目。

齿颌总目最经典的类群是黄昏鸟和鱼鸟，它们都生活在白垩纪，已经灭绝。它们虽然还保留着牙齿，但不再有长长的尾椎。黄昏鸟是不擅飞行而擅长潜水的大型海鸟，而鱼鸟是飞行能力很强的小型海鸟。

平胸总目的胸骨缺乏突起的龙骨突，使得胸大肌缺乏足够的附着面，因此这些鸟类都无法飞行。不过，作为丧失飞行能力的补偿，这些鸟类成为地球上体型最大的一类鸟，如非洲鸵鸟、鸸鹋、鹤鸵以及美洲鸵等。平胸总目鸟类几乎全部分布在南半球，它们共同的形态和解剖学特征成为研究生物进化的良好对象。

企鹅总目包括企鹅目企鹅科的6属18种企鹅。它们体羽呈鳞片状，均匀分布于体表，骨骼沉重，胸骨有发达的龙骨突。企鹅通常被当作南极的象征，但企鹅最多的种类却分布在南温带。

突胸总目是鸟纲中最大的一个总目，包括现存鸟类的绝大多数。其共同特征是：翼发达，善于飞翔，胸骨具龙骨突起。突胸总目鸟类大致可分为6个生态类群，即游禽、涉禽、鸣禽、陆禽、猛禽、攀禽。突胸总目分布遍及全球。

现存鸟类分布于世界各地，无论是长年冰天雪地的北极边缘，世界最高的喜马拉雅山，茫茫无际的海洋，深山丛林，不见天日的山洞，荒无人烟的沙漠，还是人口稠密的城市，几乎世界上每一个角落都能发现鸟类的踪影。

（三）鸟的外貌特征

鸟的外貌
特征

鸟是两足、恒温、卵生的脊椎动物。鸟的脑比较发达。鸟眼大，具眼睑及瞬膜，可保护眼球。瞬膜是一种近于透明的膜，能在飞翔时遮挡覆盖眼球，以避免干燥气流和灰尘对眼球的伤害。耳孔略凹陷，周围着生耳羽，有助于收集声波。鸟头端具角质坚硬的喙，是啄食器官。喙的形状与食性有密切关系。

鸟的身体呈纺锤形，体外被覆羽毛。羽毛是由鸟类的皮肤特化长出来的角质物。羽毛质地轻盈，光滑而坚韧，对鸟类的飞行起着重要作用。色彩和图案多样的羽毛不仅保护着鸟敏感薄嫩的皮肤，还能有效地调节体温，具有很好的防寒保温作用。鸟具有流线型的外廓，从而减少了飞行中的阻力。颈长而灵活，胸肌发达，骨骼愈合、薄、中空，尾骨退化，躯干紧密坚实，后肢强大，具有气囊，可以进行双重呼吸，没有膀胱，直肠不能储存粪便则可以减少身体重量。这些身体特征都很适于飞翔。

鸟的前肢变成翼，后肢具4趾，这是鸟类外形上与其他脊椎动物不同的显著标志。拇指通常向后，适于树栖握枝。鸟类足型的形态与生活方式有密切关系。

鸟类的皮肤无汗腺，唯一的皮脂腺是尾部的尾脂腺，其分泌的油质经过喙的涂抹擦在羽上，使羽片润泽不为水浸湿。尾段着生有扇状的正羽，称为尾羽，在飞翔中起着舵的作用。尾羽的形状与飞翔特点有关。

（四）鸟的生活习性

鸟的生活
习性

鸟有食肉、食鱼、食虫和食植物等类型，还有很多居间类型和杂食类型，食物多种多样，包括花蜜、种子、昆虫、鱼、腐肉或其他鸟。

大多数鸟是日间活动，也有一些鸟（如猫头鹰）是夜间或者黄昏的时候活动。许多鸟都会进行长距离迁徙以寻找最佳栖息地（如北极燕鸥），也有一些鸟大部分时间都在海上度过（如信天翁）。

大多数鸟类都会飞行，少数平胸类鸟不会飞，特别是生活在岛上的鸟基本上也失去了飞行的能力。每年春天和秋天，鸟类都成群结队地在天空中飞行，这种在不同季节要更换栖息地区，或是从营巢地移至越冬地，或是从越冬地返回营巢地的季节性现象称为鸟类迁徙。

大地回春，鸟类就开始进行求爱、生殖、营巢、孵卵和育雏等一连串的活动。鸟是体内受精，卵生，鸟类性成熟期为1～5年。很多鸟类到性成熟表现为两性异型。繁殖期间绝大多数种类成对活动，有些种类多年结伴，有的种类一雄多雌，少数种类一雌多雄。成对生活的鸟类雌雄共同育雏，一雄多雌的鸟类大都由雌鸟育雏，一雌多雄的鸟类由雄鸟育雏。

第三节　宠物业的发展

一、宠物业发展简史

近代，随着国际贸易的发展，宠物在更大范围内得到了流通，许多原产于亚洲国家的观赏动物都被运输到欧洲。加之人类对自然的认识和生活需求的改变以及宠物饲养方式的进步，许多动物的作用逐渐发生了变化，如猫类和犬类的早期功能已经发生分化。越来越多的

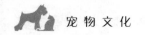

人将动物作为伴侣，这些伴侣动物也由以前的"劳工"角色转变为"受宠"的对象，成为人们生活中不可或缺的一部分。

（一）宠物业的萌芽

宠物历来是作为人们观赏娱乐的，宠物业则是在19世纪工业革命开始之后出现的，当人们有了空余的时间和多余的物质去享受生活时，宠物这个经济富足的产物也自然应运而生。目前犬类260多个品种中有80％原产地是在英国，由此可以得出宠物产业最早是在英国出现的结论。19世纪初，英国率先完成了工业革命，并发展成为著名的"日不落帝国"，英国人在世界范围的殖民掠夺，不但获取了大量的财富，还把各地的珍禽异兽带回英国，当然其中包括了各地的犬。贵族们对狩猎的喜好加速了犬在英国的繁育发展，于是各种不同狩猎用途的犬在经过科学的选育繁殖后在英国出现了。世界上第一次犬展于1859年在英国的新城镇举行，当时参展的仅限于波音达犬和雪达犬。英国于1873年成立养犬俱乐部，并于当年首次在伦敦水晶宫举行犬展。而英国全国养猫俱乐部则成立于1887年。

（二）宠物业的初步发展

在20世纪初，几大资本主义强国相继进入了垄断资本主义的发展时期。随着科技的迅猛发展，对犬的要求也在不断地提高，从开始简单的狩猎、运输、牧羊的用途向复杂的警卫、搜查、追踪等功能延伸。西方国家人民的生活日益富裕了起来，犬类爱好者更加投入科学繁殖犬类的工作中，于是宠物业得到了较大的发展。第一次和第二次世界大战期间，虽然战火使犬繁育工作中断并导致不少犬种濒临灭绝，但是各种工作犬在战争中充分地展示了非凡的作用。战后各国政府开始重视并加大对犬的培养和训练投入。

（三）宠物业的黄金期

第二次世界大战后，人类对宠物的豢养达到前所未有的普及程度，在西方国家已经发展为较流行的业余爱好，成为一系列休闲活动的基础，这一变化的直接后果就是带来了宠物数量的飞速增长。随着世界经济的快速发展，更先进的科学技术应用到犬类繁殖中去。根据繁殖者的意愿，很多适合各种用途的不同体型的犬种出现，原有品种的体型经过选育也发生了巨大的变化，出现了标准型、迷你型、玩具型。一个品种里出现了不同的毛型：刚毛型、平毛型、短毛型。另外，毛色的划分也比较多了。随着各种犬展在世界范围内的成功举行，各个犬种的标准也慢慢固定了下来。随之，相关的产业经济也迅速带动起来，世界上第一家"爱犬乐园"在"犬热"中应运而生，于1983年由英国约翰•波顿夫妇首创，园址坐落在金汉郡米辛镇的一座豪华公寓里。这里既有"日托部"，又有"全托部"。犬主人大都是富豪贵族之家。

进入21世纪，健康而且温顺的宠物已经成为城市文明的一项重要内容，甚至成为衡量一个城市文明发达与否的标志之一。现代社会中伴侣动物对于人类健康与幸福有着非常重要的意义。

另外，得益于繁育技术的进步，宠物不仅数量增加了，种类也丰富起来。随着许多年轻人观念的改变，还出现了许多异宠，如龟类、蛇类、兔类、松鼠类、猴类、昆虫类等。

二、我国宠物业发展概况

我国豢养宠物的历史悠久，犬、猫、鸟、鱼在古书中早有记载，但早期由于受传统观念的影响，"玩物丧志"使豢养宠物被认为是不思进取，在很长一段时间里不为社会所接受，豢养宠物始终只局限于少数"达官贵人";另外,历朝历代由于战乱频繁,生活在下层的人民生活困苦、衣食无所,无暇去豢养宠物,即使在较为安定的时期,民间也一直未能形成对宠物的大量需求。在古文献书籍中也未发现有专门从事宠物交易的市场记载,这说明宠物交易在当时是少量的、零星的,远远未形成一个产业。

进入近代社会,随着时局的动荡、外敌的入侵,经济萧条,国力日衰,宠物行业不仅未见发展,反而许多产于中国的宠物品种也逐渐消失了。中华人民共和国成立后至改革开放前,宠物经济发展经历了一段真空期。在这段时间里,国内很少见到名贵的宠物,也很少有人养宠物。

改革开放以后,随着经济的发展、传统观念的改变以及人民生活水平的提高,越来越多的人喜欢豢养宠物,家养宠物逐渐成为一种时尚。20世纪80年代,通过对外交流、旅游、边境贸易、走私等途径,大批宠物进入我国,养宠数量迅速增加,宠物经济开始进入兴起时期,出现了专门从事宠物交易的市场,宠物行业在这一时期也开始有了长足的发展。

我国目前的宠物热潮呈现出了一些与初期相迥异的特点:

在初期,我国豢养的宠物来源主要以国内自产为主,进口数量很少,品种也较为单一;而当今的宠物种类已经发展成为猫、犬、鸟、鱼四大类诸多品种的系列,其中进口宠物逐渐占据较大比重,品种也更加丰富,仅宠物犬的种类就达数百种之多。

另外,人们养猫主要是为了捕鼠,养犬是为了看家,看重的是猫和犬的实用性,只是将其作为一种"有用"的家畜,很少顾及其外形和品种的优劣,这种根深蒂固的观念使猫和犬一直未能成为受宠的对象。相比之下,饲养花鸟鱼虫却曾一度是上层人士所追求的生活方式,达到修身养性、陶冶情操的目的;而到20世纪90年代以后,鸟类和鱼类虽然仍保有市场,但猫类和犬类后来居上,成为人们的新宠,在宠物数量中占据了较大比重。调查显示,目前猫和犬占到宠物交易数量的80%以上。

当代社会饲养宠物最普遍的方式是建立伴侣关系,把动物作为伴侣饲养所获得的回报在于这种关系本身,而不在于任何经济利益或实用利益。在许多国家,饲养宠物都是常见现象,包括经济基础十分薄弱的国家,在具体的饲养者阶层中,也可以发现普通家庭所占的比重越来越大,这说明饲养宠物已经是当今社会的普遍现象。

🐾 分析与思考

1. 有观点认为被驯化的狼是现代犬种的远祖,请谈谈你的看法。
2. 犬的发源地在哪里?
3. 我国宠物业发展现状如何?
4. 广义的宠物包括哪些种类?
5. 赛犬可以分为哪些种类?
6. 简述猫的外貌特征。

第二章　宠物历史文化

第一节　宠物文化的概念与特点

一、宠物文化的概念

在人类社会发展的进程中，宠物是动物中一个特殊的品类，它在历史传说、民俗文化、人文地理、馈赠玩赏、经济产业等方面形成了一系列独有的文化现象，这种独特的文化现象我们称之为宠物文化。随着我国人民生活水平的不断提高，喜爱宠物、饲养宠物的人越来越多，犬、猫、鸟、鱼等已经成为人们日常生活中常见的宠物类型。但是，自古以来，鸟要关在笼子里，金鱼要养在鱼缸里，只有两种动物可以在人的住所里自由活动，允许在人的房间里走来走去，和人类形成特殊的关系，即一种古老而独特的和谐关系，那就是犬和猫。所以介绍宠物文化现象大都离不开这两种动物。

任何一种社会文化现象的产生都有其特定的社会背景，宠物文化也不例外。中华文明有几千年的历史，畜牧业文化历史悠久，伴随着经济的发展，人民生活水平的提高，宠物饲养量逐渐多了起来，宠物的兴盛带来的是对宠物这种特定文化的研究，可以说宠物文化是伴随着经济的发展而诞生的。犬作为古代宠物的象征，曾深刻地影响了我国古代的社会生活，从而也直接导致了许多与之相关的文化现象的形成。目前一般意义上所讲的宠物文化，通俗讲就是犬文化，研究宠物文化的特点就是研究犬文化的特点，本教材主要介绍与犬有关的宠物文化。

二、宠物文化的特点

1. 历史悠久　目前世界上有超过 800 种性情不同、形态各异的犬种。这些种类繁多的犬担任着玩赏犬、猎犬、雪橇犬、导盲犬、缉毒犬、搜救犬等种种不同的角色，犬的生活已经与人类生活紧密联系在一起。

如此数量众多的犬种起源于何时、何地、何种动物，又是如何被驯化成家犬，并散布世界各地，多年来一直是各国科学家争论的焦点问题。据研究，犬进化的历史阶段有古新世时期、渐新世时期、第三世中新世时期、上新世时期、第四世纪时期等。

古新世时期：大约在 6 000 万年以前，有一种体型小、貌似鼬鼠的动物，它的身体长而柔韧，长尾，短腿，名为细齿兽，它不仅是犬科，同时还是其他一些如浣熊、熊、鬣犬和猫、鼬鼠、麝猫的早期祖先。它像现代的熊一样用脚底爬行，不像现代的犬那样用"趾"走路，它的牙齿是典型的食肉动物的牙齿，脚有 5 个分离的脚趾。当时，其他食肉动物的数量远远大于细齿兽，但它们并没有参与犬族的进化历程，并且在大约 2 000 万年前就消失了。

渐新世时期：早期，大约在 3 500 万年前，细齿兽已经进化成多种早期的犬科动物，有 40 多种原始犬科动物，一些是类熊犬，一些是类猫犬。另外还有一种类似现代犬的犬繁衍生息到如今。

第三世中新世时期：大约在 2 000 万年以前，一种与现代犬很类似的犬出现了。它的颌比现代犬短，有修长的身躯和尾巴、粗短的腿，后脚仍是分开的 5 个脚趾，不像现代犬科动物那样为并拢的 4 个脚趾。大约在 1 500 万年前，人类发现了一种有较长颌和较大脑容量的犬科动物的化石，尽管它的智力不如现代犬科动物，但已具备了犬族群居的全部本能。

上新世时期：真正的犬科动物首次大约出现在 700 万年前，它开始用 4 个脚趾行走，并且 4 个脚趾靠得比较紧，这种构造很适合捕猎。

第四世纪时期：大约在 100 万年前，一种早期狼出现于欧亚大陆。

基因技术研究结果发现，犬族所有的后代都起源于野生动物狼，而不是其他的犬科动物。野生动物能否被驯化取决于是否满足 6 个必要条件：足够的食物、生长速度快、繁殖周期短、性情温顺、不易受惊并能在驯养条件下交配繁殖。6 个条件中任何一个出现问题，驯化就不能完成。

犬是最早被人类驯化的动物。犬属于犬科动物，犬科动物中体型最大的是狼也就是人们常说的灰狼。灰狼广泛分布于欧亚大陆和北美洲，其中北极狼的分布甚至到达了北极圈，所以狼的亚种十分丰富，目前承认的亚种达 39 个，例如欧亚狼、苔原狼、阿拉伯狼、草原狼、藏狼、印度狼等。

科学家认为，尽管家犬的祖先灰狼在全球具有非常广泛的分布，但各地的家犬并不是由各地的灰狼演化而来，而是有一个共同的起源。这些犬的祖先都来自中国南方，包括长江流域、珠江流域和云贵高原等地区。大约从 3.3 万年前开始，东亚南部地区的一些灰狼可能由于被人类居住地周围的食物残余等吸引，与人类慢慢地相互靠近，逐渐开始被驯化，于 1.5 万年前开始向中东、非洲和欧洲等地迁徙扩散，并在 1 万年前左右到达欧洲地区。后来这些迁徙出亚洲的家犬群体中的一个支系又向东迁徙，在东亚北部与当地家犬群体杂交形成了一系列混合群体，并在其后随人类迁往美洲地区。

犬是人类的伙伴，以犬为代表的宠物历史悠久，了解犬的起源也有助于了解人类文明的发展过程。随着现代科技水平的不断提升及各国科学家的协作研究，犬起源与驯化的神秘面纱终将被掀开。

2. 起源于神话传说和民俗　宠物文化起源于神话传说，普及于各地风俗。在与犬相处的漫长岁月里，人们熟悉了犬的生理特性，犬也被认为是"六畜"中最有灵性的动物。中国北方少数民族和西南少数民族地区多有犬的神话流传，古代北方犬国与南方犬国的说法实际上是一种图腾崇拜。

古埃及氏族严禁捕杀的动物中就有犬，因为他们认为犬是氏族祖先的亲族。希腊古典神话中也有关于犬的故事，如地狱的看门者就是长着 3 个头的大型犬，它的任务是不让亡灵逃出冥国，也不让生人进入冥国。

在中国古代神话中，天宫二十八宿之一是"娄金犬"。《西游记》描写孙悟空大闹天宫，最后是被太上老君的金刚镯打翻，又让杨二郎的哮天犬咬着腿肚子后才被擒拿的。

中国西南地区少数民族中关于犬的神话更为丰富。例如纳西族创世神话中说，开天辟地

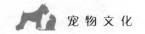

之时，天上有九个太阳十个月亮，暴热暴冷使得万物不生。后来，天神捏出三只白泥犬和三只黑泥鸡。犬叫，九个太阳并成一轮照大地；鸡鸣，十个月亮并成一个照大地，万物才得以繁衍生长。

汉族春节风俗中有赤狗日，在农历正月初三。这一天，人们看天气阴晴占卜当年养犬是否兴旺，晴主育，阴主灾。届时人们对犬的喂养也较平时精心，以求犬类繁衍和发展。

布依族过年有祭犬的活动。旧时，每年"吃新节"晚上设宴祭祖后，紧接着祭犬，然后家人方可入席就餐。祭犬时家中年长者将"新粮饭"与三块猪肉放入犬食盆，边看犬舔食边念祭词，其意是感恩犬在天王处给人类带来粮种。此俗源于"寻谷种"神话。传说人类无谷种，选出寻谷者带犬出门寻种，至天王院前求索，天王不允，犬在晒谷场打滚，稻粒附于毛中，躲过天王卫士的检查，给人带来谷种。

在藏族还流传着许多关于犬的动人故事，如阿初王子的故事。记述了阿初王子为了救人民于疾苦中，不畏艰辛终于从蛇王手中得到种子，但自己却中了蛇王的计，变成了一只犬，叼着种子回来了，不但使人民吃上了香甜的糍粑，而且使自己得到了美满的爱情。因此，藏族人民的祖祖辈辈想起犬族对他们的恩赐就感激不尽，对犬有一份特别的敬仰。犬在藏族人心中享有一定的地位，虽然犬是藏族人最早驯养的动物，但不管过去还是现在，他们都是禁吃犬肉的，更不随意杀犬，对吃犬肉，藏族社会中视为不可理喻和难以思议的事。在现今的西藏林芝和安多地区，都还保留着在藏历新年或收获季节把盛满肉食、面食的大盆端出来，首先让犬享用的习俗。几千年来人们赋予了犬神奇无比的力量，以显示自己崇拜对象的神圣，敬犬成为一种习俗已根深蒂固。犬在藏族人民生活中还有镇邪驱崇的神奇作用，因为犬的身上有一种无比强大的威慑力，可以镇服、驱除一些鬼怪邪恶，保护人的健康安全。

总之，人类从一开始就对犬有一种痴迷的崇拜，他们把犬更多地当作自己心目中的"守护神""救命恩人"。几千年来，犬依然忠诚地陪伴着主人，而人类依然对聪明的犬倾注了生命里的热爱与深情。崇犬、敬犬是这些民族的特有风俗，这些感人至深的神话传说，表达了人们对犬所具有的优秀品质的崇拜，也是对人与自然、人与动物和谐关系的赞美。

第二节　宠物的萌芽

宠物已不是普通的自然的动物，它积淀着丰富的历史文化内涵，导致了诸多与之相关的文化现象的形成。犬是人类最早驯化的动物，也是饲养数量最多的宠物。了解犬的萌芽有助于进一步认识宠物在中国古代社会地位的历史演变，了解宠物对我国古代文明的影响。

一、犬与图腾崇拜和神话传说

图腾，就是原始时代的人们把某种动物、植物或非生物等当作自己的亲属、祖先或保护神，相信它们有一种超自然力，会保护自己，并且还可以获得它们的力量和技能。

图腾崇拜是一种古老的意识，产生于氏族和部落社会，它是将某种动植物等特定事物神圣化的信仰形式。在原始人的眼里，图腾实际是一个被人格化的崇拜对象。在人类早期社会里，图腾崇拜是十分普遍的文化现象。

由于我国幅员辽阔，地理位置和气候差异较大，各地图腾崇拜的神众多，仪式礼俗也稀奇古怪。

很早以前，有些民族视犬为图腾，如满族、赫哲族将犬视为保护神，认为犬与自己的氏族有血缘关系，把犬当作祖先崇拜，不伤害犬、不食犬肉。犬死以后要给予厚葬。建州女真人禁止宰杀犬，对穿犬皮衣服的人十分憎恶。

早在原始社会，人类就产生了对犬族的图腾崇拜。对犬的崇拜是由于犬能帮助主人狩猎、放牧，保护人们生命财产的安全，犬有恩惠于主人的生存繁衍，犬对人类具有特殊的亲近特性，出于对犬的恩德的感激，人们把犬奉作神明，对其顶礼膜拜，产生了半人半犬或人犬合一的图腾。

长期以来，我国西南地区的苗族、瑶族等少数民族都将盘瓠奉为本民族开天辟地的始祖而传颂。盘瓠是中国古代神话中的人物。传说在远古高辛帝时，高辛帝养有一只十分通人性的犬叫盘瓠，它的毛有五种颜色，非常漂亮。当时有一名姓吴的将军犯上作乱，民不堪苦，高辛帝说："谁能斩下姓吴的脑袋，我就对他封邑赏金，而且把公主嫁给他。"盘瓠听后，暗自高兴，当夜趁着月黑天高，悄悄潜入敌营，趁着吴将军熟睡之际，咬下他的头颅，衔着奔回大营。高辛帝知道后十分高兴，但要把公主嫁给一只犬，高辛帝感到很为难，但作为帝王，说过的话又不能反悔，最后只好把女儿许配给盘瓠。盘瓠死后，它的后代子孙不断发展壮大，就是后来人们称之为蛮夷的部落，在蛮夷部落中大家都尊奉它为共同的祖先。

在狩猎文化逐步进入农耕文化后，家庭饲养的犬地位不断下降，其形象日渐暗淡，逐渐被猪、牛、羊等其他牲畜替代。

虽然犬在中国人民心中的地位从神话落入世俗，但不能抹灭犬在华夏民族文化中所发挥的巨大影响。以犬为氏族图腾的原始民族与华夏诸族具有十分密切的渊源关系，图腾崇拜奠定了犬文化的基础，是犬文化重要的生长点。

二、犬与祭祀和殉葬

犬的图腾崇拜不但表现在某些民族的神话传说中，而且还反映在这些民族或部落的节俗、衣食或婚丧仪式里。如刘锡著《岭表纪蛮》就记有"每值正朔，家人负犬环行炉灶三匝，然后举家男女，向犬膜拜，是日就餐，以扣槽蹲地而食，以为尽礼。"大意就是：每当正月初一，犬由家里人背着，围绕煮饭的锅台不停地转圈，然后全家老少向犬磕头，而且这一天吃饭是模仿犬吃食，蹲在地上吃食槽里的食物，大家认为这是对犬的最高礼节。

犬的祭祀在我国古代人类文化中已相当普遍，且有十分丰富的形式和内容。我国犬祭的历史源远流长，犬祭的历史追溯到距今五六千年以前。考古专家发现在辽宁敖汉旗遗址中有一个不规则的灰坑，其内有一具完整的犬骨，考古专家认为这个灰坑与祭礼活动有关。

古代祭祀多用犬，到了殷商时代，犬祭已成为普遍的风习，在甲骨文中有不少记载。《甲骨·卜辞》中记有"于帝史风，二犬"，意思是说风是天帝的使者，祭祀时用两只犬。中国的少数民族自古以来就有以犬祭祖的习俗。原始巫术中，犬常常被作为避邪和诅咒之物。在民间观念中，犬是地的守护神，犬血具有巫术功能。

汉语中"狗血喷头""狗血涂门"的说法就取自巫术的意义。一般认为犬祭目的在于祈求降福降祉，永保子孙后代生活富足安乐，或以犬祭祀山川、道路、城池等，古代人认为崇拜有神灵的事物能够消除灾难和疾病，驱除妖魔鬼怪。用毛色一致的犬来祭祀战车和道路，可保大王旅途平安。在有些少数民族地区，甚至在人生病时，也用犬作祭。

在我国其他许多地方也普遍存在着对犬的图腾的崇拜，并以多种形式寓存于风俗习惯和

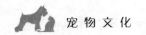

禁忌之中。东北满族禁食犬肉，不穿犬皮袍子的故事同样说明犬深刻地影响着我国各族人民的社会生活。

犬葬风俗在历史上也十分悠久，同样是由于犬在人们生活中的重要作用和与人密切的亲近关系，尤其是护卫关系所决定的。古代人们还以犬殉葬，认为犬能引导亡灵返回家园。早在新石器时代，人们就用犬殉葬，至殷商时期，以犬殉葬已成风气。

三国时，吴国人沈莹的《临海水土志》中有父母去世，子女杀一只犬来祭祀亡灵的记载。考古发现的犬遗骸是这种祭祀的见证。在我国河南省郑州市的白家庄考古发现相连的 8 座长方形犬坑，分为南北两行，东西排列着。共埋犬 130 余只，最多的一个坑中埋 30 余只，最少的也有 6 只，这就是典型的用犬来殉葬。

后来可能由于犬的来源不足，或者人们认为用犬殉葬太残忍，就改用稻草扎成"草犬"来殉葬，这种风俗仍在一些少数民族地区盛行。

三、犬与馈赠和玩赏

犬的种类十分繁多，世界各地不乏名犬。在我国的古籍记载中，商代就以名犬为宠物互相观赏和馈赠，有时作为贡品进贡。

唐朝，黄河以南一些地方如濮州濮阳郡也有把犬和绢、丝绸等名贵物品一起作为礼品进贡的。我国历史上战祸迭起，使偏远区域和外疆的犬以战利品或贡品的形式传入中原。

獒在古代是一种凶猛的犬，在先秦时期就是名犬，是西部民族的大型犬类，当时也是作为贡品进贡的。《穆天子传》中记载周穆王与西王母交换的物品中就有"良犬"和"守犬"。古籍中还经常提到短犬和短尾犬，也就是现在所说的哈巴犬，它本是南方少数民族豢养的名犬，在古代通过进贡进入中原，成为人们观赏的宠物。古代从中亚、西亚诸国进贡的名犬也不少，如三国时期，波斯犬就是作为贡品传入中原的。

随着我国农业经济的进一步发展，养犬业也随之在更大范围内发展，养犬也不再是为了祭、食、守、猎、贡几个方面，玩赏和陪伴渐渐上升到重要的位置。《汉书·鲁恭王传》中记载："鲁恭王好在宫室种花，玩犬。"《后汉书·梁统列传》中写道："冀字伯卓……好臂鹰走犬，骋马斗鸡。"可见古时帝王贵族莫不以拥有一头名犬而荣耀百倍。

在民间，养犬玩犬之风也十分盛行。走犬既是猎犬的别名，也是赛犬之称。《战国策·齐策》记载："临淄甚富而实，其民无不吹竽、鼓瑟、击筑、弹琴、斗鸡、走犬、六博、蹴鞠者。"斗鸡走犬之风在我国不少地区历代延续。明清之际，从宫廷到民间都以玩犬为乐，著名的京犬哈巴犬是其代表。

徐珂在《清稗类钞》中说："世界最珍贵之犬，实推我国京师所产。"我国珍贵的宠物犬有六种：一曰京师犬，二曰哈巴犬，三曰周周犬，四曰小种犬，五曰预毛犬，六曰小狮犬。宠物犬中尤以京师犬、哈巴犬、小师犬为上品。

随着社会经济的发展，世界交通越来越发达，全世界各地的名犬交流更加频繁，有些名犬价格不菲。加之人们的消费水平提高，豢养名犬、争睹宠物已成为一种时尚。

四、犬与狩猎和古代战争

古代文献中犬分为田犬与守犬。田犬即猎犬，意为狩猎，帮助主人狩猎是早期社会中家犬的主要职责；守犬即看家犬，帮助主人看家护院。犬经过长时期的驯化豢养，逐渐形成了各种不同的职能类型。据《礼记》记载，在周秦之际，人们便已将家犬驯养为田犬和守犬。从家犬在我国驯化成功到周秦时代，狩猎经济在社会生活中处于极其重要的地位。

关于田犬用于狩猎的史料多见于我国北方草原的古代岩画中，即广泛分布在从新疆至内蒙古以细石器为主要特征的文化遗产之中。此外，甘肃、青海、宁夏各地的此类文化遗产也证明当时的原始人过着以狩猎为主、采集经济为辅的生活。也就是说，我国北方草原地区人们从旧石器时代经中石器时代再到以细石器为主的新石器时代，都是过着狩猎兼采集的经济生活。人们能否猎获较多的野兽"丰衣足食"，很大程度上取决于猎犬的有无及其优劣。

《诗经》中有"跃跃毚兔，遇犬获之"的句子，意思是说，狡猾的兔子一旦遇到犬很难逃掉，必将成为犬的猎物。从简短的文字中可以看出，犬作为人类的帮手，在远古的时代就受到先民的欣赏和赞许。以农耕为主导的春秋战国时期，猎犬经济仅为农耕经济的补充，可想而知在以狩猎经济为主导的社会中，田犬在人类生活中的作用确为重要。

古人在长期的驯养实践中发现，有些犬性守且机警善吠，可担负守卫家宅田园、守护牧群、防止盗贼及野兽侵害等职责，这就是守犬。有趣的是，在很早的时候古人就做过驯犬捕鼠的尝试。

据《吕氏春秋》记载，齐国有一个善于相犬的人，好犬、坏犬一看便知道。他的邻居想买一只善于捕鼠的犬，就请他帮助寻找这样的犬，他一口答应，过了几年终于发现一只这样的犬，他的邻居满心欢喜，可是这只犬几年都没有捉到一只鼠。邻居认为他能相犬是骗人的，他告诉邻居说，此犬善于捕捉獐子、麋鹿、野猪等动物，对于捕鼠它不屑一顾，如果一定要它捕鼠的话，就必须用绳子拴住它。他的邻居听后就拴住了犬的后腿，从此以后这只犬就一心一意捕鼠了。

由此可知，以犬捕老鼠比喻好管闲事是后世人的观点，在早期社会，捕捉鼠害或许是看家犬分内的事。四川三台县的汉代崖墓中就有犬捉鼠的画像，画像中，一只犬正得意地叼着一只鼠，鼠的尾巴在犬嘴外垂着。

由于犬有机敏灵活、攻击性强等特性，古人不仅将其用于狩猎，而且也用于战争，这可以追溯到早期的氏族部落之争。1 000多年前，西伯利亚雪橇犬曾为居住在此处的楚克族人驱除外来入侵的敌人，立下赫赫战功，成为远古的战士。

犬是人类最早驯化成家畜的动物，亦是最早被役用的动物。高辛帝所养五色犬深入敌人内部，取敌人首级而归的故事，表明在尚未发明利用马车和骑术作战之前，凶猛猎犬用于战争，其锐势难当、作用重大、功绩卓著。

到了春秋战国时期，虽然兵车已在战争中应用，骑射亦已由北方转入中原，但诸侯、大夫之间的互相征伐往往还以猎犬作为克敌制胜的重要手段，这在古籍中不乏记载。如《左传》中记载晋侯企图借獒这种凶猛的猎犬除掉权臣赵盾一事，虽非战争，但至少也是一种武斗。

《水经注》中也有犬参与防御敌人侵袭的事迹的记载，可见犬在古代战争中所起的重要作用。汉字中狡、猾、突、犯、狠、猛、猜等与暴力、心计、攻击等有关的字都归入"犬"部，从这里也能推测出我国应当是最早使用战斗犬的国家之一。

五、犬与古代历法

许多动物曾被人们尊奉为神灵和造物主，尽管我国古代历法和生肖的出现要比人类驯化

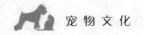

野生动物晚许多，但又都与动物有关，古代人对犬非常崇拜，因为犬是人类最早驯养的动物和有力助手。

犬文化的另一表现是它与人生仪礼密切相关，犬文化还表现在"生肖文化"上。早在我国夏历中就已有了"子、丑、寅、卯、辰、巳、午、未、申、酉、戌、亥"的顺序纪年法，即十二生肖纪年法，生肖的出现是古代人对动物的崇拜结果。因在夏朝之前，每个氏族或部落都把某种驯化的动物或植物作为本族图腾和顶礼膜拜的神灵，用动物作为历法纪年，是为了祈求年年平安、岁岁吉祥。

犬是十二生肖之一，在十二地支中以"戌"为代表。在一年中，戌月是九月，是个收藏的季节；在一日中，戌时指下午七时至九时，正是黑夜降临、华灯初上时分；方向是西北偏西，属乾宫；五行上戌犬为土。如果是犬年生人，他的属相就永远与犬相伴，婚姻等人生仪礼都离不开它。古人认为命名、择偶的讲究就与生肖有关，民间认为孩子（特别是男孩）取个贱名容易养活，于是常取名狗娃、狗儿、狗剩等。

六、犬与古代交通运输

家犬在古代不仅被用于狩猎战争和守卫警戒，还被用于交通运输。元朝时，我国东北地区通行犬橇，即用犬拉车。冰天雪地之间，四只犬拖一个雪橇，行走如飞。在寒冷的西伯利亚东部，当地人最先培育西伯利亚雪橇犬，将它用作工作犬，帮助运输物品。时至今日，生活在我国东北地区的一些少数民族在凛冽的寒冬仍用犬来拉雪橇，南极考察亦用犬来拉雪橇或运输东西。

元朝设在东北的驿站，甚至换掉了带"马"字的"驿"，直接称之为犬站。明朝人陶宗仪在《辍耕录》中记载：元末明初，在高丽北边有个地方称连五城，那些犯罪被流放到奴儿干的人，必须经过这里。这个地方非常寒冷，海面自八月就开始结冰，到第二年的四五月才解冻。当地政府每年都要派人给那些流放到奴儿干的囚犯送粮食。人们用四只犬拉的站车在冰上行走送粮食，拉车的犬通人性，食物有定量，如果犬站的官员克扣犬粮，犬不会轻饶克扣犬粮的人，直至把他咬死。

七、犬与古代饮食文化

在任何时代，饲养任何用途的动物，取肉食用无疑是追求的一个主要目标，人类最早狩猎捕兽无不是为了这一目的。这不仅在史前是如此，就是进入文明社会以后，统治阶级宴食、祭祀和普通猎民的生活中也有食用犬肉的情况。

在周朝，国家对养犬很重视，《周礼》中记有专掌犬官之职者共十多人。至于一般民众百姓食用犬肉的见于《孟子·梁惠王上》："鸡豚狗彘之畜，无失其时，七十者可以食肉矣。"意思是对于鸡、猪、犬等家畜，只要人们能够适时让它们繁殖生长，那么，家家就会六畜兴旺，不仅年轻人有肉吃，而且哪怕年过古稀的老人也会有肉吃，过上幸福的生活，安享晚年。

春秋时期，在南方的越国，人们把犬肉看得比猪肉还贵重。如《国语·越国》说越王勾践令国人"将免者以告，公令医守之。生丈夫，二壶酒，一犬；生女子，二壶酒，一豚。"意思是说越王命令全国所有臣民，如果家里有女子快要分娩，要向官府报告，公家派医生守护。生下男孩，公家奖励两壶酒、一只犬；生下女孩，公家奖励两壶酒、一头猪。可见在当

时，犬肉比猪肉贵重。

人们在长期食用的过程中，自然就对犬肉的烹饪经验和对犬肉的特性认识有了积累，烹饪的技术也有提高，这从一个方面表明我国的饮食文化之悠久。

八、犬与古代畜牧业经济

古代人民将犬驯为猎犬和看家犬，实际上，犬还可以放牧，即牧羊犬。新疆哈巴河县有一幅放牧岩画，是较典型的犬牧图，其画中有众多的羊、鹿、骆驼等家畜，作前后行进状，畜群后有一只犬守卫、两名放牧者，两名放牧者于畜群左右两边，右者执鞭吆喝，左者作驱赶状，形态逼真。内蒙古乌兰察布有一牧羊图，许多羊漫散觅食，一只犬在羊群外，牧羊者在后。如此之例举不胜举，均说明犬与畜牧业有很大的关系。

最早的野生动物多见于北方山地，这些动物多属于森林动物，最早的狩猎者是林中猎民，随着森林狩猎效率的提高与野生动物资源减少的矛盾加剧，森林部落的人口压力增加以及森林环境的破坏，使得森林部落的猎民离开森林走向草原。草原生态条件对草原猎民的压力与不适应，产生了发展养畜的需要，这是我国北方草原地带畜牧起源的原因与主要动力。

到了公元前2000年，我国北方草原的自然条件发生了很大变化，新石器时代那种较为温和而湿润的气候逐渐被干燥而寒冷的大陆性气候取代。草原上西北风劲吹，夏季酷热，冬季凛冽，使森林和百草渐退，猎物随之减少，迫使猎民改变生产方式，即由狩猎采集向农耕畜牧转化，游牧养畜成为唯一的经济生活方式。

当时狩猎工具特别是弓箭得到改进和增多，狩猎技术也得以提高，狩猎效率提高，狩猎经济得到积累，使捕获的野兽剩余成为可能。猎民在暂不缺乏食物的情况下，就把这些活野兽豢养起来，并由守犬护卫。犬在豢养之时自然繁殖，数量增大，豢养的经验和认识水平得以积累和提高，从而开始了原始的畜牧活动，畜牧业也开始由狩猎业转向牧养业。犬不仅是古人类狩猎的助手，而且是放牧的守护者。

在由狩猎向畜牧业的转化过程中，人们首先采用犬守卫防止牲畜跑掉，并且用犬来护卫，以免牲畜被狼等野兽吃掉。在青海都兰县巴哈毛力有一幅岩画，画中有一峰骆驼，左下方是一只犬，右下方为一个长方形图案，应是围栏，即犬守护畜圈。新疆裕民县有一出场图，一牧人骑马追赶着一大角羊，其侧有一帐篷，帐篷侧边有一小犬，篷外站一人，人前则是奔跑的羊和犬，反映了犬的护家情形。从这些画中都不难看出犬在早期的牧业活动中所起的重要作用。

这也证实了历史学家康拉德·洛伦兹的推断"犬是人类的第一个结盟者"。后来用拘系圈禁的方式对野生动物进行强制性驯化，在浙江嘉兴桐乡罗家谷遗址，发现大量的牛骨和鹿角上有树皮勒索的痕迹，由此推想当时这里的水牛正处于拘系驯养阶段。

根据考古判定，动物驯化的顺序最早是犬，在狩猎和牧养期，犬已成为人类的可靠助手了，接着是与人类关系密切、温顺、易制服的小型野生动物，在完成了绵羊、山羊、鹿的驯化后，就是对牛、马、骆驼等桀骜不驯的动物的驯化。

犬在我国畜牧业的形成中确实起着重要的作用，有过巨大的贡献，可以这么说，若不是人类最早驯化了犬，那么畜牧业的出现与形成至少要推迟很多年。恩格斯在《家庭、私有制和国家的起源》中写道："家畜的驯养和畜群的繁殖，创造了前所未有的财富来源，并产生了全新的社会关系。"

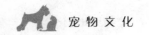

可以这么认为，畜牧业的形成和发展，一方面有赖于人类的智慧，另一方面还靠动物自身的繁衍和相互之间的生态关系，尤其是犬驯化成为家畜，为人类驯养其他动物奠定了基础，犬在其中的作用不可磨灭。

古代人类对犬的驯化以及对犬的图腾崇拜而导致的多种犬文化现象与神话传说，尤其是犬文化现象在早期人类社会生活中具有重要作用，了解这些对于我们更好地认识古代社会大有裨益。宠物文化从整个社会进程来看，是在狩猎经济占有相对主导地位的社会里兴盛起来的。犬对于主要依靠狩猎谋生的古人而言，是一个不可或缺的助手。

各种宠物文化现象足以表明犬曾对人类社会生产生活有过深刻的影响，犬对早期人类社会做出了很多贡献，古人对犬的图腾崇拜和利用对我国民俗风习、交通运输、古代战争、畜牧业的形成与发展产生了积极影响，对饮食文化等各个方面都做出过突出贡献。

第三节　宠物的兴起

原始社会人类驯养了家犬，这是宠物饲养的雏形，到了奴隶社会、封建社会，人们对宠物饲养的种类、品种、规模又大大向前发展了。

一、我国古代宠物的兴起

战国时代诸子百家留下的典籍如《管子》《韩非子》中提出犬、马、牛、羊、猪、鸡并称"六畜"，在农业经济时代，古人把养"六畜"与国富民强相提并论。至秦汉时期，养犬不仅供祭祀、肉食、狩猎、守卫用，还体现出玩赏、伴侣用途，当时的史书就有国君玩犬的记载。

在汉乐府中有"从今以往，勿复相思，相思与君绝。鸡鸣犬吠，兄嫂当知之……"的语句，描写了一位少妇对夫君的无限思念，以至感动了她身边的鸡犬，鸡以鸣为哭，犬以吠为泣，而她的兄嫂却不能体谅、理解她，如此凄婉而哀怨的故事，读来让人心痛。

到三国魏晋以后，养犬在广大城乡已很普遍。田园诗人陶渊明在《归园田居》中吟道："暧暧远人村，依依墟里烟。狗吠深巷中，鸡鸣桑树颠。"而在其《桃花源记》中也有这样的句子："土地平旷，屋舍俨然，有良田、美池、桑竹之属。阡陌交通，鸡犬相闻。"描述了一幅祥和安宁、鸡犬相闻、充满人间情趣的田园风光图景。

隋唐宋元历朝，养犬数目十分惊人。据《宋书》记载，仅扬州城内禁犬，被杀掉的犬就达数万只。至明清时期，许多世界公认的名犬都得到选育，如北京狮子犬、哈巴犬、西施犬、沙皮犬等。郑燮在《潍县竹枝词》中写道："水流曲曲树重重，树里春山一两峰。茅屋深藏人不见，数声鸡犬夕阳中。"用"数声鸡犬"反衬出山村的佳美清幽，流露出对清明安泰世象的向往。

犬的图像最早出现在汉画像石刻中。而历代画家的犬画珍品是唐朝阎立本的《獒狗职贡图》，宋代画家李迪的犬画也对后人产生了很大影响。从这些犬的画像中可以看出当时人们与犬密切的关系。

犬是有灵性的人类忠实朋友，无论是游牧民族还是农业民族都离不开它。民间有许多动人的传说讲述犬的传奇故事，古人关于义犬救人、犬递书信等故事和传奇的记载很多。满族"义犬救主"的传说讲述老罕王努尔哈赤被明兵追赶，明兵放火想烧死他，是他身边的犬在水泡子里浑身蘸满水，打湿周围的荒草，以免他被烈火烧身，在努尔哈赤被明兵追杀的危急关头，犬又扑咬上去，死死地咬住明兵不松口，才使努尔哈赤得以逃生，而那只"赤胆的卫士"却死在明兵的刀下。老罕王坐了江山之后，很感激犬的义举，视爱犬为知己。据说满族人不食犬肉的习俗就与这一传说有关。

据史料记载，甲午海战中，当"致远号"被日本军舰击毁时，邓世昌毅然投海殉国，他的爱犬紧紧咬住主人的衣服想救邓世昌，但邓世昌殉国之意已决，义犬便与主人一起沉入海底。

二、现代宠物的兴起

现代军事、消防、侦察、缉毒、追寻逃犯、体育比赛、交通、导盲、影视娱乐等都留下犬的身影。有些军犬在侦察和作战中屡建奇功；搜救犬在地震后第一时间到废墟中寻找生命迹象；缉毒犬帮助海关边哨工作人员搜寻毒品；警犬追寻罪犯留下的轨迹；导盲犬引领一个个看不见光明的生命踏上前行的道路；治疗犬为一个个孤僻、闭锁的心灵打开一扇窗……不管何种功用，可以说犬在不同的岗位上忠实地履行着自己的职责，为人类做出了特定的贡献。

1944年6月6日，近300万盟军展开登陆诺曼底的"霸王行动"，2个月后巴黎即宣告解放。在这场解放法国的规模前所未有的登陆作战中，来自英国和伞兵一起被空降到诺曼底的战犬也起到了重要作用。战犬"宾"随英国精锐的第六空降师成功降落在法国诺曼底的土地上。战争结束后，"宾"被授予迪金勋章——英军参与作战的动物所能获得的最高荣誉。

1942年，德军对斯大林格勒（现伏尔加格勒）进行狂轰滥炸，同时向苏军地面阵地发起猛烈攻击。在这危急关头，苏军警犬学校派来了4个军犬连，共计500多只经过专门训练的军犬。这些军犬如猛虎下山，有的直冲德军坦克，有的曲折腾跃扑向目标，还有的为躲避德军坦克火力的扫射，充分利用有利的地形和路线，秘密地接近德军坦克，将其炸毁。

在抗日战争最艰苦的相持阶段，日军发动了所谓的"山林扫荡战"，使用改良德国的牧羊犬进行搜索。为了破解日军的军犬战术，国民党军以犬制犬，在浙江招募一种名为"板凳犬"的矮脚土犬，经过短期强化训练之后参加了攻击日军军犬的战斗。这种矮脚土犬性情凶猛，毫不畏惧日本军犬，在大大小小的战斗中，累计咬死、咬伤日本军犬数百只，貌不惊人的中国土犬彻底打败了日本军犬。

国外养宠物的目的很多，有的是为了孩子更完善的发育，有的则是为了参加犬展和犬只比赛，更多的则是生活伴侣。国外对宠物的规范和立法特别完善，与宠物相关的行业协会的自律性也比较高，传统文化的支撑和政府及行业协会的引导是国外宠物行业发展的根基。

国外宠物行业也相当成熟，从上游宠物食品和用品的生产，到中间环节宠物的销售，再到下游为宠物提供的各种服务，已经高度细分。国外政府部门也为宠物行业设定了准入门槛来规范，除了常见的产业链条外，还穿插了一些提升宠物品质的产业环节。欧美国家自19世纪中期就开始商业化运作犬展，且把其当作一种产业。相比犬展，宠物比赛更是得到了国外宠物饲养者的推崇，由比赛又衍生出其他许多相关产业，如比赛的组织者、赞助者在犬赛过程中举行食品展、用品展览等。

宠物店是西方发达国家通过宠物服务盈利的典型做法，目前，国外的宠物医院、宠物训练学校、宠物美容师培训机构已经是相当成熟的产业。

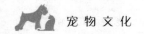

宠物保险在国外已经非常成熟和完善，并且分为很多种，主要有两种，一种是为宠物本身投的保险，主要针对宠物的疾病、意外等，另一种是类似于国内车险的担责险，针对宠物伤害到人或其他宠物而投的保险。

国外宠物行业有宠物的心理医生，这在国内是没有的。当宠物精神上出现问题时，可以带宠物进行心理治疗。

自从中国宠物行业蓬勃发展以来，中国犬文化与西方犬文化在相互融合中不断进步，成为灿烂的世界文明中重要的组成部分。

第四节　宠物的繁荣

日常生活中，宠物与人们接触、嬉闹，可增加生活的情趣。当人们上完一天班，满身疲惫地回到家中，见到可爱的宠物后，一切劳累、烦恼、不愉快都会抛到九霄云外。有很多老人因儿女工作忙常年不在身边，因此养起了犬或猫，宠物给了这些老年人精神寄托，避免了他们每日的孤独，重新唤起他们对生活的信心。儿童通过热爱小动物而认识自然，培养了一颗纯洁、积极向上的心。有研究表明，犬对治疗儿童自闭症等疾病有很大的帮助，所以每年都有很多热心于公益事业的人带着他们的爱犬到孤儿院或儿童心理疾病治疗中心去慰问那里的孩子，给孩子带来了快乐。医生建议患有高血压或是心脏病的病人通过对犬、猫的抚摸、交流，降低血压和减少心脏病的复发。

当然，犬除了在日常生活中为人们带来情趣，在社会活动中也发挥不小的作用，如在机场、港口或一些大型的公共场所进行缉毒、缉私、搜查危险品的搜捕犬，还有帮助盲人带路的导盲犬，进行雪山救援的救生犬，维持大型聚会游行、球赛秩序的防暴犬，帮助农场主放牧的牧畜犬，进行保护、步哨、攻击、搜索的军犬，奔跑比赛的竞跑犬以及在北极或南极拉雪橇的雪橇犬。可见犬在人类的社会活动中起着重大的作用。

同时，在科研上，因为犬的解剖特点与人的极为相近，所以犬被用作实验动物，用于营养、生理、病理、遗传、药理、外科、放射科等医学研究。各大医院、农业院校、科研单位、制药厂、化妆品厂均养犬。美国每年约有 37 万只犬被用于科学研究。

在西方发达国家，宠物早已成为人们日常生活中必不可少的一部分，宠物犬、宠物猫往往是家庭的成员之一。而且围绕宠物产生的各种制造性行业、服务性行业、食品加工行业也已经成为社会经济的一个重要组成部分。

一、西方发达国家宠物饲养状况

宠物饲养在西方发达国家十分普遍，西方人对宠物情有独钟，现今大多数西方人选择宠物都是随心而为的，喜欢什么动物就选择什么动物，并且有始有终，对宠物的生老病死负责到底。

英国是最具宠物文化氛围的国度，没有人喂养的老年动物要比没有人照料的老人少得多，这就是英国人的"宠物文化"带来的影响。英国有员工曾向公司部门主管要求请"宠物丧假"。

法国人天性浪漫自由，饲养的宠物犬数量居欧洲第一，法国首都巴黎甚至被人们誉为"犬的天堂"。法国人喜欢牵着自己的爱犬到处散步，法国有专为犬类开设的犬餐厅，法国共有专门为犬美容服务的"犬美容院"2 000多家，近年还创建了"动物梳妆培训中心"，法国专门为犬建有度假村、星级旅馆和健身俱乐部。法国人养的犬死后也不会被遗忘，法国有4处比较著名的犬公墓，犬主人常去祭扫献花，表达对逝去犬的无限哀思。

在意大利的某些城市，如果用铁链限制动物行动自由，如果宠物的窝盖得不够牢固或通风不畅，如果宠物的生活条件太差，宠物的主人将受到法律的制裁。意大利法规特别指出，宠物的主人有义务保证宠物的健康和"福利"，其中包括宠物繁衍后代的权利，主人必须保证宠物有足够的食物，还必须定期带宠物做健康检查。意大利的动物法律还规定，宠物的窝面积一般不得少于 8 米^2，应该光照充足、通风良好，而且温度要合适，除非有必要，否则不允许用链子拴在宠物的脖子上。任何人不得训练犬进行打斗，不允许卖给实验室进行活体解剖，也不能作为奖赏把宠物送给别人。如果有人做出这些举动，任何人都可以举报，举报者可以得到政府的奖励，被举报者将受到处罚。

美国是名副其实的宠物大国。据统计，60％以上的美国家庭拥有至少 1 种宠物。目前，美国有宠物猫约 7 770 万只、宠物犬约 6 500 万只。多数爱宠人士都把宠物视为家庭成员或孩子，愿意为自家宠物花费大量人力物力，让它们在物质方面享受特殊的待遇。美国的宠物食品琳琅满目，主食有各种品牌的宠物饲料、处方粮、肉干，还有宠物专用的休闲零食。美国宠物有自己的食具、饮具、寝具和活动房屋，还有专用的牙刷、牙膏。专门用来供猫方便的猫砂就有好多种。养护用品五花八门，修剪指甲就有功能各不相同的钳子、剪子、锉刀；驱除寄生虫有数不胜数的药品；洗澡有去污、除蚤、滋养毛发的各类香波；宠物玩具更是多种多样，如毛绒玩具、电动玩具、橡胶玩具、麻绳玩具，它们的设计很可爱，让人也想拿来玩玩。

在美国，与宠物相关的服务门类繁多，美容服务包括洗浴、洗耳、剪脚底毛等。如果想宠物变得更美，可以为它做整容手术。宠物医院和人的医院一样分科就诊。医院硬件条件也十分优越，手术室、无影灯、内窥镜、B超仪、各种型号的 X 线机和心电图仪器应有尽有。

与美国人关系最为密切的动物是宠物猫和犬，他们希望和宠物建立深厚的感情，主张"宠物有权受到善待"。美国人会为自己的宠物购买健康保险，为犬养老送终等。宠物的婚嫁由专门的宠物婚介所操办，主人可为宠物找到伴侣。有的酒店还能为出差或旅游的主人照管宠物，酒店里分普通房和豪华房，一日三餐按宠物口味喂食，专业兽医护理，全天候保姆照顾。有的宠物旅馆还设立了骨头状电话亭，离家在外的主人可以打电话给宠物，和它们通话。网络服务也逐渐兴起，主人可以上网看到宠物的实况。

在日本，多数遛犬者都会随身携带塑料袋等物品，以便随时清理宠物的排泄物。东京的宠物主人每年都要给犬注射狂犬病疫苗，这是政府的硬性规定，违者要被追究责任。近些年，日本流行给宠物买保险。日本早在 1973 年就制定了有关动物保护方面的法律，2000 年又对该法进行了修改。法律规定，人们要爱护动物，借以陶冶"尊重生命、热爱和平"的情操；此外还规定，应把宠物视为家庭的一员，主人不得随意将宠物遗弃，否则将被追究责任。

德国人爱犬，还承担着对犬进行教育的义务。德国街头随处可见带犬散步的人，却感到很安静，几乎听不到犬吠。德国犬的气质和教养的形成归功于严格的训练和正规的教育。德国开设的养犬学校非常多，授课的内容主要有三种：一是服从训练。犬必须对主人言听计从，完全服从主人的管教。二是训练犬对环境的适应能力。主要是让犬对外界噪声不过于敏

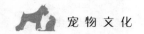

感，不会遇到刺激就狂吠。三是伴侣训练。即让犬懂得自己的伴侣角色，学会与人和谐相处。

在德国，犬可以乘坐公共汽车、地铁和火车，也可以逛超市、住旅馆，甚至可以跟着主人去上班，充分享有德国"公民"的权利。若有人将犬养在笼子里或将犬单独留于家中达8小时以上，就有可能因有虐犬嫌疑而被告上法庭，一经查实，重者可能被判拘役。若外出遛犬没有牵绳或犬挣脱出主人的牵引，造成他人人身伤害或财物毁损，则由犬的主人负全责予以赔偿。所以谨慎的德国养犬人中，有不少人为犬买了第三责任者保险，就是为了以防万一。

目前西方人除了把犬和猫视为宠物外，越来越多的西方人把鸟当作宠物，他们觉得鸟聪明活泼，能轻松地飞翔，人也跟着开心起来。另外，西方人还有把鸡、鸭、猪、蛇、马、羊、牛等当成宠物喂养的。在他们眼里，宠物就像自己的孩子，所以一旦他们选择了某种动物作为自己的宠物，就会无条件地爱它们，照顾它们一生。

二、我国现阶段宠物饲养状况

现代意义上的宠物概念在我国起步较晚，以前我国只有农村饲养一些土犬，各大城市不准养犬，以至在20世纪80年代的上海，宠物犬除了成为外国人或某些特权人物专利外，一般老百姓连宠物犬的影子都见不到。

我国改革开放后，经济快速发展，社会老龄化程度加剧，由于独生子女家庭和丁克家庭的增加等客观因素，人们的休闲、消费和情感寄托方式也呈多样化发展，生活单调的市民又在宠物犬（伴侣犬）身上重温往日的乡村生活。在充斥着喧嚣声的城市环境中，人们更加渴求与大自然的接触，而犬至少能在某种程度上满足人们的这种需要，有越来越多的人开始饲养宠物，宠物市场就变得日渐繁荣昌盛。

1992年，我国第一家小动物保护协会成立，从那时起，我国的宠物行业开始细分市场，并逐步完善。在重新为宠物定义的同时，大家对"宠物"形成了初步的认知，随即拉开了国内宠物市场的序幕，并率先提出和引导了国内的宠物理念。1993年，市场上第一批以上海顽皮家族宠物有限公司、北京怡亚为代表的专业宠物用品销售及服务的宠物店的建立，创造了宠物消费的氛围和诉求。

20世纪90年代末，随着国家法规政策的相继建立，全社会对于宠物市场有了全新的认识和关注，使宠物成为全社会共同讨论的公众话题。

宠物的发展也与我国一些大城市日趋国际化有关。一般外国人都有养宠物的习惯，在大城市工作的外国人把养宠物风气首先蔓延到大城市生活的中国人。据上海顽皮家族宠物有限公司总经理景女士统计，她的顾客40%为外国人，60%为本地人。其中本地人80%为四五十岁的中年人，他们几乎是第一批独生子女的父母，目前子女已长大成人，自己已不能融入子女的生活圈子，有的更早已退休，只好寄情养犬来寻回昔日照顾孩子的各种乐趣和感觉。也有的是因为独生子女无兄弟姐妹做伴，养宠物可以帮助他们学习如何照顾和关心他人。有一个值得研究的有趣现象：有10%宠物主人为单身贵族，尤以白领女士为主。

我国宠物市场在经历了20多年的快速发展后，逐渐引起了社会各界的普遍关注和重视，目前围绕着宠物产生的一系列生产、销售和服务等商业活动已经毋庸置疑地以一个新兴产业的面孔出现在我国的经济舞台上。就国际市场的发展经验来看，这一新兴产业的出现与兴起

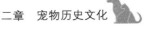

标志着社会经济已经发展到了一定的规模和水平，同时也意味着将为社会提供新的工作机会和财政收入。

由于我国城乡居民生活水平的提高，人们对于精神生活的更高追求以及越来越国际化的社会情况等，宠物行业已具规模。随着我国经济国际化和社会文明的不断进步，政府各项法律法规的制定、修改、完善，人性化管理更加精细，文明养宠、科学养宠理念日趋成熟，人们逐步把传统的"看门犬"变为生活中的伴侣动物，甚至使它们成为家庭成员，再次引导和强调了市场消费中的宠物概念。这标志着我国宠物行业已进入快速发展新时代。

中国农业大学动物医学院的资料显示，当一个国家的人均国内生产总值（GDP）在3 000～8 000美元，宠物产业就会快速发展。《北京市2018年国民经济和社会发展统计公报》数据显示北京市人均生产总值达到14万元，上海市统计局发布的《2018年上海市国民经济和社会发展统计公报》显示上海市人均生产总值达到13.5万元。而当前的我国，除了北京和上海，还有相当多城市达到了这一水平。在强大的经济增长背景下，国内宠物产业也必然出现空前的繁荣。

现代社会中的宠物基本上可以划分为犬、猫、鱼、鸟四大类，另外还有宠物兔、豚鼠、仓鼠、龙猫、刺猬、蜥蜴、蛇、蜘蛛等异宠。宠物的品种与养宠物者的经济状况密切相关，高收入者养的大多数是名贵犬、纯种犬，价值不菲，而中低收入者大多养价值几百元以内的普通犬。在当前的一段时期内，买方市场中的高收入群体对宠物的购买及后续消费是推动整个宠物产业迅速发展的主要动力。

宠物与人们的生活距离越来越近，不管人们如何抗拒如何辩驳，宠物的盛宠时代已经到来，目前北京、上海、广州、重庆和武汉是我国公认的五大"宠物城市"。人们对宠物的大量需求促使宠物饲养量快速增长，与宠物相关的衣食住行、生老病死等一系列服务产业构成了一条庞大的商务产业链，涉及宠物繁育与交易、宠物医疗、宠物服务（美容、训练、寄养和保险等）、宠物食品及用品、宠物文化等。近几年还涌现出宠物婚介、宠物殡葬、宠物寄养等新兴行业。但目前我国宠物行业规模和技术水平远落后于发达国家，宠物相关制造企业的品牌缺失，企业的流通、生产、研发缺乏主力；而且政府对我国宠物行业的管理缺乏力度和宠物行业的巨大利润吸引，导致我国宠物行业暴利丛生、市场竞争秩序混乱。

在宠物饲养种类方面，目前以体型较小的猫、犬为主。以宠物犬为例，小型犬有北京犬、西施犬、巴哥犬、斗牛犬、雪瑞纳犬等。随着一些经济实力较强的人向郊区转移，生活空间扩大，一股饲养大中型犬的热潮也开始出现，如德国牧羊犬、大麦町犬、拉布拉多猎犬等。

2012年我国宠物数量已达1.5亿只，10年间增长了近5倍。全国现有各类宠物企业2万余家，但与发达国家相比还有很大差距。我国600多个城市有宠物交易市场，各类大型宠物店铺近2 000家。各类风险投资资金也看好宠物行业发展，2003年起联想集团投资大型连锁宠物实体店"乐宠"，两轮投资近千万美元，2008年阿里巴巴集团创始人马云为爱狗网融资1 000万美金。《宠物中国》杂志调查显示，2013年我国宠物行业产值已突破400亿元。

中国产业调研网发布的《2015年版中国宠物市场调研与发展趋势预测报告》显示，我国的宠物产业应不断引进新品种，加强对宠物食品、用品的研发，培育宠物市场，开辟宠物及其用品的交流、交易渠道，提供宠物必需的生活用品和用具，以引导宠物生产与消费；同

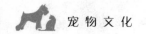

时政府部门要加强法制建设，为宠物产业的发展创造良好有序的竞争环境。目前国内宠物市场已进入一个高速发展的时期。随着宠物数量的增长，庞大的宠物服务的消费需求不断扩大，对投资的需求也相对日趋旺盛，我国的宠物行业将迈上一个新的台阶。

三、中西方宠物文化的差异

宠物是很多西方人生活中的伴侣，宠物就是家庭的一分子，就是自己的亲人，随之而生的宠物经济也成为社会的重要组成部分。在中国，随着经济的迅速发展，越来越多的人开始饲养宠物，但却远远没有西方人那么重视宠物，我国各个城市的大街小巷流浪着人们丢弃的小动物。造成这种现象和差异的原因很多，具体而言有以下几点：

1. 历史不同导致的差异　以犬为例，中国历史悠久，自古是一个农业大国，犬帮人看家防盗以及提供肉食，而西方尤其是美国历史比较短暂，最早以渔猎、畜牧为主，主要食用牛羊肉，犬成为重要的劳动和生产工具，所以如今的猎犬、牧羊犬大都出自西方国家。很多美国人难以理解吃犬肉、不把犬当作自己伙伴的行为。只有一点是相同的，在战争中，犬充分发挥了它的优点和作用，作为一种战争资源被保护得很好。

2. 宗教信仰不同导致的差异　西方国家语言里的很多词是源于宗教神话，他们信奉的是基督教、天主教等宗教，宗教里的一些教条也涉及了对动物的关爱，使得他们对于宠物的态度与中国人截然不同。而中国佛教、道教兴盛，以"渡人"为主，这种观念在一定程度上也影响着人们对饲养宠物的态度。

3. 审美取向不同导致的差异　每个民族都有自己喜爱的动物，所以宠物文化具有鲜明的民族性、地域性。犬在中西两种文化中产生了差别，这就涉及了不同民族对动物的好恶及对该动物喜欢、欣赏的程度。

西方人养犬是为了陪伴自己，把犬视为宠物、亲密的家人和忠实的朋友，认为犬是不可缺少的。西方人看中犬的跟随与忠诚，喜爱它，赞美它，犬的文化内在意义在英语中多是褒义词，如"help a dog over a still"（助人渡过困难关口）；"love me，love my dog"（爱屋及乌）；"a lucky dog"（幸运儿）；"a clever dog"（聪明的小伙子）；"gay dog"（快活的人）；"work like a dog"（拼命工作）等。

中国人自古以来养犬主要用于看家护院、放牧打猎及获取食物，犬素有"看门犬"之说。中国人对犬的情感是复杂的，在汉语词汇中，犬并不是一种宠物，与犬有关的词语含义褒贬不一，如"狗不嫌家贫，子不嫌母丑"表达是对犬忠诚的评价；"犬马之劳"借用犬为主人效劳来形象地比喻心甘情愿为他人效劳；"狗血喷头""狗血涂门"表明犬在古代祭祀中起到避邪、诅咒的功用；更多的如"关门打狗""狗仗人势""狗急跳墙""鸡鸣狗盗""狗眼看人低""狗嘴里吐不出象牙"等把犬作为贬义使用。

不同的国家有不同的审美取向，不同的审美取向必然会导致不同的宠物文化。猫是西方宠物文化的重要成员，在人们心目中仅次于犬。他们认为猫是妩媚多娇的，所以多用猫来形容美丽性感的女人，如模特走的舞台步被称为猫步。因此，他们更愿意把猫作为陪伴的伙伴。

中国古代文化里则没有相似的联想，相反，还认为猫是不祥的动物，如夜里看见猫会倒霉。当然，这样的文化偏见并不是一直延续的，随着社会的进步以及经济的发展，中国有越来越多的人渐渐喜欢猫，开始把猫作为自己的宠物。

四、当前我国宠物文化行业存在的问题

我国宠物市场还是一个新兴市场，有着巨大的增长潜力，在我国经济高速发展的同时，我国宠物行业的前景也是一片光明。这可以从两方面进行说明：一方面是宠物的上游产业，包括宠物的买卖、出租配种以及繁殖等交易。从我国宠物经济的发展状况来看，随着喜好豢养宠物的人数不断增加，上游产业前景广阔，目前在我国平均1个省会城市就有4个宠物交易市场，而且宠物市场的数量仍在逐年增加。在宠物买卖方面，进口宠物占据了宠物消费的较大比重，进口宠物的价格昂贵，养护费用也高。近年来国内宠物品种发展十分迅速，随着宠物繁育技术不断提高，物美价廉的国内宠物品种会越来越受欢迎。目前，一些国产的犬类品种比如北京犬、巴哥犬在宠物市场上销售得十分红火。另外，由于消费者对宠物品种要求越来越高，许多名贵的宠物配种交易频繁。据业内人士介绍，目前许多纯种宠物的配种交易费用已经占到宠物价格的一半以上。配种交易的兴起和发展会使某些国外品种逐渐与国内品种实现同化。另一方面是宠物的中下游产业，中游的宠物产业包括围绕宠物的吃、穿、用等消费衍生的产业，下游的宠物产业围绕宠物的服务更为细致，随着宠物热的持续升温，宠物美容、医疗、婚介、寄养、训练、比赛、摄影、殡葬、保险等一系列行业将会逐步在我国兴起。综上所述，我国的宠物市场正处于快速增长时期，而快速发展的同时必然伴随一些不容忽视的问题出现。因此，宠物行业需要市场和政府的双重联合调控，这样才能健康、快速、高效地发展。

目前，我国宠物行业也暴露出一些不规范问题，已成为制约当前宠物消费市场发展的重要因素。主要问题有以下几点：

1. 宠物行业不规范，缺少监督和管理 宠物交易鱼龙混杂，宠物买卖属于特殊行业，从注册登记的角度来看，能否从事这项经营并没有明确的限制。很多宠物交易都是零散经营，不容易监管，街头随意摆放的流动犬摊更是难以管理，买来的宠物是否带有什么疾病，免疫疫苗是否注射等这些宠物交易中存在的安全隐患都是消费者很难辨别的，这样不仅不利于宠物健康，也造成了国内宠物市场的声誉变差。

2. 宠物医院、宠物保健院等良莠不齐 国内相应的从业人员的教育和培训体系尚未建立。医疗设备简陋，治疗效果不佳，甚至出现误诊等情况。宠物保健服务行业中具有正式宠物美容资格证的从业者极少，缺少相关的教育培训。

3. 宠物用品行业缺乏竞争力 国内宠物用品企业技术落后，经营管理不规范，销售渠道不畅，市场上的宠物医院和宠物用品店、大超市被国外的品牌占领，国产的品牌很少。

4. 行业管理和服务缺乏标准规范 从我国目前的情况来看，市场的无序竞争，繁育的无序不科学、水平低下，法制观念淡薄，宠物的数量大、精品少，管理不规范，严重地制约了宠物业的健康发展。

5. 相关法制、法规不完善制约了宠物行业发展 我国地区经济发展的不平衡导致目前国内还没有一部比较系统的关于宠物饲养方面的法律法规。目前仅有北京、上海等少数城市制定了专门针对犬类饲养的规定。

五、对策措施

1. 加大整治力度，规范宠物市场 明确主管部门，使各相关部门明确自己在宠物市场

管理中的职责与权限。政府有关部门应彻底整治宠物市场，投资修建一定规模并具备能力进行宠物交易的市场。畜牧兽医主管部门应在市场内设置防疫、检疫派出站。

2. 合理布局，纳入城市统一规划　因为宠物类别繁多，所以应实行不同种间隔离买卖，这样不仅可以减少不同种间动物疫病的交叉传播，也可降低人畜共患病的发生概率。

3. 对宠物市场进行严格管理　交易市场散户携带的宠物从入场开始就要接受严格检疫。进出市场的宠物都要由兽医对其进行临床观察、检疫。市场还应随时检查已进入市场出售的宠物的健康状况。

4. 严格审查宠物医疗机构、从业人员行医资格　严格审查宠物医院各类执照、许可证及是否具备必需的医疗设备。根据各地具体情况，一般准予经营的宠物医疗机构应有工商、税务执照，动物防疫许可证，动物诊疗许可证等。

5. 严格审查从业人员的行医资质，不具备资格的不得从事诊疗　主管部门应定期对兽医进行资质审查及能力测试。全国应尽快实行强制资格认证上岗制。同时，应加强宠物类专业学生的人才培养，保证高素质高技能专业人才能及时充实到宠物诊疗队伍中。

6. 医疗、项目及药品明码标价　物价、兽医等相关行政部门应联合打击宠物医疗中的暴利行为，政府应通过调研、督察将宠物医疗相关收费确定在合理范围之内。国内兽药企业应看到宠物市场的需求空白，加大对宠物药品的研发力度。

7. 应对宠物进行强制免疫　建议政府对农村的犬实行免费狂犬病疫苗注射。在城市畜牧兽医防疫主管部门应进入社区，宣传动物防疫的重要性，积极组织对辖区内宠物进行狂犬病、禽流感等疫病的强制免疫接种工作。在社区内建立严格的免疫档案制度，消除各种人畜共患病隐患。

8. 发动各方力量筹集资金，建立流浪宠物收容机构　相关部门、宠物协会及宠物诊疗机构应牵头，向政府及社会征集资金用于建立流浪宠物收容站，招募义工负责流浪宠物的日常管理工作，并对流浪宠物进行绝育手术。

9. 实行养犬登记管理制度　政府不收取任何注册登记费和年审费，划分区域，禁养烈性犬，限制养犬数量，要求养犬者必须对所养犬注射狂犬病疫苗，并交纳一定数量的卫生补偿费，由此发牌。管理部门对无牌的宠物有权进行相关合理处置。

10. 建立无害化处理站处理宠物尸体　应该合理利用兽医防疫机构现有处理动物尸体的设备，对宠物尸体进行无害化处理。同时，可以修建公益性宠物无害化处理站等，宠物主人应自觉将宠物尸体送往有关机构进行无害化处理。同时，相关宠物协会或机构也可以建宠物殡仪馆，宠物殡仪馆最好是公益性的，只收成本费。另外，宠物诊疗机构还可以提供将宠物尸体制作成标本的服务，使那些爱犬人士可以将宠物标本终身保存，以寄托思念之情。

总之，人与人之爱是一条永恒的纽带，无论是爱情、亲情还是友情，都是人类生命中不可或缺的要素，是人类社会赖以生存与延续的生命线；人与宠物之爱是一架永恒的心理桥梁，是人与动物及人与自然界沟通的重要路径，也是人与自然和谐发展的原始推动力。

中西方宠物文化的巨大差异组成了丰富多彩的世界宠物文化。宠物热的出现是人们生活水平改善后消费水平提高的结果，也是我国改革开放条件下出现的一种社会现象，更是一种值得探讨的经济现象。

分析与思考

1. 什么是宠物文化?
2. 宠物文化的特点是什么?
3. 请说说宠物与图腾崇拜的关系。
4. 简述西方宠物文化现象。
5. 简述当今我国宠物文化现象中存在的问题和解决措施。
6. 简述中外宠物文化的异同。

第三章　宠物的功能及弊端

　　随着社会发展和经济的增长，宠物行业得到了迅猛的发展，人们饲养宠物已经由单纯的赏玩而转变成一种精神的寄托，宠物的角色也悄然发生着变化，日益成为人们生活的伴侣。宠物在人们的生活中所占的地位越来越高，影响也越来越大，在促进社会和谐的过程中发挥着不可替代的调节作用。越来越多的人开始养宠物，宠物与人们朝夕相处，能缓解人们的精神压力、丰富生活内容、提高生活质量。宠物也被心理学家广泛地用于医治或帮助有问题的孩子或成人。宠物在与人类共同生活过程中发挥了越来越多的功能。

第一节　宠物娱乐功能

　　自人类将野生动物驯化成为宠物以来，宠物伴随人类从狩猎时代进入农业时代、工业时代和信息时代，宠物从专供贵族们娱乐逐渐普及到平民大众，且娱乐方式呈现多样化。

一、狩猎

　　在我国上古时期，田猎是一项具有军事意义的生产活动，并与祭祀有关。殷商甲骨文中有大量的田猎记录，所获猎物有麋、鹿、兔、狐等。殷商已是以农业经济为主的社会，田猎不再是以糊口果腹为目的的生产手段，周朝更是如此。《周礼》记载："犬有三种，一者田犬，二者吠犬，三者食犬。"可以看出中国古代对于犬分类多以功能来分，并不注重于犬的外形。

　　田猎的作用主要有四种：一是为田除害，保护农作物不受禽兽的糟蹋。二是供给宗庙祭祀。三是为了驱驰车马，弯弓骑射，进行军事训练。四是田猎所获的山珍野味也用于大宴宾客及储备收藏。古代礼法规定，田猎不捕幼兽，不采鸟卵，不杀有孕之兽，不伤未长成的小兽，不破坏鸟巢。另外，围猎捕杀要围而不合，留有余地，不能一网打尽。这些礼法对于保护野生动物资源、维持自然界生态平衡是有积极意义的。

　　人类为了满足狩猎需要培养出能够协助打猎生活的狩猎犬。灵活的动作和灵敏的嗅觉是狩猎犬种具备的两大特征。狩猎犬可以分为视觉型狩猎犬种和嗅觉型狩猎犬种两大类，其中视觉型狩猎犬种完全来自中东地区，其视力为犬类之冠，它们的速度也十分惊人，该类犬种具备细长的四肢及优雅、结实、匀称的瘦长体格，因而成为广大沙漠地区追逐猎物的最佳选择。视觉型狩猎犬种及利用视力追逐猎物的犬种有现代的阿富汗犬、沙克犬及灵缇犬的祖先。这些犬种属于速度快、埋头苦干型的短距离追逐者，从事追踪行动之际，主要依赖其敏锐的视觉。100米短跑竞赛的冠军非此犬种莫属，因为其步伐大、体型高大。嗅觉型狩猎犬在形态上也具备强有力的脚、细长形的脸、垂耳，以及拥有比人类嗅觉敏锐100万倍的鼻子。后来人类也培育出特殊的长身短脚型嗅觉型狩猎犬种。嗅觉型狩猎犬种靠发挥其惊人的耐久力和猎物做长距离的竞跑，直到猎物精疲力竭为止。嗅觉型狩猎犬在跟踪猎物时能高度集中精力，全然不顾主人的召唤、汽车喇叭声或火车的汽笛声等一切干扰。嗅觉型狩猎犬沉着而容易相处，乐于接受孩子，是一种知恩图报的宠物犬。其中的大多数都不太容易兴奋（追赶猎物时除外）。

中国细犬（图3-1）是我国人民专为捕获猎物而培育的古老的狩猎犬种，性格温顺，机智灵敏，步态轻盈，气质高雅，生命力强，耐粗饲料，适应性强。细犬大多为视觉型猎犬，依靠强劲的速度和锐利的视觉锁定猎物而追逐。少数细犬兼有嗅觉型与视觉型双重优势，不但可以奔跑取胜，也可以依靠敏锐的嗅觉搜索藏在洞穴或柴垛里的野兔。

图3-1　中国细犬

二、玩赏

饲养宠物是现代人类的普遍现象，宠物可以带给人们欢乐，丰富人类精神生活，提高人们生活质量，宠物早已走进世界各地每个有人居住的角落。除了犬、猫、鸟、鱼等传统宠物，仓鼠、龙猫、豚鼠、蜥蜴、蜘蛛和蛇等异宠也越来越受到年轻人的喜爱。

美国剧作家尤金·奥尼尔表达出了人们心中对犬的想法：谁能不嫌你贫穷，不嫌你丑陋，不嫌你疾病，不嫌你衰老呢？谁能让你呼之则来，挥之则去，不计较你的粗鲁和无理，并无休止地迁就你呢？除了犬还有谁呢？宠物犬因其忠诚、聪明和善良的性格，受到了人类的喜爱，是目前饲养数量最多的宠物。

英国维多利亚女王从小就很喜欢犬（中国的北京狮子犬就是因为她而驰名中外），当她19岁加冕成为女王后，回到白金汉宫的第一件事便是替爱犬洗澡。大婚后，体贴她的丈夫阿尔伯特亲王经常网罗各地名贵的犬种，送给她当圣诞礼物。公元1861年，丈夫病逝的打击让维多利亚把生活重心全放在宠物犬身上，她退隐至怀特岛安享天年，直到临终都与犬为伴。维多利亚女王的喜好不但影响了英国王室（王室定期举办茶会展示各地进贡的名犬），而且当时的英国社会还掀起一股育种风，隶属皇家的温莎堡御犬场甚至把改良后的迷你犬种当成外交礼物赠给邻国。

人类养猫的历史起源于尼罗河畔。古埃及农业特别发达，鼠患盛行，埃及人发现猫是鼠的天敌以后，就把猫奉为神明，家家养猫。我国古代宫廷里养猫也都是很普遍的事。我国古人还写过猫谱——《猫苑》，里面就有关于猫的一些基本知识。历史上养猫的文人、名人很多，如丰子恺、林徽因、冰心、老舍、夏衍、季羡林等都养猫。宠物猫外表可爱，生性活泼，天性喜爱清洁，个性独立，虽不像犬那么黏人，但总给人温馨安宁的感觉，从古至今都是人们宠爱的对象。

观赏鸟有的拥有优美的体型，有的拥有令人羡慕的技艺。但所有的观赏鸟都有同一个功能，就是观赏时让人们心情愉悦，身心放松。古代皇宫中喜养鹦鹉，聪明的岭南白鹦鹉被唐明皇和杨贵妃称为"雪衣女"。教它背诗，念几遍就会"讽诵"，比人都聪明。从清末到民国初，每日清晨在城墙根下、河沿边随处可见身穿长袍提笼架鸟的人，迈着方步遛鸟。提笼架鸟并非一回事。提笼是指笼养观赏鸟，主要是为了观赏和听音，如红绿鹦鹉、虎皮鹦鹉、芙蓉鸟、珍珠鸟等拥有华丽的外表、艳丽的羽色，能使人赏心悦目，画眉、百灵等拥有优美动听的歌喉，叫起来百啭千声，声音悦耳动听，这些鸟都被放入笼中饲养，养鸟人以提笼遛鸟为乐；架鸟是用架子来养鸟，称"亮架"，锡嘴雀、交嘴雀、黑头蜡嘴雀（梧桐鸟）之类的鸟不能在笼中饲养，只能在架上栖止。北京最常见的架鸟是梧桐鸟，经过训练的梧桐鸟会打弹儿、叼旗、开锁、开箱等各种绝技。如今，车马喧嚣的城市中仍然可以看到在公园中提笼遛鸟人，绿树清风中传来阵阵鸟鸣，让人怡然自得。

观赏鱼（图3-2）的最大优点是观赏性强，同鲜花一样，它们能让人赏心悦目。但花是静止的美，鱼是动态的美，是两种不同境界的美。人们乐于养花，更乐于养鱼。鱼在古代是达官显贵的宠物，皇宫或庭院中有大片水域养着各种鱼类，还有专门供钓鱼的钓鱼亭和钓鱼船。王建《宫词一百首》之三十写道："春池日暖少

图3-2　观赏鱼

风波，花里牵船水上歌。遥索剑南新样锦，东宫先钓得鱼多。"写的是后宫钓鱼嬉戏的情景。现代许多家庭养有各种观赏鱼，在工作闲暇之余，欣赏鱼艳丽的色彩、奇特的造型、自由自在地游动，以缓解紧张生活的压力。

三、陪伴

1. 陪伴儿童　3～6岁正是孩子需要家人陪伴的时候，很多孩子是独生子女，在家的时候缺少年龄相仿的玩伴，孩子长时间自己独处会慢慢形成孤单感（图3-3）。内华达州儿童教育研究所做过一项调查研究，研究结果显示：相比不养伴侣动物（即宠物）的儿童，养伴侣动物的儿童更少感到孤独，有更强的分享倾向，更愿意照顾幼小的儿童，而且与伴侣动物关系越亲密的儿童，他们的分享意愿和照顾幼小儿童的意愿也越强烈，孤独感水平也越低。同时研究中还发现，在养宠物的儿童中，98.5%的儿童表示他们喜爱自己的宠物，同时有85.3%的儿童觉得宠物也爱他们。在关于喜爱伴侣动物的原因上，最主要的三大原因是：宠物可爱（76.6%）；有了宠物的陪伴感到不再孤单（65.0%）；能给家人带来快乐（60.9%）。

在不养宠物的儿童中，94.1％的儿童表示喜欢宠物，此外，有61.3％的儿童表示非常想养宠物，有31.4％的儿童表示有时想养宠物，明确表示不想养宠物的儿童仅占7.4％。在儿童眼里，宠物是他们最真挚的伙伴，可以与宠物分享秘密，在难过时获得安慰，并且非常愿意随时随地照顾它们。当他们在学校受到嘲笑，或在家里遭到训斥，就会退缩一旁，与宠物相伴，向宠物猫、犬倾诉所受的委屈。在与宠物玩耍时，孩子学会了分享、关爱与交流，学会了承担责任，培养了耐心，也能养成好的纪律性。

宠物的陪伴可以帮助孩子形成健康的精神状态。当孩子和宠物一起玩耍时，孩子会从中学会更好地表达自己的情感。瑟普尔发现，一个人童年时期与宠物相处的经历至关重要，儿时饲养宠物者成人以后也保留着这种爱好，而未养过宠物者往往终身对陪伴动物的感情较为淡漠。

图3-3　陪伴儿童

2. 陪伴青年　对青年人而言，养宠物可以增强自信，缓解精神压力，促进人际交流（图3-4）。宠物可以缓解人们在紧张工作和生活中所产生的精神压力，使人的身体及心理健康得到改善和调节。一些独居者、婚姻破裂者等由于缺乏社交活动而找不到倾诉对象，常常情绪低落、失去自信。可是在日常生活中，人与人之间的信任不易建立，而宠物对人类的

图3-4　陪伴青年

反应是最自然和真诚的，使人产生安全感。研究显示，对于一些性格异常的人尤其是自闭症患者，他们常忽略别人的感受，但通过与动物相处，可引导他们如何跟他人和睦相处。所以在日益忙碌的生活中，宠物在陪伴青年方面的作用显得更加突出。

3. 陪伴老人　养宠物有利于空巢老人的身心健康（图3-5）。随着社会生活节奏的加快，多数年轻人都忙于工作，没有更多的闲暇时间陪伴老人，家慢慢成了空巢，时间一久，老人们自然会感到孤独和寂寞。调查发现，孤独感是空巢家庭成员的共性，由此派生出各种身心疾病，例如抑郁、焦虑、失眠等。养宠物对这些家庭的老人是有益处的，宠物的陪伴能给老人带来满足感，通过触摸、爱抚，甚至和宠物说话，都会让人感觉放松。研究发现，老年人需求医疗服务的频率与生理健康和心理压力有关。在老年人当中，配

图3-5　陪伴老人

偶亡故是最常见、最严重的不幸事件，经常使幸存者陷入孤独的深渊，宠物可以给老人带来更多的活力，使生活更加愉快。特别是在缺乏亲人相伴时，宠物为主人带来的这种感情依托有助于改善主人的生理和精神健康。没有子女天天相伴，老年人的生活是寂寞的，而宠物的陪伴，可以帮老人们降低焦虑，振奋精神并排解忧虑。宠物从某种程度上成为儿女的"替身"，老人们也会对它们倾注他们的爱。那些居住在养老院、长年见不到子女的老人就更期盼宠物的陪伴了。

在加拿大，政府则是根据老年人的不同情况和养老方式有所侧重。对于那些身体较好的独居老人，政府鼓励他们饲养宠物，尤其是性格温和的宠物犬。对于那些身体不好，起居不便，但生活在大家庭里的老人，政府会鼓励其家人饲养宠物，以对老人进行"心灵护理"。而那些身体不好的独居老人，养老机构和社工会常常带他们去农场、公园等地活动，农场里也饲养着各种温顺的动物，老人们可以在这里接受动物"关怀"。

曾有心理学家随机选取了719个空巢家庭进行研究，结果显示，养宠物者的空巢老人无论在身体还是心理方面都更加健康，伴侣动物对人身心健康有直接或间接影响。

四、比赛

动物间相互争斗是天性，雄性动物往往通过相互争斗来吸引异性动物，古人利用动物这一天性，引逗或驱使某些动物进行相斗而达到娱乐目的，这是古代动物娱乐的一种游戏形式，现在这类游戏也常常在一些娱乐场所使用。这类游戏的特点就是参与游戏活动的主体不是人而是动物，而游戏者本人只是作为一个观赏对象参与其中，从动物的斗赛活动中得到某种快乐。

我国古代较为典型的动物斗赛游戏形式主要有斗鸡、斗牛、斗鹌鹑、斗蟋蟀等。《全唐诗》提到"斗鸡"有50余处，其中把"斗鸡"与"走狗"或"走马"连用或对应的就有近10处。动物斗赛游戏带有赌博性质，后来总是和不务正业联系在一起。

1. 斗鸡　斗鸡作为一种娱乐活动在我国有着悠久的历史，最早起于夏朝，到了春秋时

已相当流行。两汉以后，有关斗鸡的史事记载和诗赋歌咏不绝于书。至唐朝以来，斗鸡尤为兴盛，"斗鸡皇帝"唐玄宗还专门成立了皇家鸡坊，斗鸡成为一种时尚，人们为此痴迷。"神鸡童"贾昌因善于驯鸡、斗鸡深得唐玄宗宠幸，享尽荣华富贵。

斗鸡作为一种娱乐活动，起源甚早。三国曹植《斗鸡诗》："游目极妙伎，清听厌宫商。主人寂无为，众宾进乐方。长经坐戏客，斗鸡观闲房。群雄正宙赫，双翅自飞扬。挥羽邀清风，悍目发朱光。摆落轻毛散，严距往往伤。长鸣入青云，扇冀独翱翔。愿蒙狸膏助，常得擅此场。"南朝陈时褚玠在《斗鸡东郊道诗》中不仅对斗鸡场面进行了形象描述，还明确指出斗鸡的时间以春天为主。唐朝时，斗鸡之风盛行，上至皇帝亲王，下至平民百姓，都乐此不疲，出现了一大批以斗鸡为题材的诗文。唐朝文学家韩愈曾对斗鸡的场面进行过生动的描写："裂血失鸣声，啄殷甚饥馁，对起何急惊，随旋诚巧绐。"孟郊也写过有关斗鸡的诗："事爪深难解，嗔睛时未息。一喷一醒然，再接再厉乃。"在文人眼里，斗鸡不仅是一种娱乐，还与勇气、侠气大有关联。

2. 斗犬　斗犬游戏起源于宋朝。宋朝的皇宫里，斗犬是皇亲国戚们喜欢的嗜好，每当斗犬的时候，他们总是乐此不疲地参与其中。为此朝廷设立了专门负责养犬的官员。

3. 斗蟋蟀　蟋蟀本来是养着听叫声，后来饲养者试着让它们相斗取乐，赌输赢。《负暄杂录》："斗蛩之戏，始于天宝间。"历代皇帝都有斗蟋蟀的爱好，明宣宗尤其。《清宫词》也提到斗蟋蟀："每值御门归殿晚，便邀女伴斗秋虫。"

我国蟋蟀文化历史悠久、源远流长，具有浓厚东方色彩，是我国特有的文化生活，也是我国的艺术。2 500年前经孔子删定的《诗经》中就有《蟋蟀》之篇。斗蟋蟀始于唐朝，盛行于宋朝。斗蟋蟀逐渐不再是少数人的赌博手段，而是和钓鱼、养鸟、种花一样，成为广大人民彼此交往、陶冶性情的文化生活。

南宋在斗蟋史上是著名的时代。此时斗蟋蟀已不限于京师，也不限于贵族，市民乃至僧尼也雅好此戏。清朝的王公贵族是在入关后才始嗜斗蟋蟀之戏的。每年秋季，京师就架设起宽大的棚场，开局赌博。民国时期，北平庙会上都有出售蟋蟀的市场，摊贩少则几十多则数百，人来人往，熙熙攘攘。

五、社交

饲养宠物可以培养孩子的责任心、爱心和社交能力。在孩子饲养宠物时，会扮演正面角色。饲养宠物会教会儿童负有责任感，教会儿童对动物要理解和同情，这些常常会转移到人身上，产生同样的对人的理解、同情和关心。这些也恰恰是人际关系中一些重要的素质。

拥有一只犬实际上能增加一个人的社交机会。在一家宠物食品公司的调查中，有人说："每当我带我的犬一起晨跑时，都会遇到5～10个人跟着我一起跑。"宠物导致了社会交往机会的增加，如在一个社区中，邻居们会因为饲养相似的宠物而停下来聊天。

同时宠物会增多陌生人之间的聊天话题，瞬间拉近人们之间的距离。人们也常在电影中看到，随身带着宠物的男性比独自一人的男性更吸引女孩们的关注，而这种关注往往是由宠物带来的。人们还给饲养宠物贴上了"富有爱心"的标签，人们更愿意与喜爱动物的人交往。

饲养宠物能促进人们进行体育锻炼，提供人与人相互交流的机会。目前我国面临着越来

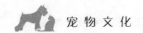
越严重的人口老龄化问题，为排解孤单寂寞，许多老年人饲养宠物。在城市小区里，经常出现的这样的场景：老人们聚集在一起，聊天喝茶、健身遛弯，而他们的宠物也在一起嬉戏玩耍，彼此找寻着那一份快乐和寄托。

随着互联网时代的到来，各种以宠物为主题的应用软件纷纷出现，用户通过QQ、微信等登录相关软件、平台，在自己关注的圈子内发帖、晒自家宠物的萌照、在线问答和参加官方定期推出的活动。同时，用户还可以上传文字、照片、语音、视频等素材，与广大的宠物爱好者分享自家宠物的动态，分享爱宠的成长历程，查看其他用户的养宠经验。利用社交软件，宠物主人们也找到了属于自己的"宠物圈"。

第二节　宠物协助人类工作功能

协助人类工作的犬称为工作犬。人类最早驯化犬的历史可以追溯到3万多年以前。不久，人们就发现，犬这一人类最早的动物伙伴在很多方面对人类有所帮助。长久以来，工作犬对人类产生了无法估量的作用，它们不仅是警卫守护犬，用于保护主人的生命和财产，还可以成为军犬、警犬、导盲犬、缉毒犬、搜爆犬、救护犬。还有一部分犬具有超强的力量和耐力，被人们用于拖拉和运载货物。工作犬种可分为以下几类：

一、导盲

导盲犬（图3-6）是经过严格训练的犬，是工作犬的一种。经过训练后的导盲犬可帮助盲人去学校、商店、洗衣店、街心花园等。它们习惯于颈圈、导盲牵引带和其他配件的约束，懂得很多口令，可以带领盲人安全地走路，当遇到障碍和需要拐弯时，会引导主人停下以免发生危险。导盲犬具有自然平和的心态，会适时站立、拒食、帮助盲人乘车、传递物品，对路人的干扰不予理睬，同时也不会对他们进行攻击。

图3-6　导盲犬

二、拉车

有一部分犬具有超强的力量和耐力，被人们用于拖拉和运载货物（图3-7）。在一些寒冷地带生活的人，如北极圈附近生活的爱斯基摩人和我国东北地区常使用犬"拉爬犁"，常见的犬种有哈士奇犬、爱斯基摩犬等。

图 3-7　工作犬（拉车）

三、牧羊

专业从事放牧工作的犬，我们称之为"牧羊犬"（图 3-8）。"牧羊犬"是人们赋予专职放牧类犬的一个总称，不是一个单独品种，"家族庞大，犬丁兴旺"，其中包括苏格兰牧羊犬、喜乐蒂牧羊犬、边境牧羊犬等。在过去千百年间，牧羊犬是负责牧羊、畜牧的犬种。作用就是在农场负责警卫，避免牛、羊、马等逃走或遗失，也保护家畜免于熊或狼的侵袭，同时也大幅度地杜绝了偷盗行为。

图 3-8　牧羊犬

它们不仅作为赶放家畜的看守者，也负责将牛、羊运到市场进行交易，是农场主不可多得的，也是必不可少的好助手。随着历史的发展，牧羊犬逐渐受到各国皇室的喜爱，以至于上流阶层和普通民众都逐渐把它们当成玩赏犬饲养。

国内血统比较好的边境牧羊犬如乾通名犬俱乐部繁育的卡尔，都是国内顶尖级别的血统，多次在美国西敏寺犬展中获得优异成绩。

四、护卫

护卫犬（图 3-9、图 3-10）是用来保护家庭成员的工作犬，用吠叫声吓退侵害家庭成员的歹徒向主人发出警报，用恐吓和威慑力终止犯罪或拖延时间让主人逃离现场。在必要的时候攻击歹徒，使其终止侵害行动。护卫犬的第一要求就是性格稳定，具有强大的咬合力。很多行凶歹徒是持有武器来作案的，因此要求护卫犬能够在尽可能短的时间里解除歹徒的武装。这就要求护卫犬必须具有强大的咬合力、迅猛的攻击速度、精确的攻击能力。护卫犬能够一口将歹徒持有武器的手臂咬断，造成粉碎性骨折，这样才能够使歹徒立即丧失作案能力。目前国内外主要使用的护卫犬种有罗威纳犬、卡斯罗犬、杜宾犬、德国牧羊犬、高加索犬、藏獒等。

图 3-9　护卫犬卡斯罗犬　　　　　　　　　图 3-10　护卫犬藏獒

五、警用

警用工作犬主要包括军犬、警犬、缉毒犬、机场搜爆犬。常见的有德国牧羊犬、英国（美国）可卡犬等。

1. 军犬　是一种具有高度神经活动功能的动物，它对气味的辨别能力比人高出几万倍，听力是人的 16 倍，视野广阔，有弱光能力，善于夜间观察事物。军犬经过训练后，可担负追踪、鉴别、警戒、看守、巡逻、搜捕、通信、携弹、侦破、搜查毒品和爆炸物等任务。在行军打仗和刑事案件侦破中都扮演着英雄的角色，从古至今，留下了很多关于军犬的故事，更有很多体现军犬精神的电影流传于世。

2. 警犬　亦称警用犬，是指由警察机关使用的具有一定警务用途的犬。警犬分广义和狭义两种。广义的警犬是指所有由警察机关使用的犬，按其用途可以分为警用种犬、警用训练犬、警用实验犬和示范犬等。狭义的警犬是指警察机关使用的具有一定作业能力的犬，主要是指现场使用的犬。

3. 缉毒犬　是经过专门训练，能够按照警犬驯导员的指挥，在各种不同场所对不同的行李物品进行查缉，从中发现隐藏有毒品的物件的专业犬。缉毒犬在国外早已被广泛地应用，随着我国日渐严重的毒品犯罪活动，缉毒犬以其特有的经济、快速、高效、准确的工作，被各级公安机关、海关、边防武警部队等部门列为查毒、禁毒的有力武器，并被广泛地采用，已收到了显著效果。

第三节　宠物安抚患者功能

多项研究证明，宠物可以帮助人们减缓压力，诊所和养老院中的患者与动物互动，有助于改善患者情绪，减少孤独感，帮助病人更快地恢复健康。

一、有助于改善患者的情绪

宠物的陪伴可以减轻患者疼痛，改善情绪。当人们患有慢性疼痛，如偏头痛或关节炎之类的疼痛病时，宠物可能是最好的"止痛片"，而且没有副作用，这是因为和宠物相处可以让人减少焦虑，而当焦虑减少，痛苦自然也减少了。相关研究发现，使用宠物治疗的成年人对止痛药的需求比那些没有使用的人要少一半。养宠物的人烦恼更少，他们的生活中有更多笑声，这是宠物被作为各种形式疗法一个最基本的原因。研究发现，养宠物能使人更容易重新融入社会。而且，养宠物还能降低自杀率。

二、有助于改善心血管方面的疾病

猫、犬等动物有助于降低人的血压和平稳心率，进而降低心脏病等病症的发病概率。相关调查发现，饲养宠物的心脏病患者在离开医院后一年内存活概率达90％，要高出不饲养宠物的病人20％左右。这可能是因为定时遛犬增加了主人的活动量，对改善健康发挥了作用。有研究发布了一组对比数字，发现拥有宠物的夫妻血压水平无论是在工作还是休息时都比没有宠物的夫妻要低。另一组研究亦表明，患有高血压的儿童与宠物犬在一起时血压值均呈现降低的趋势。养宠物对心脏健康的另一个好处是降低胆固醇，拥有宠物的人，特别是男性，比没有宠物的人的胆固醇和甘油三酯水平显著要低。至于是不是宠物的存在降低了胆固醇，还是说那些保持了健康生活方式的人往往是宠物主人，这一点还不是很清楚。但有一点是肯定的，宠物主人，特别是男性宠物主人的甘油三酯和胆固醇含量都比不养宠物的人要低。饲养宠物还可以预防中风。如果你有一只猫，中风的可能性会降低40％左右。此外，饲养宠物有助于心脏病的康复，网上有这样的说法"如果你有心脏病，你又拥有一只犬，你很有可能多活一年。"这种说法虽然不一定准确，但充分说明饲养宠物对缓解心脏方面的疾病有益。除此之外，饲养宠物还可以控制血糖，据美国糖尿病协会的杂志称，有1/3糖尿病患者在饲养了宠物之后改变了他们的生活习惯，血糖水平呈下降趋势。他们养的宠物种类不仅限于犬，也包括猫、鸟、兔之类。

三、有助于治疗心理方面的疾病

据了解，"动物疗法"在治疗心理精神疾病如抑郁症、自闭症和自杀倾向患者方面，有很好的疗效。曾有调查显示，养猫可以治疗老人的抑郁症，养鸟可以治疗老年神经官能症，养马可以调治焦虑症，养鱼则可以治疗老人的紧张型强迫综合征等。很多自闭症的孩子对任何事情都没有反应，唯独当他们看到幼犬和幼猫，会发出主动接触它们的愿望和自我表达的需求，抚摸宠物皮毛的感官经验也可以舒缓自闭症儿童的孤独的心灵。和宠物相处有助于儿童多动症的治疗，当一名多动症儿童照顾一只宠物时，会体现出更多的责任感。

在治疗心理创伤后遗症方面，沃尔特里德陆军医疗中心的医生用犬来帮助士兵解决严重创伤后遗症，兽医学博士凯蒂·纳尔逊说："他们发现养宠物能使他们更容易重新融入社会。"而且，养宠物还能降低自杀率，这是退伍军人面临的最严重的健康威胁。养宠物会使他们有一种责任感，会觉得自己是被关心着的，他们也不必向宠物解释他们曾经经历过什么。

在一些突发事件（例如地震、因故失去亲人）后，人类可能有严重的心理创伤后遗症，这时宠物的陪伴能使人类较快走出阴影恢复正常生活。

第四节 现代宠物饲养的弊端及对策

家庭饲养宠物给人们带来了快乐，但也给其他人的日常生活带来了许多负面影响，如宠物伤人、影响卫生、叫声扰民等。

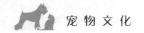
一、现代宠物饲养的弊端

（一）传染疾病

虽然宠物是人类的好朋友，但人与宠物还是不要过分亲密，以免威胁到人体的安全，因为宠物可以传播许多的人畜共患病。人畜共患病是指人通过接触受感染的动物引起感染的疾病，如狂犬病、某些寄生虫病等。

狂犬病不容忽视，狂犬病是人类传染病中死亡率最高的人畜共患病，犬、猫最容易感染和携带狂犬病病毒，如果饲养犬、猫过多，不进行十分有效的狂犬病的免疫，并随意遗弃一些不免疫和无证的犬、猫，就有可能使这些宠物感染狂犬病等各类疾病，就会引起人类疾病的流行，一旦发生狂犬病的流行对人类将会带来生命的威胁。所以饲养犬首要任务是要做好狂犬病的有效免疫。确保饲养者和他人的生命安全和社会的安定。狂犬病的免疫在每个国家都是法定强制性的免疫。

弓形虫病等其他人畜共患病，由于犬、猫的生活习惯使得犬、猫感染弓形虫和一些肠道寄生虫十分普遍。弓形虫病是人畜共患病，如果孕妇密切接触病犬，感染后可能会引起孕妇流产和胎儿的畸形，应对所养的宠物进行弓形虫检查，确保没有感染后才可放心接触。

另外，宠物的肠道寄生虫和皮肤的真菌感染也较为普遍，与人密切接触很有可能感染饲养者，宠物也能感染结核病、布鲁氏菌病等疾病，严重威胁人类的健康，饲养宠物的同时对这些疾病也要引起重视。

部分人对宠物的毛屑过敏，接触后会引起红疹、瘙痒症状。另外，多毛动物会定期脱毛，脱掉的毛发大多都带有细菌，若被吸入呼吸道也能引起哮喘。

要防止感染宠物传染病，最重要的就是要讲卫生。保持饲养宠物周边环境卫生和宠物的卫生习惯是主人必须履行的责任。平时要多给宠物做清洁工作，清除其身上的寄生虫，及时打扫宠物的排泄物和食物残渣，在接触宠物后要洗手等。有了良好的卫生习惯，宠物健康了，那么即使和宠物亲热一点也不会轻易感染疾病。

（二）污染环境

目前我国饲养的犬、猫等宠物超过 1 亿只，绝大多数寄居在城市，以每只宠物一天排一次便，每次以 100 克计算，每天将有 1 万吨粪便，何况排尿还不计，这些粪便如不及时清理，我们的生活环境将会是什么样，可想而知。加之死亡宠物尸体随便丢弃，使环卫部门原本不轻的担子更加沉重，在没有专门的宠物粪便处理公司时，国家需投入巨大的费用用于宠物粪便的清运。更有一些素质不高的宠物饲养者随便牵遛宠物到公共场所，导致一些露天公共场所满地是便溺，臭气熏天，不仅污染了环境，还为疾病的传播创造了条件，这样的宠物养殖害人害己。宠物对生态环境的影响主要有以下几个方面：

1. 空气污染　宠物污染空气的主要成分是臭气，臭气的成分和气味各异。宠物饲养的臭气主要来源是饲料、粪尿、废弃物、废水、尸体腐烂等排放的臭气，主要成分有氨气、硫化氢、二氧化碳、酚、吲哚、粪臭素、甲烷和硫酸类等。这些气味物质严重影响周围生活的居民，使他们身心健康受到影响。同时影响附近的农牧业生产水平及产品品质，严重的时候造成酸雨和产生温室效应等。

2. 水体污染　宠物饲养中有各种因素可能污染地表水和地下水，包括饲料、粪尿（添

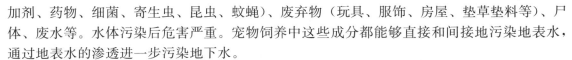

加剂、药物、细菌、寄生虫、昆虫、蚊蝇）、废弃物（玩具、服饰、房屋、垫草垫料等）、尸体、废水等。水体污染后危害严重。宠物饲养中这些成分都能够直接和间接地污染地表水，通过地表水的渗透进一步污染地下水。

3. 土壤污染　饲养宠物有很多因素污染土壤，包括饲料、粪尿、废弃物和废水等都可能污染土壤。1 只成年金毛寻回猎犬平均每天产生的废弃物为 1.5～4 千克，1 年排泄的总氮量达 9.534 千克，磷达 6.5 千克，产生的污水相当于 2 个成年人生活产生的废水。并且每克犬粪污中还含有约 80 万个大肠杆菌、70 万个肠球菌和一定量的寄生虫卵及其他病原微生物。这些污染源直接或间接地污染土壤，并通过农作物和动物等食物链危害其他动物的健康和人类安全。

（三）噪声扰民

随着生活水平的提高，近年来养犬的市民越来越多，而由此带来的犬吠叫扰民事件也越来越普遍。犬的叫声虽然不像工地或工厂里传出的噪声那么"轰鸣"，却也让居民们烦恼不已。

当物体发出的声音超过 60 分贝时属于噪声。人正常说话声在 55 分贝左右，40～60 分贝属于我们正常的交谈声音，70 分贝我们就可以认为它是很吵的，而且开始损害听力神经，90 分贝以上就会使听力受损，而身处 100～120 分贝的空间内，如无意外，一分钟人类就会暂时性失聪。小型犬吠叫产生的声音 30～70 分贝，中型犬 35～80 分贝，大型犬 40～90 分贝。当宠物犬遇见陌生人或犬及其他动物的时候吠叫，这些叫声从理论上构成噪声，这些噪声对周围人们生活、工作、学习有一定的影响，严重的时候人心血管系统功能失调和诱发多种疾病，影响中枢神经系统功能。

如今，小区里饲养宠物的人越来越多，很多人甚至将宠物当成家中的一分子，然而，随之而来的叫声扰民却给邻居带来滋扰，甚至引发邻里矛盾，有的宠物犬夜晚狂吠，周围居民无法休息，怨声载道。对此，不少小区物管公司表示，由于没有执法权，他们接到投诉只能协调处理，同时呼吁业主能够自觉文明饲养宠物，如果通过劝解、协调方式都不能解决问题的话，物管方面也不能强行处理。个别居民无法忍受，只好向公安"110"求助。

宠物尤其是犬的吠叫属于天性，但是可以通过训练进行引导。好多人都把宠物当作孩子养，娇惯异常，导致犬"任性"，所以也要进行"管理"。犬吠叫时，主人可以适当给予训诫，经过半个月左右的训练，情况就会有明显改善。要解决犬吠叫，还可以通过手术的方式，切除犬的声带，达到消除噪声的目的，但这种办法并没有尊重动物福利，不够人道。此外还可以使用"超声波止吠器"，这是专门用来让犬停止吠叫的产品，不会对犬的身体造成任何伤害，也不影响的健康及情绪，是目前世界上最安全和人道的止吠方式，也是发达国家最常用的止吠方式。

（四）引发纠纷

近年来，因饲养宠物而引发的伤人、扰民、疫情传播、交易市场混乱、环境污染、损害市容、宠物密度及总量缺乏宏观调控等社会问题日益凸显。

不少犬主人认为，经过驯服的家犬不具有攻击性，伤人概率非常低。据不完全统计，上海市有上百万家庭豢养宠物，其中占最大比例的是犬类，办理养犬许可证的仅 1/4。每年夏季，"犬伤人"事件层出不穷，来自上海市浦东新区人民医院、浦南医院、第七人民医院、周浦医院等数据显示：每天犬伤门诊接诊数超 150 例。事实上，上海早在 2011 年 5 月就出

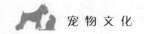

了新版《上海市养犬管理条例》，其中明确规定，獒犬、狼犬和斗牛犬三类犬种为禁止个人饲养的烈性犬种类；身高超过35厘米以上（含35厘米）的犬外出必须戴嘴罩；犬主人在遛犬时，应当使用牵引带，且长度不超过2米，在拥挤场所应当自觉收紧牵引带；此外，在乘电梯时应当避开高峰时间等。然而，规定虽然划分得很细致，但大多无法靠监管来实现，只能依赖犬主人的自觉行为。

饲养宠物对环境也造成一定的危害，因此引发的邻里纠纷也呈上升趋势。由于我国大多数宠物饲养者环保意识较差，犬、猫在小区或公共场所随意大小便，污染生活环境。饲养宠物还可能会影响邻居关系，饲养宠物特别是一些大型宠物的叫声，影响邻居的生活，有些犬会对邻居造成伤害，引起不必要的纠纷。

（五）增加负担

我国的人均生活水平相对不高，饲养宠物不仅挤占了人们的居住空间，还挤占了人们的生活费用和生活口粮。养犬费用较高，接种疫苗、除虫、抚养、喂食、生病照顾，这些增加了家庭的经济负担，每年的办证、免疫、饲料用品等费用对一个普通的家庭来说是一笔较大的开支，一只宠物一年至少要3 000元的费用，要是宠物生病还要多2 000～3 000元，宠物养久了是有感情的，救治宠物的投资有时是无法估算的。另外，养犬也限制养犬人的许多自由，因为犬需要照顾，甚至周末和假期也不例外。

作为城市中的"新型居民"，宠物在不少家庭也已开始享受起全方位的拟人化待遇。据有关统计资料报道，在北京、上海、广州、重庆、武汉这全国五大宠物城市中，仅上海一地每年用于宠物犬的单项居民消费支出就高达8亿多元。食物支出、医疗支出、美容支出、娱乐支出、保健支出等一系列的消费不是用在人身上，而是真实地花费在宠物身上。一方面，宠物经济俨然成为热门的创富话题，饲养宠物也已然是一种消费时尚；而另一方面，宠物主人饲养宠物的成本也逐年增加，饲养宠物早已不仅仅只是喂食一些食物那么简单，除了要承担每天喂养的责任之外，每年还需要带着宠物去看兽医，接受体检和注射疫苗。如果宠物患病，那治病开支动辄几百、上千元也是常事。此外，再加上美容、训练或者娱乐的支出，为宠物提供一个有质量的生活环境就真的需要一笔不少的费用。如果以年来计算，用中等水准饲养一只普通宠物犬，假设它的寿命为10年，其一生的消费模糊计算就需5万元以上；而养只加菲猫这样的小猫的年均花费也同样要近4 000元；即使是小小的热带观赏鱼，花费也数以万计。

大到松狮犬、金毛寻回猎犬等大型犬，小到拇指般大的蟋蟀、观赏鱼，越来越多的宠物开始成为人类家庭的新成员。而随着宠物拟人化趋势的加剧，主人们投入在宠物身上的各式消费也随之水涨船高。根据英国《家族》月刊公布的一项调查结果，在英国养一只宠物犬一生的费用高达2.2万英镑，接近一名英国人的平均年薪，超过一辆全新奔驰C级轿车在英国2.18万英镑的售价。

人人都开始谈论宠物，但却很少有人认真地为这项理应纳入家庭财务规划的开支算上一笔账。养只宠物究竟需要花多少钱？自身的经济能力是该"穷养"还是"富养"？在保证"宠养水平"的基础上，我们应该理性地规划宠物饲养的开支。

（六）动物遗弃问题

据统计，北京与上海都有超过40万只流浪宠物犬出没在各个角落，各大城市都存在遗弃犬问题。宠物犬遭遗弃的原因是多方面的，例如，居民家庭发生变故，不愿意继续饲养宠物；由于旧城改造，居民外迁，无法跟随住户迁走而留置的宠物；动物生病，主人不愿意出钱医治被遗弃；在遇到譬如非典等重大流感疫情时，居民由于恐慌而遗弃动物；随着城镇化速度的加快，在居住环境发生变化之后，许多人在离开时也抛弃了自己的宠物。越来越多的遗弃动物，带来了一系列的社会问题：

1. 传播疾病　流浪动物具有居无定所、流动性大、生活条件差的特点，经常接触垃圾、污水等，易携带各种病原微生物，人们接触到它们的排泄物、唾液和皮屑等都有可能被病菌感染。流浪动物繁殖速度快，可使传染源的数量不断增多，加重携带、传播人畜共患病的危害。

2. 污染环境　流浪动物随处便溺，排泄物污染环境、传播疫病。死后的动物尸体得不到及时处理，也会成为疫病传播、环境污染的巨大隐患。这不仅存在着使人感染人畜共患病的潜在危害，而且影响了城市容貌，破坏了环境卫生。

3. 影响交通　流浪动物在道路上行走，扰乱交通秩序，对城市公共交通安全构成了威胁。

4. 侵扰居民　流浪动物到处流窜，咬伤人的事件时有发生；大型犬可使人们产生惧怕心理，或受到惊吓。在无主动物聚集区，犬吠、猫叫不可避免，便溺随处可见，侵扰了人们的正常生活，威胁着公众的人身安全。

二、宠物饲养弊端的根源及对策

目前，我国城市居民饲养宠物随意性比较大，管理部门力量不强，城市居民宠物饲养带来诸多问题，下面谈一谈宠物饲养弊端的根源及对策。

（一）根源

1. 法律法规不健全　由于我国地区经济发展不平衡，目前国内还没有一部比较系统的关于宠物犬饲养方面的法律法规，只有部分大中城市制定了专门针对犬类饲养的规定。现有的相关法规中有关宠物犬饲养方面的规定也很难实施，有些地区的"养犬许可证制度"很难发挥作用。以深圳为例，深圳 2006 年 7 月 1 日起颁布实施了《深圳市养犬管理条例》，但基本上没开出罚单。在查处违法养犬时，经常会遭遇"门难进、脸难看、话难听"等困难，看到城管执法人员上门登记，主人见了无论如何也不开门，根本无法查处。不少犬主人还认为养犬是个人行为，对执法行为不予配合。目前养犬管理最主要的问题就是养犬办证登记率过低。无疑，原有的养犬管理规定远远没有适应形势发展的需要，法律或者制度条文与既定的价值目标相背离，立法理想与实际操作中存在很大的差距。

由于宠物犬饲养相关的法律法规不健全，法制宣传教育跟进不够，加上在执法中教育多、处罚少等原因，无证犬、擅自饲养烈性犬和大型犬明显增多，各地犬类管理部门管理难度加大。

2. 文明饲养意识不强　目前，城市住宅小区养犬者素质参差不齐。有的宠物犬整天狂吠，饲养者亦不闻不问；有的宠物犬伤害他人，而宠物犬饲养者却把责任故意推给被害人，被害人寻求赔偿遭遇重重困难；有的饲养者不及时收拾犬的便溺，不文明现象非常严重等。这不仅有损于城市市容，也在一定程度上增加了社区居民对养犬人员的厌恶感。

物业管理部门不作为。根据相关法律法规，宠物犬管理由公安、卫生、畜牧等部门分工负责，一些物业公司认为住宅小区宠物犬管理应该完全由上述职能部门负责，居民饲养宠物犬引发的问题也应该由上述职能部门处理。这种观点是错误的，因为物业公司负有维护住宅小区治安秩序的职责，小区宠物犬伤人、噪声扰民、传播疾病、破坏环境等情形危害了小区治安秩序，侵害了居民权益，物业保安不予处置的做法完全属于失职行为。如果上述情形情节严重，居民利益遭受侵害，小区居民有权请求赔偿，并要求上级行政管理部门对物业公司予以处罚。

针对城市居民饲养宠物引发的社会问题不断增多的现状，为了促进宠物与城市居民间的和谐共处，必须完善法律制度，实行严格管理，加强对养犬者的教育。

（二）对策

1. 法律对策 针对当前宠物犬数量大量攀升与社会危害性不断增加的现状，城市立法部门应该从以下几方面对现有的法律法规进行修改与完善，规范居民饲养宠物犬的行为：一是要坚决禁止市区内的住宅小区饲养大型犬和烈性犬；二是要对宠物犬实行强制免疫和检疫制度，每年进行两次狂犬病强制免疫注射；三是要对宠物犬实行定时定点牵养，不得携带宠物犬进入商场、宾馆、饭店、体育场等公共场所，携带宠物犬经过市区只能在每天的清晨或者傍晚；四是宠物犬在户外排便，应由牵领人立即予以清除，发现患病或疑似患病宠物犬应及时隔离或就诊；五是要提高对宠物犬噪声扰民和伤人事件的处罚标准；六是对宠物犬医院和交易市场实行严格的审批制度，交易的宠物犬必须经当地动物防疫监督部门检疫，并取得合法有效的检疫证明后方可入场交易。

2. 公安机关的对策

（1）严格执法，加强管理。公安机关严格执法、加强管理的主要内容包括：严格贯彻执行养犬行政审批制度；日常工作中，通过各种途径了解饲养宠物犬的动态信息；对违规养犬、售犬及携犬行为进行依法查处，及时组织收容遗弃犬和无主犬；积极捕杀狂犬，做好狂犬病的预防和控制；联合卫生、城管等部门开展联合执法检查，形成齐抓共管的局面。

（2）建立宠物犬身份证佩戴制度。建立宠物犬身份证佩戴制度是防范与有效处置宠物犬伤人事件的一个有效手段，有利于被害人寻求合理赔偿，也是缓和人与动物、人与人之间冲突的必由之路。这项制度的具体内容包括：第一，要求每只宠物犬的饲养者必须到主管机关注册登记，填写宠物犬的品种、年龄、特征等状况，宠物犬监护人姓名、住址、联系方式等；第二，规定到公共场所的宠物犬必须佩带宠物犬身份证，其应由犬类管理部门制作，宠物犬一旦发生伤人等情况，被害人即可依据该证直接与宠物犬监护人取得联系，采取请求赔偿等补救措施；第三，管理部门应加大检查和执法力度，发现没有证的宠物犬应立即予以捕捉，并对监护人进行处罚。

（3）加强对宠物犬饲养人员的教育宣传。第一，基层公安机关尤其是社区民警要依据各地制定的犬类管理规定，对居民进行法制教育，使居民对准养犬种类、准养条件、养犬应当遵守的规定有充分的了解，增强依法养犬的自觉性，防止小区出现无证犬、超标犬、一户养多犬等违法行为。第二，要充分利用社区宣传栏、黑板报、发放宣传告示等形式，广泛宣传狂犬病与其他人畜共患病的防治科学知识，提高居民对狂犬病等人畜共患病危害性的认识，使居民自觉遵章饲养宠物犬。第三，要宣传及时处置宠物犬伤人事件的措施，防止各类宠物犬伤人事件严重后果的发生。第四，对宠物犬扰民等问题，要充分运用《治安管理处罚法》对饲养者进行教育，对不听劝阻的要依法处理。

3. 物业管理部门的对策

（1）物业公司要努力与业主委员会达成宠物犬饲养管理协议。当前，一些小区内养犬成患，除了相关职能部门的原因之外，小区业主委员会和物业管理者亦有责任。上海某知名小区的做法值得其他物业管理者借鉴，其主要经验是：物业公司与业主委员会一起召开讨论会，让养犬支持派和反对派双方都派代表参加，各抒己见，达成共识。第一，养宠物犬是个人爱好，但不能影响他人生活。第二，成立小区养犬协会，由协会统一办理养犬手续，处理犬的防病治病问题，帮助协调解决纠纷。第三，制定适合本小区的养犬管理规范，对养犬遛犬实行"四个一规定"和"四个不规定"："四个一规定"即给犬打一针防疫针，挂上一张小牌，载明主人、住址、防疫等情况，遛犬时牵一根绳子，备一只方便袋；"四个不规定"即不养大型犬与烈性犬，不允许宠物犬在小区里随地大小便，不应乘坐电梯（确有困难要携犬乘电梯的，主人应将其抱起或装入航空箱），不准犬吠扰民。这样做法的好处是，养犬的居民觉得合情合理，不养犬的居民也感到没有太多妨碍，大家相安无事。

（2）物业保安要及时处置宠物犬影响住宅小区治安秩序的事件。由于物业保安是维护住宅小区治安秩序的重要力量，因此，基层派出所要加强对物业保安的培训与工作指导，要求物业保安注意小区宠物犬饲养存在的问题，并且及时处置。

分析与思考

1. 宠物有哪些娱乐功能？
2. 家庭养宠有什么益处和害处？
3. 城市宠物饲养面临的问题及解决的办法有哪些？
4. 饲养宠物如何能提高人的社交能力？
5. 就家庭养宠带来诸多问题的社会根源谈谈自己的看法。

第四章　宠物情感文化

犬是富有情感的动物，有着喜、怒、哀、乐、孤独与恐惧等心理。犬在感知外部环境时常表现出好奇、探究、分析、认识等心理行为过程。在不断变化的环境作用下，犬的心理也是多变的，不同的心理状态下表现出的行为各异。

心理是感觉、知觉、记忆、思维、情感、性格、能力等的总称，是客观事物在脑中的反映，它是在动物进化的一定阶段上，由于对周围环境的长期适应而产生的。客观事物作用于感觉器官，引起脑的活动，在非条件反射的基础上，形成种种条件反射联系，成为心理的物质基础。最初出现的心理现象是简单的感觉，在外界环境的影响下，随着动物神经系统的发展，感觉逐渐分化和复杂化，并且出现了知觉、记忆、思维等。犬具有丰富的心理活动，不同品种的犬及同品种的不同个体都具有不同的气质、性格，即使是同一只犬，在不同的环境下也会表现出不同的情绪。

犬的气质是其生理、心理素质的体现，在犬的选择、调教和训练中，人们对犬的气质均有一定的要求。气质主要是指犬的情绪表现的快慢与强弱，出现动作的灵敏或迟钝等活动的能力。犬的气质也是在其生理素质基础上通过生活的实践，在后天条件的影响下形成的。了解犬的气质对正确使用及调教犬有着极其重要的意义。

犬的气质特点各不相同，心理活动各异，只有了解犬的正常心理，了解犬的行为，沟通犬与主人的感情，使犬成为主人的真正伴侣。只有根据犬的不同气质，采取有针对性的方法加以引导，才能取得训练的成功。此外，只有研究犬的心理，才能对犬表现心理状态的一系列行为有本质的认识，也才能理解犬表现各种行为时的心理要求。

第一节　宠物心理特征

作为高等哺乳动物，犬在心理上也有许多特点，同样在家养条件下也会发生一些变化。我们不但要掌握犬的生理特性，同时也必须掌握犬的心理特点及其变化，并以此为基础，通过严格的管理和科学的训练才能使犬更好地与人类相处。

1. 怀旧意识　犬具有怀旧依恋心理或回归心理，且回归欲比人更为强烈。人们常讲的犬有极强的归家能力，便是犬怀旧依恋心理的最好体现。

犬回归欲望的强弱与其对主人的感情有很大的联系。一般感情越深，依恋心理越强。

在日常生活中，犬依恋于主人，见到主人后总是迅速跑上前去，在主人身前身后旋转跳跃，表现出特殊的亲昵。

2. 群体意识　犬的群体意识尤其强烈。当它们与人类结成伙伴关系时，这种与生俱来的群体意识便体现为保护主人及家族不受侵害的本能，并常常以意想不到的方式表现出来。

犬有可能偷吃邻居家的鸡，它们认为自家的鸡是伙伴，欺负自家（群体内）的伙伴会引起众怒，会得罪群体中的头号人物——自己的主人，这就是犬群体意识的具体体现。

3. 自我意识　两只猎犬在一起追捕猎物时，往往你争我夺，互不相让。两只猎犬都想为主人获取猎物，这是犬争宠邀功心理的外在行为表现，目的是为了邀功以获得奖赏。

警犬追逐罪犯，猎犬跑遍山野寻回猎物，参展的宠物犬使出全部看家本事，犬的这些表现仅仅是出于本能的表现，目的是借此在同类中炫耀自己，满足它的自我表现意识。

在同时饲养多只犬时，不要明显地关心一只犬，必须平等对待，否则犬之间就可能发生争斗、撕咬，不利于管理。

4. 地位意识　犬有群体意识，属于群体动物，它们通常认为自己的顺位就排在男主人后面，同男主人生活在一起的其他人（小孩、妇女）都排在自己的后面。

犬对主人的服从也不是绝对和始终如一的，有时它们甚至会露出想当老大的意识，即犬的篡位意识。所以，如果主人对犯有过错的犬采取迁就或纵容的态度，它们就会认为主人比自己软弱而失去服从性，进而想去支配对方。

5. 悔过意识　犬在犯错遭到主人责骂痛打之后，面对主人的严厉面孔和训斥语调，往往会表现出低头垂耳、目光虔诚、一副可怜后悔的样子，这种表现常常被认为是犬的悔过意识。看着它们的一双乞求的眼睛，主人往往原谅它们，有时候还觉得自己小题大做，做得过分，反过来对做了坏事的犬表示歉意。其实，犬并没有真正的悔过意识，歉疚的态度、悔过的表情、偷偷躲到隐秘处的举止，都不是因为它们认识到自己的错误，而是源于害怕主人责罚的本能恐惧心理作用。犬到处捣乱不过是它们消遣解闷、逗自己开心的游戏而已，如果主人受不了它捣乱，就应该好好训它一顿，否则犬根本不知道捣乱有什么不好，下次还会干坏事、搞破坏。

6. 领地意识　犬有很强的占有心理，在占有心理的支配下，常表现出领地行为，即自我保护领地的特性。犬十分重视对自己领地的保护。对自己领地内的各种物品和人，包括主人、主人家园及犬自己使用的东西均有很强的占有欲。特别是产仔后，母犬的领地意识更加强烈。正因为如此，犬才具有保护公寓、家园、财产及主人的行为。

犬的领地意识一般只限于主人家庭周围的地区。当它走出自己守卫的范围以外时，领地意识就会弱化甚至消失。如果搬到一个新地方，犬常要经过 10 天左右才能建立起新的领地意识。

7. 卫生意识　犬是讲究卫生的动物，有定时、定位排便的习性，犬多选择在每天起床后、吃食前后或傍晚时排便。在室内养犬可以训练它们在上述时间到庭院固定的地点排便或到住室厕所排便；也可以每天定时牵犬到野地散游时排便；还可以利用犬的这种习性训练定位排便。极少数的幼犬有"尿失禁"现象，这是应激引起的条件反射，并不意味着犬没有卫生意识。

8. 好奇心理　犬在生活中对人、物和外界环境等都有强烈的好奇心，犬的好奇心是本能的探求反射活动。在好奇心的驱动下，犬会利用其敏锐的嗅觉、听觉、视觉、触觉等感觉去认识世界、获得经验。

犬每到一个新的环境，也必须探究一番，好奇心促使犬乐于奔跑、游玩，体质增强，好

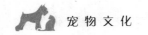

奇心使犬了解更多的事物，有助于犬智力的增长。犬在好奇心的驱动下进行的模仿学习是一种很重要的训练手段，其训练基础便是充分利用幼犬的好奇心理。幼犬通过模仿，能从父母那里很快学会牧羊、狩猎等许多本领。

9. 嫉妒心理 犬希望主人只关心自己，当主人在感情的分配上厚此薄彼时，往往会引起犬对受宠者的嫉恨，甚至因此而发生争斗，这是犬嫉妒心理最明显的表现。这种嫉妒心理同时会有两种外在行为表现：一是对主人冷淡，二是对受宠者施行攻击。

在犬的家族中，因争斗而形成的等级顺位维持着犬的社会秩序。只能是地位高的犬被主人宠爱。若地位低的犬被主人宠爱，则其他的犬特别是地位比它高的犬，将会做出反应，有时会群起而攻之。这也是犬嫉妒心理的行为表现。

由于犬存在嫉妒心理，所以在自己的犬面前切勿轻易对其他犬及动物表现出明显的关切。但是利用犬的嫉妒心理训练雪橇犬等集体项目时效果很好。

10. 复仇心理 犬具有复仇心理，犬是依据嗅觉、视觉、听觉等感觉，将曾经恶意对待自己或主人的对象牢记在大脑中，在适当的时机实施复仇。复仇时的犬近乎疯狂，而且复仇在犬与人之间和犬与犬之间的表现是一致的。某些凶猛强悍的狼犬甚至会对为它治过病的兽医怀恨在心，伺机报仇。犬的这种心态对扑咬科目的训练是有帮助的，助训员首先成为犬的敌人和复仇的对象可以提高训练效果。

11. 恐惧心理 心理学家与行为学家通过观察发现，犬对火、光、死亡及某些声音都有恐惧心理。未经训练的犬对雷鸣及烟火等自然现象有明显的恐惧感；在听到剧烈的声响时，犬首先表现出惊愕，接着便逃到它认为安全的地方（如屋檐下或房间里）或钻到狭小的地方伏地贴耳。犬最强烈的恐惧是死亡，恐惧是犬在野生状态下残留的心理状态，是犬先天的本能，但这种心理可以通过训练得到一定程度的转变。要克服犬的恐惧心理，必须从幼犬时就使其开始适应音响、光、火等各种刺激的训练，因为幼犬阶段的环境锻炼对克服犬的恐惧心理是至关重要的。对幼犬进行环境锻炼在一定程度上会减少甚至消除犬的恐惧心理。

犬对孤独也有天生的恐惧感。当犬失去了主人的爱抚，或长时间见不到主人，或进入一个陌生的没有任何玩伴的环境，往往会因孤独而产生恐惧，表现为意志消沉、烦躁不安。在对犬的饲养管理和训练使用的过程中，应保证有足够的时间与犬共处，以避免犬因孤独产生恐惧心理。

第二节　宠物情感特征

犬虽然不能像人一样说话，但是，犬可以通过吠叫、动作、姿态等许多体态语言来表现感情和意愿，同时，犬也通过这些方式实现与同类的交流。这些方式中最主要的表达方式就是吠叫。

一、犬的吠叫

吠叫是犬的本能，犬的吠叫类型通常与其所属的种类相一致，但同一品种中的每只犬的吠叫也有一定的区别。只要在注意倾听犬所发出吠叫声的基础上，再仔细观察犬的表情与动作，就可以大致猜测出犬所要表达的情感。

1. 犬通常只在其势力范围内吠叫 一般来说，犬通常会通过撒尿划定势力范围，只在其势力范围内吠叫。如陌生人进门或要靠近犬舍时，犬就会奋力地发出吠叫；而两只犬在路上碰面时一般都不吠叫。

2. 小型犬和大型犬的吠叫有所不同 一般小型犬的吠声高而尖锐，而且喜欢乱叫；大型犬的吠声粗而低沉，而且性情较沉着，通常不会乱叫。吠叫与警戒心是一只看门犬所必须具备的条件，犬看见陌生人立刻吠叫不停，这是犬的语言，叫声是警觉，还是一种示威，带有助威和恐吓的作用。同类之间相距很远的时候，也用叫声互通信息。

3. 犬显示强权时会咆哮或低吟 犬对于弱者表示权威时会咆哮，如猎犬追捕猎物时最容易发出这种声音，表示权威和发出恐吓。而犬在相互攻击或表示愤恨的时候会发出呻吟声，这也是一种表示厌恶或愤怒的声音。

4. 犬在示弱时会哀叫、哼叫或发出鼻音 当犬被欺凌时会发出"嗷呜——嗷呜——"的哀叫声；当幼犬离开母犬、感到寒冷或生病时会发出一种"哼哼"的高调声音；当犬悲伤的时候会发出鼻音，表示悲伤或难过。

二、犬的身体语言

犬在表达情感时，除了吠叫之外，眼、耳、口、尾巴的动作以及全身的姿态都代表不同的感情和意义。

犬的眼睛能体现其心情的变化。生气时瞳孔张开，眼睛上吊，变成可怕的眼神；悲伤和寂寞时，眼睛湿润；高兴的时候，目光晶亮；充满自信或希望得到信任时，目光坚定且不会将目光移开；受压于人或者犯错误时，会轻移视线；不自信时，目光闪烁不定。

犬的耳朵也能表现情感。当耳朵有力地向后贴时，表示它想攻击对方；当耳朵向后轻摆时，表示高兴或撒娇。

犬的尾巴也能表达感情。尾巴摇动表示喜悦；尾巴下垂意味危险；尾巴不动表示不安；尾巴夹起说明害怕。

犬的全身动作也能表达情感。犬表示愤怒时，目露凶光、龇牙咧嘴、发出喉音、毛发竖立、尾巴直伸，与它愤怒的对象保持着一定距离。如果犬前身下伏，后身隆起，做俯冲状，就是要发起进攻了。

犬用沉默来表示自己的哀伤，哀伤时低垂脑袋，无精打采，或可怜巴巴地望着主人，或躲到角落静卧；犬用跳跃来表达它的喜悦，犬会"笑"，笑时嘴巴微张，露出牙齿，鼻上皱起皱纹，眼光柔和，耳朵耷拉，嘴里发出"哼哼"的叫声，身体优美地扭动着，并摇尾巴；犬用身体的战栗表示恐惧，在恐惧时，全身毛发直立，浑身战栗，同时尾巴下垂或者夹在两腿之间。

犬不懂得人类的语言，人们看到的犬能听懂人类的口令是学习的结果。在驯犬的过程中，人们应该了解犬的语言，以便在驯犬的过程中与犬进行良性互动，收到良好的效果。

三、犬的气味表达

犬通过特殊的气味进行交流。这些气味信息除了代表着性方面的详细信息（性别、是否处于发情期）外，还包括是否妊娠、是否临产等信息。犬在生气、恐惧或非常自信等不同状态下会释放不同的激素，犬龄的大小也可以从散发的气味信息中得以区别。

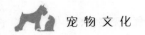

犬喜欢嗅闻东西，包括嗅闻领地记号、新的犬、食物、异物、粪便、尿液等。犬在外出漫游时几乎是依靠"嗅迹标志"行走。犬不仅用尿，而且还会用粪便来为自己的领地或其他重要地方做标记。犬的领地习性，就是利用肛门腺分泌物使粪便具有特殊气味，用趾间汗腺分泌的汗液和用后肢在地上抓划，作为领地记号。犬会经常在人身上蹭，在人身上留下自己的气味，从而确认这个人是属于其集体中的一员。

四、犬的情感表达

犬的情感世界非常丰富，它们和人类一样也有喜悦、愤怒、警觉、恐惧、悲伤、寂寞等。主人只有了解并读懂犬的情感，才能科学、合理地饲养管理好自己的爱犬。

1. 喜悦 犬表示喜悦的声音和姿态多种多样。

（1）不停地摇尾跳动，身体弯曲扭动，用前腿踏地或者尾巴使劲地左右摇摆，或在主人四周跳跃，耳朵向后方扭摆，眼睛炯炯有神，发出甜美的鼻音。

（2）有的犬在喜悦的时候发出的吠声是一种明快的"汪汪"声，吠叫声短促、快速，声调高而尖，像在愉快地哼唱歌曲，大型犬还可能把前腿抬起或去舔主人的脸。

（3）过分喜悦时有的犬可能会尿失禁，这种情况多发生于幼犬，随着年龄的增长会逐渐消失。

（4）有时候犬会先用脚推挤脸部以摩擦鼻子，用胸部摩擦地面，或者用前脚揉搓脸部从眼睛到耳朵的部分，然后背部朝下，这也是一种表达内心满足和喜悦及放松的方式。

（5）犬有时还会发出一种细小的呜咽声，同时垂着舌头"哈哈"地喘着气，慢慢地摇尾巴，喉咙中发出轻微的"呜呜"声或发出轻快的"汪汪"声，有时甚至不停地舔主人的手和脸，以表示其愉快、兴奋，对主人表示好感。

（6）有时候犬趴下来，把头枕在前脚上，眼睛半张半闭发出叹气的声音，尾巴放得比水平线还低，但是离腿部仍远，这也表示犬的心情愉悦。

（7）犬的嘴部放松微笑，舌头隐约可见，或者舌头覆盖过下排牙齿，这也是表示心情愉快。

（8）犬会因喜悦而撒娇。犬在撒娇的时候，最典型的姿势是前腿向前伸展，臀部抬起，把脚搭在主人的膝上或在主人面前挥舞脚掌，头部靠近地面或钻进主人的手中，同时会用鼻子发出"呵呵"的声音。

（9）犬在向人或者其他动物示好时，表现为嘴微笑着向后咧，同时配合着安详的眼神、向后倾的耳朵以及翻卷的舌头。也可能会转过身将臀部靠在主人身上，头与主人之间保持一定的距离，这种姿势正好能使主人轻抚它的背。

2. 谦卑 有时候，犬会为自己的不良行为而表示歉意，并企图平息主人的不快，尤其是在进行了培训之后，出现不良行为后，它会做出歉疚的表示，并做出接收批评的表情。

犬与犬之间为了平息摩擦，也会相互做出类似的服从性动作，一只犬碰见另一只犬时会感到紧张，它会自行稳定情绪；而正走过来的那只犬也会做出谦卑的表示，努力避免发生摩擦。

犬能分辨人声音音调的高低，并且知道应当对更具优势的主人做出谦卑的姿态，表示服从。

3. 警觉 犬在警觉的时候，头部高扬，尾部摇晃，耳朵会竖立起来，嘴里会发出"汪汪"的吠声。在外敌接近的时候，会发出连续的"汪汪汪"的吠声，吠叫声变得低而短，两次吠叫的间隔时间变长，而且发出连串的吠声（每次3～4声），中间稍微停顿，音量较低，这是一种表示不确定的报警信号。此时只是出于兴趣，尚无敌意。

当叫声急速，音量稍高时，才是最基本的吠叫警告。若是有两只互不相识的犬靠近，它们多会避免目光接触，不直接走向对方，而是绕到侧面再接近，这样可以避免直接刺激或激怒对方引发打斗。犬在愤怒时，全身僵直变硬，四肢伸开直踩地面，背毛直立、倒竖散开，身体放低，尾巴也会轻微地摇动，同时嘴唇翻卷，露出牙齿，两耳竖立朝向对方，发出威胁性的"呜呜"声。

4. 危险 当犬遇到危险威胁时，犬会发出轻柔、低音调的吠叫；如果同时皱着鼻子，龇牙咧嘴，毛发耸立，这是警告对方走开，但仍留了一点余地（退路）给对方。如果唇部卷起，露出部分牙齿，但嘴巴仍然闭着，同时从喉、齿间发出低声怒吠，这是对威胁一方发出进一步升级的信号。

犬在恐惧的时候，因程度不同会表现不同程度的垂尾，在恐惧的时候常把尾巴夹在两腿中间，身体缩成一团，躲在屋角或主人身后，以减少被伤害的面积。若耳朵同时也扭向后方呈睡眠状，则表现出极端的恐惧。另外，犬的尖叫声也是恐惧（害怕或者伤痛）的表现。

5. 寂寞 犬在寂寞的时候，全身松弛而瘫软，像打哈欠一样发出"啊啊"的冗长且不间断的吠叫。吠叫间隔较长，表示孤单、需要伙伴。因为犬有强烈的群居欲望，当单独留在家里时，往往会因寂寞而害怕，表现为吠叫、嚎叫、惊慌失措甚至随地排便。

有些单独留在家的犬感到寂寞时，会把主人摸过或用过的东西搜罗到一起，将主人的气味环绕起来形成一座屏障，若东西太少不足以形成一个保护圈时，犬就会把它们撕咬成碎片铺开。

6. 悲伤 犬不舒服时，如受伤或生病时，会发出轻柔的低吠，这种声音经常在宠物医院里听到，这种吠声通常是表示犬觉得疼痛。一只屈服的犬置身于具有威胁的陌生环境中或幼犬在寒冷、饥饿或沮丧时，也会发出这种吠叫。

犬低低的、拖长的呻吟哀叫声也表示不舒服、不满意、不耐烦，但同时有恳求同情与关照之意。在悲伤的时候，吠声就会不稳定，由鼻部发出"哈哈"的叫声，同时低垂尾巴，前脚猛抓地面，以求救的姿势摩擦主人的身体，呈现一副倾诉的姿态，希望得到主人的接近，以"诉说"自己的哀伤、痛苦和不幸。如果后腿仍然直立，而尾巴微微前后摆动，意味着不是很舒服或有点悲伤。

第三节　宠物的行为

犬是天生的群居动物，能在家庭环境中安居。它还会寻求用发声和非发声的方式与人进行交流，如同它和同类之间的交流一样。如果能读懂这些信号，就有可能很容易地判断犬处于何种情绪状态。

犬与犬之间交流的某些方式，其主人是不容易理解的。人们常常会以为犬的吠叫是最重要的交流形式，但实际上，解读犬的肢体语言才是弄懂犬想表达意思的最简捷方法。

犬和人交流时用的主要还是犬与犬之间互相交流时用的方法。然而，犬的一些出于本能的行为有时却会被人误解，人们可能认为犬是在胡闹。例如一只老年的犬因为和主人分开而焦虑时，可能会再现在其家周围用气味做标记的行为。和人类的互动交流也在改变着犬天生的交流方式，犬常用的一些体位（例如用后腿和臀部坐在地上）是其天生的，而另外一些体位特别是站立乞求的动作则在其野生的亲缘动物身上很少见到。随着犬很快领悟到这类行为的改变能博得主人的表扬和奖赏，这些动作也就从原来的某些动作演变而来。

犬对群体生活中的一些社交规矩具有某种本能，它很快就能融入家庭秩序中。由于犬希望成为群体的一员，所以它会积极地寻求和群体中的人类成员交流，让他们了解自己的意图。可是犬使用的某些信号可能会让那些缺乏经验的人感到迷惑不解。犬在睡觉时不应当打搅它，但它也有时是躺着不起来，以此来吸引主人的注意，这时候，犬的体态特别是腿的位置会提示它的主人，它究竟是准备玩游戏还是不希望被打扰。有些姿势对主人来说含义是很明显的，例如摇尾巴表示犬很高兴，但如果尾巴摇得非常快并且绷得很紧、直竖起来，那可能就表示敌对。这种多种姿势的组合往往能反映犬的情绪状态。

一、宠物的姿势

1. 休息的姿势　犬躺在地上的姿态能帮助它表达多种情绪。处于耐心等候状态的犬趴着时头放在两只爪子中间，当其主人坐着看电视或者看报纸的时候它常常会这样趴着。假如犬的四肢都放在身体的一侧，表示犬在放松，但如果四条腿排成一条直线，则表明犬还保持警觉状态，准备跟随主人行动。体型较大的品种休息时喜欢舒展身子，体型较小的犬休息时则会蜷起身体缩成一个球。耳朵和尾巴也可以反映犬的情绪。

2. 站立乞求的姿势　犬从主人那里邀宠的方式之一便是站立乞求。通常这种行为是和食物相关联的，但有时也表示犬期望得到关注，例如当主人坐在较高处的椅子上，犬为了仰望主人，希望引起主人注意，常常用前爪向上攀爬，以便和主人近距离接触。如果站立乞求的动作受到鼓励，主人的每顿饭都会受到打扰，因为犬会站在一边目不转睛地盯着饭菜，等待着表演站立乞求动作并受到奖赏的机会。家庭所有成员坚持一致（都不要拿饭桌上人吃的东西喂犬）是训练犬不做站立乞求动作的关键。

3. 耳朵的姿态　耳朵的姿态或耳朵的位置在表现犬的情绪方面起重要的作用，常常同时伴随着面部表情和声音的表达。耳朵姿态的变化能强化肢体语言许多方面的内容。犬能利用它头部的肌肉来改变耳朵的位置。耳朵的姿态能表明一只犬在群体中的地位或者对其他犬的态度。居支配地位的犬通常表现为耳朵保持挺立或朝向前方，而居于服从地位的犬则表现为耳朵无力地下垂。所有犬的耳朵都有一个中性位置，犬耳朵姿态的任何变化都是相对于这个位置比较而言。

（1）当一只犬处于警觉或关注的状态，它的耳朵尖部会稍向前倾斜。

（2）耳朵向后缩并保持较低的位置表示一种服从的姿态。出现这种姿态的典型情景是犬做了错事被主人斥责的时候。

（3）当在用耳朵表达感情时，如果两只耳朵表现出不同的信号，那可能说明犬不知道该做什么反应。当和陌生对象相遇时就可能出现这种情况。

并不是所有的犬都能用耳朵进行有效的交流。繁育过程中有些犬的耳朵尺寸被明显地缩小了；有些修剪耳朵的手术把犬的耳朵固定在某个位置，使之无法活动；还有去掉犬耳朵内部某些软骨的做法……这些都会限制犬移动耳朵并以此作为交流手段的能力。此外还有某些耳朵垂地的犬也不太会通过活动耳朵的方式进行交流。

4. 尾巴的姿势　犬把尾巴用作它全部肢体语言的一个部分，它会用热情地摇尾巴的方式对家庭成员的归来做出反应，在喂食和带它出去之前也会做出同样的动作。摇尾巴是犬兴奋度增加的结果，通常也是它高兴的信号。如果犬在摇尾巴时尾巴绷得很紧，翘得很高，并且在摇动时做快速击打状，那就可能是要发动攻击的信号。除此之外，犬还有其他一些用尾巴进行交流的方式。

（1）当犬采取蜷缩身体的姿势，同时快速地摇动尾巴，是一种表示服从的方式。

（2）尾巴伸直到接近水平的位置表示这只犬的神经紧张，不能确定该做什么反应。

（3）当尾巴夹在两腿之间表示处于服从地位，这种情况常常在一场挑战结束，一只犬击退另一只犬，后者夹着尾巴退却的时候可以看到。

（4）当放松时，犬常常脊背着地躺在地上打滚，以吸引其主人的注意，这时也可能开始摇尾巴。随着主人的接近，它尾巴摇动的频率会加快。

5. 玩耍的姿势　犬天性喜好玩耍，尤以幼犬为甚，玩耍为它提供了运动和与小伙伴增加友谊的机会。当幼犬独立生活之后，其主人充当了替代玩伴的角色，虽然幼犬是最喜欢玩耍的，但大一些的犬其实也很热衷于玩耍，直到老了依然如此。犬有一种很特别的沟通方式，用来表达其想玩耍的愿望，那就是"玩耍躬身"的动作。犬会郑重其事地弯曲两条前腿，在身体的前面摆开，同时躬身向前俯下，这时犬大多会兴奋地吠叫一两声，以吸引人的注意。

研究表明中等体型或较大体型的犬比体型小的犬有着更为发达的游戏天赋，同时更愿意把丢出的东西衔回来。幼犬常常会追逐自己的尾巴或其他想象中的东西，这表明它想和自己的主人玩。

幼犬玩耍时正是教给它正确行为的理想时机，如果幼犬跳起来扑到主人身上，要停止玩耍，以示处罚；而当它把正在玩的玩具归还回来的时候，则应给予奖励。当得不到足够的运动机会时，犬会自己设法在家里玩耍，所以容易形成在家里乱啃乱咬东西等坏习惯。

6. 进食的姿势　犬在进食时是非常专注的，有时还会出人意料地做出敌对反应来保护它的食物。这种敌对反应的表现包括把其他动物赶跑、有人或其他动物靠近时护卫着自己的食物以及跑到主人看不见的地方进食等。有时可能会出现这样的情况：给犬准备了食物，它却只吃了一点，或者表现得食欲极好，许多情况下，这两种现象都是犬有病的反映。如果两天之后犬的食欲仍不能恢复正常，那就应当去咨询宠物医生。不过有些犬进食时很挑剔，哪怕是进食的环境都会影响它做出吃还是不吃的决定，在这种时候，应当把食盆移到一个比较安静的环境中，以便犬能充分放松下来进食。

犬在进食时通常是本能地囫囵吞下，而不是停下来咀嚼，这种习惯直接遗传自祖先，狼吃食时也是一样，在尽量短的时间内抢到最多的食物，因为在食物紧缺的季节，这种竞争可能决定一只狼最后是饿死还是幸存下来。

在食物问题上犬表现得如此激烈的原因在于它们有护食的本能，进食时的敌对在犬世界里非常普遍。一只犬无论是低吼还是表现强硬或者紧张，那都是在对主人发出警告：不要动它的食盆，否则它会咬主人。

二、宠物的日常行为

1. 翻查东西　可以证明，食物加上娱乐几乎是所有的犬都无法抵抗的诱惑，它会经常想翻查你刚买来的东西，甚至还有偷吃的欲望。为什么在带犬回家及与购物篮离得很近时，犬都不会偷吃食物？原因在于它承认你的主宰地位。它意识到主人是给它食物的人，不想挑战主人的地位，而是让主人先做选择。主人的走开和把购物篮留在犬能够得着的地方，它认为是一种信号，说明主人已经对剩下的食物没兴趣了，接着犬便会翻查留下的是些什么东西，然后自己享用。犬偷吃刚买来的东西有可能成为令主人烦恼的一件事。但犬往往认识不到它做了错事，特别是因为它的"罪行"通常都是在一段时间之后才被发现，所以它不能把受到的处罚和偷吃东西的行为联系在一起。当然，还有些食物可能会对犬造成危险，例如偷吃大量巧克力特别是黑巧克力，犬就有出现呼吸衰竭的危险。

2. 寻求关爱 犬的社会性意味着它是和猫完全不同的两种宠物，它会用各种方式寻求主人的关注，最明显的是直接接触，如把一只脚放到主人的膝盖上，或者跳起来扑到主人的身上。轻拍和抚摸犬对主人的健康和犬的健康都是有益的，可以降低主人的血压，还可以帮助犬梳理毛发，同时又加强了主人与犬之间的联系。犬喜欢人拍它的头，抚摸它颈部的后侧和后背，在犬的先天行为中，没有哪一种能模拟受到轻拍时的感受。假如犬见到某人后没有先嗅闻他的手，或者扭转头走回去，此时不要随便抚摸它，就像见了另一只犬要嗅闻一样，犬也是通过嗅闻来了解人类的。假如初见面时犬没有做出嗅闻的动作，那它为了保护自己可能会对人做出攻击性的反应。大多数犬都喜欢被人用一只手抱着，因为这和抚摸一样会让它们感觉好像是又回到了幼年时期小伙伴们互相亲密接触的情景。

3. 开门 主人对犬的行为做出的反应可以影响犬以后进行沟通的方式：当犬想出去时，它的两只前爪会放在挡住去路的门上。当门关紧的时候，犬会用它的鼻子去开门，就像人们用手开门一样。犬不愿意被忽视，也不愿意与其他群体成员分开，哪怕很短的时间也不行，因此它不愿意被孤零零地关在屋外的花园里，或者家里其他离人很远的地方。犬能利用它的鼻子和前爪把门打开一条足够它钻过去的缝，鼻子长的犬如柯利牧羊犬更容易用鼻子打开门。

4. 排尿 从幼年时期开始，犬排尿便受某种行为规范的影响。假如主人不训练它，在何时何地排尿便完全由幼犬自己决定。排尿不仅是一种自然要求，同时也是对变化的一种反应。幼犬会通过用气味做记号的方式，向新来的宠物显示自己的权威，也可能会在欢迎主人归来的时候激动得排出尿来。

5. 外出 犬需要运动，运动不仅是为了保持健康，而且也是为了防止犬狂躁。所要求运动量的大小随犬的品种不同而异，有些品种的持久力要比其他品种大很多。年龄也有明显的影响，与年龄较大的犬相比，年轻的犬要活泼好动得多。当犬喜欢有规律的生活后，很快就能意识到什么时候应该带它出去散步，外出散步是犬和其他犬交往的理想机会，也是进行训练的机会，同时还是主人与犬进行交流的时机。

6. 乘车 由于人类越来越依赖汽车，因此乘汽车已经变成许多犬的生活常态，它们会定期地随车出去旅行、去宠物医院、去宠物美容院或者犬舍等。很重要的是，犬应当从很小的年龄就开始学会在这类场所做到行为得体。任何时候都不要把犬单独留在汽车里，幼犬特别容易变得烦躁，并可能以破坏汽车的内部设施的方式来发泄。

7. 占有 犬与犬之间很难共享玩具和食物，它们可能会忌妒，为了占为己有而互相争斗。骨头是它们急不可耐地要占有的东西，尤其是带肉的骨头，因为在它们看来带肉的骨头既是食物又是玩具。假如主人想把已经奖励给犬的东西拿走，那就可能会导致一场争斗。

8. 破坏 幼犬出现乱咬东西之类的破坏性行为尚属正常，因为它们需要通过啃咬等行为来缓解因长新牙带来的疼痛。当其6月龄左右，这种情况就不再出现了。如果年龄更大的犬仍有这类破坏性行为，那就需要另外寻找原因。

（1）每天都被单独关在家里，缺乏运动，没有玩具可玩，这些因素使犬烦躁，因而在家里出现破坏性行为。

（2）犬想通过这类破坏性行为来抵消恐惧或紧张的感觉。这时主人可以先带犬进行一次长距离的散步，确保它已经疲劳，能够很快睡着时再把它留在家里。犬可能会用爪子撕扯椅子，以此来发泄它的情绪。和这种行为相联系的可能还有一个想吸引人注意的因素，这与被称作"隔离焦虑"的情况有关。主人外出时，可以在家放一台录音机，调到录音状态，这样就能从录音中知道，犬在主人不在家的时候是老老实实待着，还是在大声狂吠，后者表明犬处在焦虑状态，而骨头和可咬的玩具能缓解犬的焦躁。

三、宠物的异常行为

1. 紧张　犬在很多情况下不知道该做何反应，这时它的肢体语言就会变得逻辑混乱、含糊不清，可能把表示敌对的信号与表示紧张的信号混在一起。这种情况特别容易出现在幼犬碰到不熟悉的情况时，甚至是碰到第一次见到的东西时。带着幼犬外出时，要始终记住幼犬可能会碰到不熟悉的东西或情况，只有通过探索这些不熟悉的现象和声音，犬才能变得自信起来。

当一只犬有点紧张时，它的耳朵会给出最清楚的线索，这时它的耳朵可能会以一个比较低的角度向后贴。假如犬感到紧张，它的身体也会放得相当低，遇到挑战时还会流露出一点要向后退的意思。同时它还会密切注意目标，并可能一边小心翼翼地嗅闻，一边谨慎地靠近。为了平息犬的不确定性，不让它演变成习惯性的不理智行为，可采取以下几点措施：

（1）当打雷或燃放焰火时，要把房间里的窗帘拉好，以缓解犬的紧张。

（2）为缓解犬的紧张情绪，可利用游戏来转移犬的注意力，但不要用感情奖励的办法，这样会助长犬紧张时的依赖心理。

（3）避免让幼犬长时间独处，因为那样会增加它的不确定性。

2. 疼痛　若犬受到了惊吓，并且很疼痛，可能会咬人。如果幼犬不幸遭遇交通事故，这时候要记住犬可能受了惊吓，并且很悲伤，因此在照顾受伤的犬时，务必防止被咬，这很重要。如果幼犬受惊吓，或者因为存在潜在的伤口，犬可能会发抖，这是很正常的。不要在马路边上就给犬做检查，表面看上去像是没有伤的犬也可能隐藏着很严重的伤，要把它送到附近的宠物医院，以便进行彻底检查。为防止犬做出激烈的反应，应非常小心地把犬拉起来，如果犬没带项圈，可用一根领带甚至裤子缠绕它的脖子，以当作临时牵绳。

犬对疼痛的反应相对比较迟钝，所以默默忍受可能成了它的本能行为。无论什么时候，尽可能近距离地观察那些可能受了伤的犬，确定它身上什么地方不舒服，都是很重要的。假如犬对它身上某个地方特别注意，不时地舔或抓挠，应当咨询宠物医生。其他需要注意的疼痛信号还包括跛行、严重的气喘、接触时有激烈反应以及无明显理由的行为改变等。

3. 生病　对于和人类一起生活的犬，主人能根据其行为改变很快地判断犬是否生病。对于刚买来的幼犬，主人判断起来可能就要困难得多。幼犬在迁居之后很容易生病，因此需要特别花精力观察幼犬适应新家的情况。

幼犬生病的信号：

（1）有很多信号能提示犬生病，通常是急性感染类疾病。典型的表现是食欲不佳，并且对周围环境缺乏兴趣。这种情况在幼犬身上表现得尤其突出，如突然变得昏昏欲睡，失去天生的好奇心，这种情况表明需要赶快请兽医治疗。

（2）应当立即咨询宠物医生的疾病信号包括排尿时不适，虚弱无力，呕吐，不吃或不喝，以及眼、耳、鼻等器官有分泌物流出等。在其他情况下，犬在行为方面的细微变化也可能表明存在不是很严重的健康问题。

（3）犬经常出现在地上拖蹭其下身的情况称作"蹭地"。出现这种情况说明肛门腺可能堵塞，造成了犬的严重不适。

（4）持续地抓挠耳部是犬可能出现感染的信号，这可能是由细菌、真菌、耳内异物造成的。

（5）宠物医生可能会建议主人给幼犬接种疫苗，这样能防止犬患一些常见的疾病。

清洁剂、防冻剂以及油漆清除剂等物品一定要放在犬不能接近的地方，幼犬特别容易在存在潜在危险因素、可能导致严重疾病的环境中死亡。外出散步同样会给犬带来接触毒物的机会。例如毒蛇在世界上许多地方都有，每年都有多起犬死于毒蛇咬伤的例子，这种情况发生常常是因为犬的主人一直不知道发生了什么事情，结果耽误了抢救时机。在有可能碰到毒蛇的乡间散步时，如发现犬的行为突然异常，首先要怀疑是否被有毒动物咬伤。倘若犬出现口水过多的情况，可能是蟾蜍造成的，蟾蜍可通过其头上的毒腺分泌出毒素使犬中毒。

第四节　宠物心理障碍调试

驯犬是对犬的神经反应过程施加影响，使其形成条件反射，具备特定能力的过程。在训练过程中，由于受各种刺激的作用，犬可能形成人们期望的能力，但也可能出现一些不符合人们要求甚至与人们期望相反的行为习惯。在这些不良的行为习惯中，有些有相当大的顽固性，这种现象就是犬在训练中出现心理障碍的结果，简称犬的心理障碍。犬在训练时产生心理障碍，主要是训练人的操作不当造成的。如果能够在训练前预见可能出现的问题，在训练中加以注意，就可以防止犬心理障碍的产生。

一、犬的心理障碍分类

1. 恐惧　对刺激耐受力较低的犬，如果主人施加的刺激过度，犬易产生恐惧心态，表现为两耳横分，逐渐往后贴，甚至把尾夹于两后腿之间。犬的恐惧心理短期表现是对某种有特殊意义的信号（刺激）表现敏感；长期表现是对刺激的施加者有恐惧心理。

2. 戒备　戒备是犬在长期的恐惧心态条件下形成的条件反射，这种条件反射是逐渐形成的，戒备的主要对象是某种特定的环境、科目或某一训练参与者。表现为对特定刺激的担心，在执行某一口令时总是提心吊胆，犬的戒备心态对正常训练有很严重的负面影响。但驯犬人可以通过观察，结合犬以往的训练找到并消除刺激来源。

3. 厌倦　是指犬对于环境中单调而频繁的一系列刺激或对其身心有疲劳作用的刺激产生的一种情绪，犬表现为消极地应付、被动地逃避或无意识地打哈欠。如当驯犬人命令犬衔取物品时，犬可能产生看着物品而不衔、听到口令后反而注视主人等行为。

4. 矛盾　指犬对命令反应不果断，表现为迟疑或犹豫。从犬的表现来讲，犬的厌倦心态更多强调犬的厌烦状态，而犬的矛盾心态则表现为无所适从的状态。如在训练犬"前来"这个科目时，犬听到口令后，意欲前来，却不是表现非常果断，此时助训员采用假打和真刺激相结合的办法效果会很好，同时也会提高犬对助训员的依恋性。

5. 依赖　犬的依赖心态是经过较长时间的训练才会出现的，并且往往是在犬的矛盾心态下进一步发展起来的。如在工作犬训练中，有的犬在进行"鉴别"时会观察主人的表情与反应，这是犬依赖心理最为明显的表现。

犬在训练中出现心理障碍，可能是典型的某一种心态体现，也可能是几种心态的综合表现，而且在训练中还可能不断地变化，所以必须在训练前预见犬可能出现的问题，防止犬心理障碍的产生。

二、犬的心理障碍消除

防止和消除犬的心理障碍的方法主要有主动参与法、对比消除法、替代刺激法、正强化法和转换注意法 5 种。

1. 主动参与法 主动参与法可以防止犬产生各类心理障碍。例如在培养犬的衔取欲和占有欲时，如果助训员参与到同犬"捡夺"衔取物品的过程，就会使犬的兴趣被调动起来，改变单调活动，消除犬的厌倦心态。主动参与法在其他科目的训练中也可以广泛应用。

2. 对比消除法 在复杂环境中训练，犬会有很长的外抑制过程，因为一个定量的机械刺激在动物机体中所产生的抑制或消极作用要用几个定量的正强化缓解后才能相抵消。对比消除法就是减少犬对环境的敏感性，直到恢复到正常的水平，对比消除法也可以看作减敏反应。

3. 替代刺激法 替代刺激法就是在犬对主人产生恐惧心理的一段时间内，不能再给犬刺激或者减小对犬刺激的方法。对感受阈值低的犬，即使必须使用机械刺激，也最好由助训员协助施加，由助训员配合主人对犬施加机械刺激，使犬对助训员产生恐惧而导致靠近主人，从而增强对主人的依恋。

4. 正强化法 助训员不仅可以对犬施加刺激，也可以对犬进行正强化。在训练"扑咬"科目中，为消除犬的恐惧心态，特别是对初驯犬，助训员的试探性进攻和仓皇逃窜对犬形成了极大的强化，助训员逃跑的背影对树立犬的扑咬信心有极大的作用；助训员甚至可以在犬咬住护袖时拍摸犬的头部以示表扬。对于犬的正强化，还可以创造性地使用许多方法，如助训员训练犬随行时，以人口中含食物诱使犬抬头再吐给它的办法，使犬注视人的面部等。

5. 转换注意法 有时为了完成特定的训练任务或进一步提高犬的作业能力，需要加强训练的强度和时间。此时既要延长作业强度、时间，又要使犬保持良好的状态，就需要采用转换注意法对训练的安排进行调整。例如在传统的训练犬搜毒时，犬经过十几分钟的搜索会有疲劳表现，这时不妨让助训员用其他物品吸引犬，使犬从繁重的嗅觉分析过程中暂时解脱出来。助训员用物品使犬注意，甚至使犬产生攻击行为，会加快犬的呼吸和血液循环，这样犬的兴奋性就会重新提高起来，从而继续保持作业效果，避免了犬厌倦心态的产生。

在训练中，助训员主动预防犬出现心理障碍是最有效的方法，只有犬出现心理障碍后才需要利用助训员来进行弥补。

🐾 分析与思考

1. 怎样读懂犬的心理特征？
2. 犬通常通过哪些方式来表达情感？
3. 犬怎样来表达喜怒哀乐？
4. 请举例说明宠物的行为与心理的关系。
5. 怎样消除犬的心理障碍？

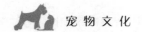

第五章　宠物血统文化

第一节　宠物标准

标准是由一个大家公认的机构制定和批准的文件，犬种标准是对纯种犬的特征规定的集合。世界上的第一部犬种标准诞生于 1876 年，是一部关于斗牛犬的标准。1859 年世界首次犬展于英国纽卡斯尔开场后，各地区的专门犬种繁殖者对犬种标准的看法无法全部相同，经过商量仍无法统一，如果没有大众都认可的犬种标准，那么犬赛的裁判所做出的评审结果则没有公信力，犬赛变得毫无意义。因此，当时的认知是确实急迫需要制定一部公认或多数人可以接受的律法，来规范犬的繁殖目标及审查准则。在此基础上，爱好者们经常聚会讨论，异中求同，点滴累积后，形成了文字及图形，为早期的单犬种标准。随着犬展的发展，犬类的标准也相应变得不断具体和细化，现存世界各地的犬，除了原始犬类外，都是由人类依据需求，利用改良繁殖，强化基因，并刻意以近亲交配，筛选子代优秀品种后，固定下来的后代，我们称之为纯种犬或纯血犬，它的存在是因为它符合人类的要求，因此其标准由人类来制定。各协会每年都有专门委员会修订标准，目前我国宠物界惯常采用的标准是 FCI 和 AKC 的犬种标准，主要从用途、秉性、身体结构等方面来规范。

用途：看家、伴侣、工作、狩猎、救难、搜索、防卫。

秉性：包括性格、性能、癖好。

体构：头（含耳、眼、鼻、口、齿、颚）、颈（长度、弯度）、躯干（前肢、胸、腰、后肢）、尾（长、短、弯、竖、卷、高、低、截尾）、毛（长、短、卷、直、软、粗、颜色）。

在现代犬展上，标准是评审对参赛犬评价的基础和依据。有时候，赛场上一只外表非常华丽的犬会输给一只相貌平平的犬，出现这种情况通常有两方面原因：一方面是因为标准采用扣分制，外表很漂亮的犬可能在某个方面存在特别严重的缺陷，以至于被扣掉很多分；相反，另一只外形普通的犬可能没有什么可以被扣分的缺陷，就是说既不出色，但也不出错，因此就会取胜。另一方面的原因是赛场上的表现问题，赛场表现在全犬种犬展上尤为重要，参赛犬的精神状态、与指导手的配合程度都会影响成绩的好坏。在参赛犬的分数相差不大时，评审就会根据它们的现场表现力来决定成绩。

对一只宠物犬的评价，完整的标准应涵盖以下内容：

1. 整体外观　包括匀称性、气质、被毛。

2. 头部　包括头、额段、口吻、眼睛、耳朵和表情。

3. **身体** 包括颈部、后背、胸部、肋骨、胸骨、腰部、臀部、尾巴。

4. **前躯** 包括肩部、前肢、足爪。

5. **后躯** 包括臀部、大腿、膝关节、飞节、足爪。

6. **步态** 包括犬跑动时身体的平衡性与协调性。

在上述几个部分中，标准不但规定出每个部位的理想状态，还明确规定了常见缺陷和失格条件。标准的满分为 100 分，但是根据不同的犬种，上述 6 项每个部分所占的分数不同，在打分制度上采用扣分制。

一、犬的头部

头部以内眼角和颧弓下缘为界，可分为颅部和面部两部分。不同品种的犬的头形不尽相同，有圆形、方形、长方形、楔形等，整体外观要轮廓明显。

1. **颅部** 位于颅腔周围，包括枕部、顶部、额部、颞部和耳部。枕部位于颅部后方，两耳之间；顶部位于枕部的前方，左右顶部间有顶峰；额部位于顶部的前方，两眼眶之间；颞部位于顶部两侧，耳眼之间；耳部包括耳及耳根，不同品种犬的耳型有所不同，有直立耳、半直立耳、垂耳、玫瑰耳、蝙蝠耳、纽扣耳等（图 5-1）。

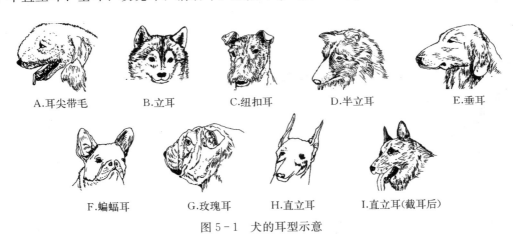

图 5-1 犬的耳型示意

2. **面部** 位于口腔和鼻腔周围，包括眼部、眶下部、鼻部、咬肌部、颊部、唇部、颏部和下颌间隙部。眼部包括眼和眼睑，眼形可分为圆形眼、杏仁形眼、三角形眼和椭圆形眼等（图 5-2）；眶下部位于眼眶的前下方；鼻部位于额部前方，以鼻骨为基础，鼻有长、短和超短之分；咬肌部位于颞部下方；颊部位于咬肌部前下方；唇部包括上、下唇，不同犬种

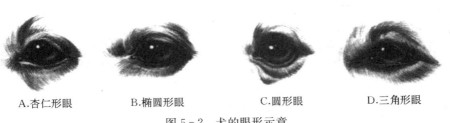

图 5-2 犬的眼形示意

（美国养犬俱乐部，2003. 世界名犬大全）

的上下唇的覆盖形式不同；颏部位于下唇腹侧；下颌间隙位于下颌骨之间。

二、犬的躯干

除头部和四肢以外的部分称为躯干部，犬的躯体整体呈流线型，分为颈部、胸部、背部、腰腹部、荐臀部和尾部，各部分结合平稳而自然。

颈部通常较长，与头部结合自然；胸部以胸骨为基础，多数犬胸部发达，特别是运动型犬更发达，呈圆拱形；背部位于躯干的最上方，犬的背线大多数是水平的，少数呈内凹或稍向后下方倾斜；腰腹部位于胸背部与荐臀部之间，分为腰部和腹部，少数运动型的猎犬的腹部向上收缩明显；荐臀部位于腰腹部和尾部之间的后肢上部分；尾部位于荐部之后，为犬体的最末端，因犬种不同，尾可分为卷尾、环状尾、直立尾、螺旋状尾、镰刀尾、羽状尾等（图5-3）。

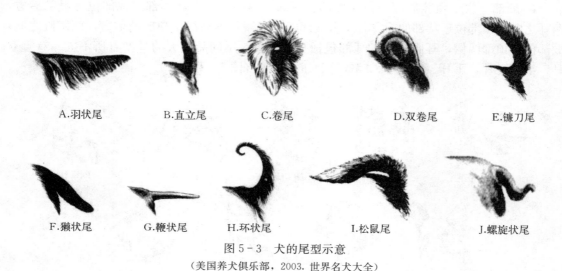

A.羽状尾　　　B.直立尾　　　C.卷尾　　　D.双卷尾　　　E.镰刀尾

F.獭状尾　　　G.鞭状尾　　　H.环状尾　　　I.松鼠尾　　　J.螺旋状尾

图5-3　犬的尾型示意

（美国养犬俱乐部，2003.世界名犬大全）

犬的体型主要以体高（肩高）和体长来衡量，体高指从肩部最高点（鬐甲的最高点）到地面的垂直距离，体长为肩胛的最前缘到坐骨结节后缘的水平距离（图5-4）。

三、犬的四肢

犬的四肢包括两前肢和两后肢。前肢由肩胛和臂部与躯干的胸背部相连，自上而下依次可分为肩胛部、臂部、前臂部、前脚部，前脚部又分为腕部、掌部、指、爪，有5趾。前肢通常与地面垂直，相互平行，两肢间距适中（图5-5）。

后肢由臀部与荐部相连，可分为大腿部（股部）、膝部、小腿部、后脚部，后脚部包括跗部、

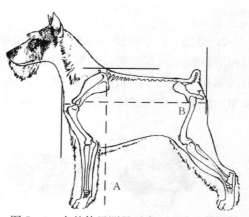

图5-4　犬的体尺测量示意（A代表体高，
　　　　B代表体长）

（美国养犬俱乐部，2003.世界名犬大全）

A.正常前肢　　　　B.前肢间距太窄　　　　　C.罗圈腿　　　　　D.前肢间距太宽

E.笔直的前肢　　　　　　　　F.趾关节异常　　　　　　　　G.骹下垂

图 5-5　犬的前肢示意

（美国养犬俱乐部，2003. 世界名犬大全）

跟部、跖部、趾、爪，有 4 趾。后肢的飞节向下部分（后脚部）通常与地面垂直，两肢间距适中（图 5-6）。

A.正常后肢　B.牛样趾关节　　C.后肢间距太宽　　D.后肢间距太窄　　E.正常后躯角度　　　　　F.笔直的关节

图 5-6　犬的后肢示意

（美国养犬俱乐部，2003. 世界名犬大全）

第二节　血统证书

一、概述

犬（猫）的血统证书是由正规合法的犬（猫）业俱乐部、协会颁发给繁育者，用以确认其繁育的某一只犬（猫）的真实合法身份的凭证。世界各地的血统证书不尽相同，但大致会包含以下内容：犬（猫）的姓名、品种、性别、出生日期、皮毛颜色及其他特征，繁育者和繁育犬（猫）舍，该犬（猫）的 4 代直系血亲的详细资料（又称为血统表）、登录号码、文

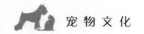

身号码、DNA 号码、髋关节号码和植入晶片的记录，比赛记录和转让记录，德国牧羊犬协会（SV）的血统证书还有训练程度的记录。

犬（猫）的血统证书就像人的身份证，它是判定某一只犬（猫）血统、身份的重要依据。在宠物行业的发展中，血统证书具有相当重大的意义：

首先，血统证书有利于俱乐部、协会的规范管理。每一只得到血统证书的犬（猫），同时在俱乐部、协会也有了备案登记，因此俱乐部、协会能随时掌握其所管辖范围内犬（猫）和犬（猫）舍的状况。只有获得血统证书的犬（猫）才有资格参加犬（猫）展和进行繁殖，这体现了俱乐部、协会的科学性和权威性。

其次，血统证书是繁育的重要根据。血统证书的很多内容，特别是 4 代直系血亲的记载，为繁育者利用这只犬（猫）进行繁育提供了非常有用的信息。

再次，血统证书有助于犬（猫）的医疗保健。DNA 号码和髋关节号码可以帮助犬（猫）主人、医生了解犬（猫）的先天生理状况，更容易采取针对性的医疗手段和保健措施。

最后，血统证书是犬（猫）销售转让的必备手续。销售转让犬（猫），犬（猫）主人必须向新主人出示血统证书，以保证让新主人全面了解该犬（猫）的情况和真实身份，这是业界通行的规则。而且，血统证书要随犬（猫）一起交由新主人保管。在正规的犬（猫）业市场，血统证书系统起着非常重要的作用，绝对是不可或缺的。

目前国内拥有两个健全的犬业协会，它们是在国际上也被认可的犬业协会，其一是与 FCI 合作的中国工作犬管理协会专业技术分会（CKU），其二是与 AKC 合作的中国畜牧业协会犬业分会（CNKC）。目前国内的犬赛由这两个协会承办，并颁发血统证书。

目前国内比较健全的猫协会有国际爱猫联合会（CFA）以及北京市保护小动物协会爱猫分会（CAA），它们承办猫类比赛并颁发血统证书。

二、判读

血统证书样本见图 5-7、图 5-8。

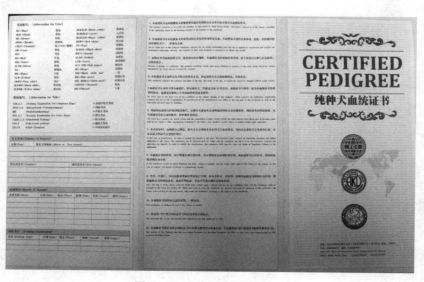

图 5-7 血统证书样本（一）

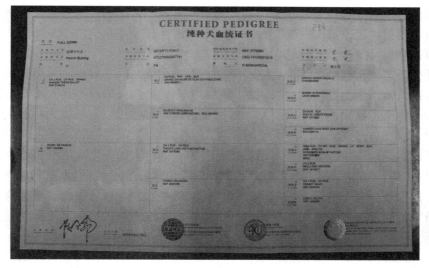

图 5-8　血统证书样本（二）

1. 基本信息

（1）犬名（name of dog）。犬的名字。

（2）犬种中文名（breed　Chinese）。该品种的中文名称。

（3）犬种英文名（breed　English）。该品种的英文名称。

（4）性别（sex）。公（male）或母（female）。

（5）出生日期（date of birth）。犬的出生日期。

（6）身份鉴别号码（registration number）。国际上一般用注射芯片及 DNA 鉴定取代。

（7）毛色（color）。犬的毛色。

（8）国外血统证号码（abroad certificate number）。国外血统证书代表犬是经合法渠道输送到国外的，是证明拥有者是合法的凭证，只有有国外血统证书才能在所在国的犬协会注册犬，该犬的后代也才能在所在国协会申请血统证书。

（9）血统证号码（certified number）。在该协会登记的血统编码。

（10）繁殖人（breeder）。该犬的繁殖者。

（11）本胎出生数量（puppies number）。该犬的同胎出生数量。

（12）本胎登记数量（register number）。该犬同胎中登记的数量。

2. 三代血统　我国 CKU 犬协目前提供三代血统信息，即父亲、母亲、祖父、祖母、曾祖父、曾祖母的信息。

3. 前部（徽章）　血统证书应该有 FCI 和本国犬协的徽章。AKC、澳大利亚犬业协会（ANKC）等少数几个国家犬业协会为独立协会，但世界范围内被广泛承认，只有一个徽章。

三、血统表

不管何种动物，血统表的基本结构都是一样的。从左至右分别是第一代，即这只动物的父母；第二代为其祖父母、外祖父母；第三代为曾祖父母、曾外祖父母等。从血统表中可以了解到某只犬（猫）的头衔和证书情况，通过血统表可以了解到它的繁殖方式。

近亲繁殖、血系繁殖以及远缘繁殖是犬（猫）繁殖中常用的繁殖方式。近亲繁殖和血系繁殖的目的都是更快地改良犬（猫）种，并把家谱缩小到很少的几条紧密相关的后代分支，这样繁殖可以减少可变性。

通常认为近亲繁殖包括母子、父女、兄妹、姐弟，以及同父异母或同母异父的兄妹、姐弟繁殖；血系繁殖则指交配的两只犬有共同的一个祖先，但一般没有另一个相同的祖先；远缘繁殖则指犬的第三、第四代中没有共同的祖先出现，第四代以上的祖先一般认为影响较小而不予考虑。

制系谱图是始用于牛及其他牲畜的繁殖，目前人们将它作为主要的繁殖工具。通过系谱的研究可以从对其祖先的研究中了解到很多东西，包括血系、性状特点、遗传特点以及未知、携带、健康或患病等情况。人们可以对它们的优点和缺点或者是繁殖某种特点和性状的能力进行研究。因此如果祖先中频繁出现一种特性或是疾病，人们就可以将其视为一种可能的遗传问题。

为了有效地降低风险，提高繁殖成功率，收集犬的品质信息是至关重要的，这就意味着人们在收集信息时，必须保证它的准确性和有效性，尤其是第二代和第三代血系的亲代关系。例如，已知的谱系中有三代没有疾病发生，这就意味着父犬、母犬、它们各自的父母（4 只祖辈犬）以及 8 只曾祖辈犬都是健康的。虽然拥有这些良好的记录，但这个谱系仍然有可能在后代中出现不良的特性或是疾病。因此繁殖者需要掌握有关犬种品质的信息，以便解决它们繁殖过程的问题，达到繁殖的最终目的。

血统证书与犬（猫）自身的品质是两个概念，血统证书只能由权威机构证明此犬（猫）是纯种的，并不代表该犬（猫）品质的高低差别，任何一只纯种犬（猫）都可以申请办理血统证书。只要畜主通过手续加入为协会成为会员，交纳一定的费用后，由协会安排在犬（猫）赛时由裁判鉴定为纯种犬（猫）即可办理。真正代表犬（猫）自身出众品质的证明文书是大型犬（猫）赛中的比赛名次的证书，如单犬种冠军（best of breed，BOB）、全场总冠军（best in show，BIS）、全场后备总冠军（亚军）（reserve best in show，RBIS）的证书和奖杯。

第三节　世界名犬介绍

1. 博美犬

血统来源：博美犬（图 5-9）原产于德国，身高 18～25 厘米，体重 1.3～3.5 千克，在 AKC 的分类中属于玩具犬组。

形体特征：面部酷似狐狸，头呈楔形，头盖骨略圆；口吻短直，鼻镜呈黑色；眼睛色深、明亮、中等大小，杏仁状；牙齿呈剪式咬合。颈部短，背短，背线水平。身躯紧凑，肩胛的长度与上臂相等，肩靠后，使颈部和头高高昂起；肋骨开张良好，胸深与肘部齐平；腰细而轻；腹部适当收缩。前肢直而且相互平行，腕部直而且结实；后肢大腿肌肉适度发达，后膝关节适度倾斜，轮廓清晰；足爪呈拱形，紧凑。尾根高，翻卷在后

图 5-9　博美犬

背中间。双层被毛，外层毛长、直、光亮而且质地粗硬，内层毛柔软而浓密，颈部、肩前和前胸被毛浓密，前肢饰毛延伸到腕部，尾巴上布满呈羽状的长而粗硬的被毛。毛色主要有红棕色、黑色和白色共3种单一毛色，以红棕色最为多见。

2. 吉娃娃犬

血统来源：吉娃娃犬（图5-10）原产于墨西哥，身高16～22厘米，体重0.5～2.7千克，在AKC的分类中属于玩具犬组。

图5-10　吉娃娃犬

形体特征：圆拱形的苹果头颅，有囟门（颅骨未完全闭合所产生的裂缝）；眼圆而不突，间距大；耳大，直立，与头部中心线呈45°张开；口吻短，略尖，双颊及下颚瘦削，鼻色与毛色相协调；牙齿呈剪式咬合。颈部稍呈拱形；前肢骨骼纤细、垂直；后肢大腿肌肉发达，伸展良好，稳固强健；趾小巧精致，呈卵圆形，肉垫发育良好。尾巴长度适中，形成镰刀状向上或向外，或在背上形成圈状，同时尾尖刚好触及背部。被毛有短毛与长毛之分，短毛型质地柔软，细致紧密，光滑而有光泽；长毛型质地柔软，平直或轻微卷曲，双耳有饰毛，尾部饰毛丰富呈羽状尾。毛色允许任何颜色，单一色或间有斑块。

3. 北京犬

血统来源：北京犬（图5-11）原产于中国，身高25～35厘米，体重3～6千克，在AKC的分类中属于玩具犬组。

图5-11　北京犬

形体特征：头顶宽阔且平，面颊骨骼宽阔呈矩形，侧看时下巴、鼻镜和额部处于同一平面（下巴到额头略向后倾斜更多见）；鼻短，位于两眼中间；眼睛大、黑、圆，稍外突；止部有较深的皱纹；心形耳，位于头部两侧；牙齿下颌突出式咬合，闭唇时不可见舌。颈短而粗，与肩结合良好。身体呈梨形，紧凑；前躯重，肋骨开张良好，胸宽，胸骨无明显突出；腰细而轻；背线平。前肢短且粗，肘部到脚腕之间的骨骼略弯；后膝和飞节角度柔和；足爪大、平，略向外翻。尾根高，翻卷在后背中间。被毛长、直，有丰厚柔软的底毛，颈部和肩部周围有显著的鬃毛，前腿和大腿后侧、耳朵、尾巴、脚趾上有长长的饰毛。毛色允许所有的颜色，但必须是单一色毛。

4. 巴哥犬

血统来源：巴哥犬（图5-12）原产于中国，身高25～30厘米，体重6～8千克，在AKC的分类中属于玩赏犬组。

形体特征：头大、粗壮，苹果头，额部皱纹大而深；眼大、色深、稍突；耳薄、小、软，黑色，触感如天鹅绒，有玫瑰耳或纽扣耳两种耳型；口吻短、钝、宽，不上翘；咬合应是轻微的下颌突出式咬合。颈部呈轻微的拱形，粗壮，其长度足够使头能高傲地昂起。身体短而胖，身高与体长相当，体躯呈正方形；胸宽，肋骨开张良好；背短，背线水平；腹部稍收。前肢粗壮、平行，直，长度适中，腕部结实；后肢粗壮、平行，大腿和臀部丰满，膝关节角度适中，飞节垂直于地面；足爪椭圆形，脚趾适当分开，黑色趾甲。尾根高，尽可能卷在臀部以上，双重卷曲则更理想。被毛短、柔软、美观而平滑，有光泽；毛色有银色、杏黄色或黑色等毛色，其中面部、口吻、耳朵的颜色应是黑色。

图 5 - 12　巴哥犬

5. 贵宾犬

血统来源：贵宾犬（图 5 - 13）原产于法国，体型有 3 种，玩具型身高小于 28 厘米、体重小于 4 千克；迷你型身高小于 38 厘米、体重小于 12 千克；标准型身高大于 38 厘米、体重大于 12 千克。在 AKC 的分类中属于玩具犬组。

形体特征：头小而圆，颅骨呈圆形；吻长为头长的 1/2，鼻镜黑；眼睛椭圆形，色黑；耳朵下垂，紧贴头部，耳根位置稍低于眼睛的水平线，耳郭长而宽；牙齿呈剪式咬合。颈部比例匀称，结实、修长，显出其高贵、尊严的品质，喉部的皮毛很软。胸部宽阔舒展，肋骨富有弹性；腰短而宽，结实、健壮，肌肉匀称；背线水平，从肩胛骨的最高点到尾巴的根部不倾斜也不呈拱形，

图 5 - 13　贵宾犬

肩后有一个微小的凹陷。前肢直，位于肩的正下方，正看平行；后肢膝关节健壮、结实，曲度合适，股骨和胫骨长度相当，跗关节到脚跟距离较短，且垂直于地面；足较小，呈卵状，肉垫厚、结实。尾巴直，位置高并且向上翘，通常截尾后留 2～3 节尾椎。被毛呈羊毛状，有两种毛型，粗毛自然、质地粗糙，软毛紧凑、平滑，胸部、身体、头部和耳朵等部位的毛较长。毛色多为单色，毛色均匀，有纯白色、黑色、香槟色和红棕色，同一种颜色也会有不同的深浅，通常是耳朵和颈部的毛色深一些。

6. 法国斗牛犬

血统来源：法国斗牛犬（图 5 - 14）原产于法国，身高 30 厘米左右，体重 10～14 千克，在 AKC 的分类中属于非运动犬组。

形体特征：头大呈正方形，头盖在两耳间的部位平坦，额段明显，两眼间有明显凹陷；口吻宽深，颊部肌肉发达，鼻短宽，唇松软、宽厚，色黑，闭嘴时不露齿；下颌深，正方形，宽而不

图 5 - 14　法国斗牛犬

突出，稍翘。耳朵基部宽，末端圆而直立的蝙蝠耳；耳根位置高，两耳不能靠得太近，耳毛精细柔软，耳孔朝向前方。眼睛位于头盖下方，与耳朵距离远；眼色暗，眼不凹微突，正面看不见瞬膜和结膜。身材短圆，骨骼粗壮，肌肉发达，结构紧凑；胸宽深，肋饱满上收；肩背宽、短、结实，腰狭，后臀弯曲度大，腹发达。四肢强健有力，肌肉发达，站立姿势特殊；前肢短而结实，弯曲略呈罗圈状；两肩间距宽；后肢强壮，比前肢长，肌肉丰满，故腰比肩部要高；脚大小适中，紧凑，趾短，爪短。尾巴直或螺旋状（但不卷曲），短，下垂，根部粗而尖端细，休息时向下垂。毛色有虎斑色、驼色、白色、虎斑色带白色、黑色等。步伐独特、灵活、柔和，弹跳力非常好。

7. 迷你雪纳瑞犬

血统来源：迷你雪纳瑞犬（图 5-15）原产于德国，身高 30～35 厘米，体重 4～7 千克，在 AKC 的分类中属于㹴犬组。

形体特征：头部结实，呈矩形，面颊部咬合肌发达；眼中等大小，深褐色，卵圆形，眉毛浓密；耳位置高，中等厚度，呈 V 形，向前折叠，内侧边缘贴近面颊，一般要做立耳手术；口吻结实，末端呈钝楔形，胡须浓密；鼻镜大，黑色，唇黑；牙齿呈剪式咬合。颈部结实，中等粗细和长度，呈优雅的弧形，与肩部结合完美。身躯紧凑，结实；胸部宽度适中，肋骨开张良好，横断面呈卵形；背线从第一节脊椎到臀部略微向下倾，

图 5-15　迷你雪纳瑞犬

并略呈弧形；腰部发育良好，从最后一根肋骨到臀部的距离尽可能短；臀部丰满、略圆。前肢笔直无弯曲，垂直于地面，两腿适度分开；后肢大腿肌肉非常发达，后膝关节角度合适，飞节短；足爪小、紧凑而圆，脚垫厚实，指甲黑色。尾根位置稍高，向上竖立，需断尾，保留 2 节尾椎。双层被毛，外层刚毛紧密、粗硬、浓密、不平滑，内层毛柔软、平顺。毛色有椒盐色或纯黑色两种，典型的椒盐色是灰色底毛中混合了黑色和白色毛发，椒盐色毛发在眉毛、胡须、面颊、喉咙下面、胸部、尾巴下面、腿下部、身体下面和腿的内侧淡至浅灰色或银白色；理想的黑色是真正的纯色，没有任何褪色、变色。

8. 松狮犬

血统来源：松狮犬（图 5-16）原产于中国，身高 45～51 厘米，体重 18～22 千克，在 AKC 的分类中属于非运动犬组。

形体特征：头颅骨宽阔平坦，眉间多皱纹；口吻短宽，无皱纹；眼深褐色，深陷，眼距离宽，中等大小，杏仁状；耳小，三角形竖耳，略微前倾，耳尖稍圆，耳间距宽；鼻大、宽，黑鼻（蓝色松狮犬的鼻子可为蓝或暗蓝灰色）；舌的表面和边缘是深蓝色，颜色越深越好；牙齿呈剪式咬合。颈部强壮有力，饱满，肌肉发达，颈部呈优美的弧形。胸宽深，肌肉发达，肋骨闭合紧密，弧度优美；背线平直，强壮，从

图 5-16　松狮犬

马肩隆到尾根保持水平；腰部短宽深，肌肉发达强壮；臀部短而宽，尾部和大腿肌肉强壮，与臀部齐平。前肢笔直，骨骼粗壮，两腿平行，分得较开，与宽阔的前胸相称；后肢笔直，膝关节几乎没有角度，接合紧密稳定，尖端正指向后方，飞节强壮，接合紧密结实；足爪圆、紧凑，如猫爪，肉垫厚。尾根高，卷起紧贴背部。双层被毛，外层毛杂乱粗糙、平直，内层毛柔软丰富、浓密，特别是头和颈周围形成了一圈浓密的鬃毛。毛色有红色（淡金黄色至红褐色）、黑色、蓝色、肉桂色（浅黄色至深肉桂色）和奶油色五种。

9. 威尔士柯基犬

血统来源：威尔士柯基犬（图 5-17）原产于英国，身高 25～31 厘米，体重 10～12 千克，在 AKC 的分类中属于畜牧犬组。

形体特征：头部外形狐状，头盖平且宽，额段角度适中，鼻子为黑色，鼻口部尖端细；耳朵坚硬，中等大小、竖立、尖端略圆；眼睛中等大小且圆，颜色为茶色，和被毛相协调。身体十分强壮而有力，胸部宽厚，背部平坦。被毛中等长度，相当密集，自然色为红色、黑貂色、浅黄褐色、黑色和棕褐色，腿、胸和颈部有或无白斑，头和口吻部允许有少许白色。柯基犬胸部似围兜

图 5-17　威尔士柯基犬

的被毛是区别其他品种的典型特征。前肢小腿短，尽可能地直，肘部与身体平行；骨量足；肘接近身体两侧，不松也不紧；肩位置自然，与上臂呈 90°；后肢强壮且灵活，后膝关节成角自然。从后面看，跗部笔直。脚呈椭圆形，脚趾强壮，自然呈拱形，紧绷，两个中趾略长，脚垫结实。天生短尾受欢迎。

10. 拉布拉多猎犬

血统来源：拉布拉多猎犬（图 5-18）原产于加拿大纽芬兰岛，身高 55～60 厘米，体重 25～30 千克，在 AKC 的分类中属于运动犬组。

形体特征：头骨宽阔，额段适中；眼中等大小，眼色与毛色相协调（黑色和黄色犬的眼睛是褐色，巧克力色犬的眼睛呈褐色或淡褐色）；耳朵紧贴头部，稍低于头骨而高于眼水平线上；口吻部长短、宽窄适中，鼻色与毛色相协调（黑色或黄色犬的鼻子是黑色，巧克力色犬的鼻子是褐色）；牙齿呈剪式咬合。颈部长度适中，肌肉发

图 5-18　拉布拉多猎犬

达，活动灵活，与肩部连接良好。胸部宽窄适中；背部强壮，水平；腰部短宽而健壮；臀部宽阔，肌肉发达。前肢发育良好，骨骼强壮，呈垂直状态；后肢垂直平行，大腿部强壮有力；趾强健而紧凑，适当拱起，肉垫发育良好。被毛短而直，非常致密，手感粗硬，有柔软、抵抗恶劣天气的下层被毛，可以防水、防冷和抵挡各种类型的荆棘等破坏物，允许背部被毛呈轻微波纹状。被毛颜色有黑色、黄色和巧克力色等单色，黑色必须是单一黑色；黄色可从淡红到淡奶油色，颜色变化部分一般在犬的双耳、背部和体下部；巧克力色可以从浅巧

克力色到深巧克力色。

11. 金毛寻回猎犬

血统来源：金毛寻回猎犬（图5-19）原产于英国，身高55～60厘米，体重25～35千克，在AKC的分类中属于运动组。

图5-19 金毛寻回猎犬

形体特征：头骨宽，呈轻微拱形；眼中等大小，色深，间距大；耳根高，耳小，下垂，紧贴面颊，耳尖刚好盖住眼睛；鼻黑色或棕黑色；牙齿呈剪式咬合。颈中等长，逐渐融入充分靠后的肩部，显得强健、肌肉发达。胸深，胸骨延伸至肘部；背线强壮，水平，从马肩隆至微倾的臀部；肋骨长、曲度良好，很好地延伸至后躯；腰短、强健，宽而深，轻微收缩；臀部丰满，略下斜。前肢直，骨量充足，不太粗壮，掌部短而强健、略倾；后肢宽，肌肉发达，膝关节充分弯曲，踝关节贴近地面；足爪中等大小，圆而紧凑，趾垫厚。尾根高，尾基部厚实，尾长垂过跗关节，呈水平或适度的上扬曲线。双层被毛，毛色呈有光泽的金黄色，外层被毛硬、有弹性，既不粗糙也不过分柔软，毛直或略呈波浪状；内层毛浓密、柔软，有防水功能。前腿后部和身体下有适度的羽状饰毛，颈前部、大腿后部和尾下侧的羽状饰毛丰厚，羽状饰毛可比其他部位色泽略淡。

12. 边境牧羊犬

血统来源：边境牧羊犬（图5-20）原产于苏格兰边境，身高45～50厘米，体重14～20千克，在AKC的分类中属于畜牧犬组。

形体特征：头盖宽阔，止部清晰；眼睛中等大小，间距宽，褐色，卵圆形；耳朵中等大小，间距宽，耳朵半立；口吻略短、尖端略细；鼻镜色与身体主要颜色相协调；牙齿呈剪式咬

图5-20 边境牧羊犬

合。颈部长度恰当，结实且肌肉发达，略拱，向肩部方向逐渐放宽。胸深，宽度适中，肋骨开张良好；腰部深度适中，肌肉发达，略拱；背线平，腰部后方略拱；臀部向后逐渐倾斜。前肢骨骼发达，彼此平行，脚腕略微倾斜；后肢宽阔，肌肉发达，飞节结实、位置低；足卵形，脚垫深且结实，脚趾适度圆拱紧凑。尾根位置低，中等长度，延伸到飞节，末端有向上的旋涡。被毛有粗毛和短毛两种。毛色多，有各种式样和斑纹，多以黑色为主，白色集中在额头、颈部、腹下、四肢下部和尾尖，有时还杂有褐色斑点。

13. 澳大利亚牧羊犬

血统来源：澳大利亚牧羊犬（图5-21）原产于美国，身高45～58.5厘米，体重16～32千克，在AKC的分类中属于畜牧犬组。

形体特征：口吻的长度与脑袋的长度一致或略短。眼睛可以是褐色、琥珀色，或不同颜色的结合，包括斑点或大理石色，杏仁状，既不突出也不凹陷，陨石色或黑色犬拥有黑色眼圈；蓝色陨石色犬拥有肝色（褐色）眼圈。耳朵为三角形，中等大小，耳郭厚度中等，位置高，向前折叠，或类似玫瑰耳。头顶平而略拱，后枕骨轻微突起，脑袋的长度和宽度相等。

齿系完整，牙齿洁白，剪式咬合或钳式咬合。颈部结实、中等长度，上部略拱，与肩部结合良好。背部直而结实，平而稳固。臀部适度倾斜。胸部不宽，但深度延伸到肘部。前肢正好在肩胛正下方，垂直于地面。腿直而结实，骨骼强壮。脚腕中等长度。足爪呈卵形，紧凑，脚趾结合紧密，圆拱。脚垫厚实而有弹性。后躯宽度与前躯在肩部的宽度一致，骨盆与第一节大腿的角度与前躯肩胛与前臂的角度相对应，

图5-21　澳大利亚牧羊犬

接近直角。被毛质量中等，直或略有波浪状，中等长度，颜色有陨石色、黑色、蓝色陨石色或全红色。可以是天生的断尾或完整的长尾。

14. 德国牧羊犬

血统来源：德国牧羊犬（图5-22）原产于德国，身高56～66厘米，体重30～40千克，在AKC的分类中属于畜牧犬组。

形体特征：头部高贵，线条简洁，结实而不粗笨；眼睛中等大小，杏仁形，位置略微倾斜，不突，色深；耳朵略尖，向前直立，理想的姿势是从前面观察，耳朵的中心线相互平行，且垂直于地面；口吻长而结实，牙齿呈剪式咬合。颈部结实，肌肉发达，轮廓鲜明且相对较长，与头部比例协调。体长与身高的理想比例

图5-22　德国牧羊犬

为10∶8.5，由肩部向后倾斜形成自然的流线型；胸深而宽，稍向前突出，肋骨长而扩张良好；腹部稳固，适度上提；臀部长且逐渐倾斜。前肢直，后肢肌肉非常宽且发达有力，后肢狼爪必须切除，足爪短，脚趾紧凑且圆拱，脚垫厚实而稳固，正常站立时后肢飞节向下必须与地面垂直。尾根低，尾毛浓密，尾椎至少延伸到飞节，休息时尾巴笔直下垂，略微弯曲，呈马刀状；兴奋时或运动中，尾巴突起，曲线加强，但不超过背线。中等长度的双层毛，外层毛直而粗硬略呈波浪状，内层毛浓密而柔软，头部被毛较短，颈部毛长而浓密。背毛多为黑色，在国内又称为"黑背"。

15. 萨摩耶犬

血统来源：萨摩耶犬（图5-23）原产于俄罗斯，身高55～60厘米，体重25～35千克，在AKC的分类中属于工作犬组。

形体特征：头部呈楔形，顶略凸；口吻中等长度，向鼻镜方向略呈锥形，鼻镜黑色；唇黑，嘴角略向上翘，形成具有特色的"萨摩耶式微笑"；耳朵直立，三角形，尖端略圆；眼色深，杏仁状，眼距较宽；牙齿呈剪式咬合。颈部结实、肌肉发达，骄傲地昂起，立正时在倾

图5-23　萨摩耶犬

斜的肩上支撑着高贵的头部，与肩结合形成优美的拱形。胸深，肋骨从脊柱向外扩张，到两侧变平；腰部结实而略拱，背直；腹部肌肉紧绷，形状良好，与后胸连成优美的曲线（收腹）；臀部略斜，丰满。前肢直，彼此平行，脚腕结实而柔韧；后肢发达，后膝关节角度恰当（约与地面呈45°），不内弯外翻；足爪长而大，稍平，脚趾圆拱，脚垫厚实。尾长度适中，能延伸到飞节，警惕时会卷到后背上或卷向一侧，休息时尾巴自然下垂。双层被毛，内层毛为短、浓密、柔软、絮状、紧贴皮肤的底毛；外层毛为较粗较长的毛发，闪烁着银光，直立在身体表面，不卷曲，颈部和肩部的被毛形成"围脖"。毛色纯白色最为多见，或白色带较浅的浅棕色、奶酪色。

16. 西伯利亚雪橇犬

血统来源：西伯利亚雪橇犬（图5-24）原产于西伯利亚地区，又称哈士奇，身高51～60厘米，体重20～26千克，在AKC的分类中属于工作犬组。

形体特征：头顶稍圆，往眼处渐细，额段明显；眼杏仁状，稍斜，眼色为棕色或蓝色，或两眼颜色不同；耳大小适中，直立三角形，眼距较近；口吻宽度适中，逐渐变细；鼻镜与体色相协调（灰色、棕褐色或黑色犬的鼻镜为黑色，古铜色犬的鼻镜为肝色，纯白色犬的鼻镜颜色可能会鲜嫩）；牙齿呈剪式咬合。颈长度适中、拱形，犬站立时颈部直立昂起，小跑时颈部伸展，头略微向前伸。胸深，强壮，最深点与肘部齐平；肋骨

图5-24　西伯利亚雪橇犬

充分开张，侧面扁平；背直而强壮，略微呈拱形；腰部收紧，倾斜；臀部以一定的角度从脊椎处倾斜。前肢平行，笔直，肘部接近身体，不向里翻也不向外翻；后肢距离适中，上半部肌肉发达，有力，膝关节充分弯曲，踝关节距地的位置较低；椭圆形趾，紧密，肉垫紧密，厚实。尾巴像狐狸尾巴，位于背线之下，犬立时尾巴以优美的镰刀形曲线背在背上，举尾时不卷在身体的任何一侧也不平放在背上。双层被毛，中等长度，浓密，内层毛柔软、浓密，外层毛稍粗糙、平直、光滑。毛色从黑色到纯白色的所有颜色都可以接受，头部有一些其他色斑是允许的。

17. 阿拉斯加雪橇犬

血统来源：阿拉斯加雪橇犬（图5-25）原产于美国阿拉斯加，公犬身高61～66厘米，体重36～43千克，母犬身高56～61厘米，体重32～38千克，在AKC的分类中属于工作犬组。

形体特征：头部宽且深，不显得粗糙或笨拙，与身体的比例恰当。眼睛在头部的位置略斜，眼睛的颜色为褐色，杏仁状，中等大小。耳朵为三角形，耳尖稍圆。耳朵分得很开，位于脑袋外侧靠后的位置，与外眼角成一直线。两耳间的头部

图5-25　阿拉斯加雪橇犬

宽，且略略隆起，从头顶向眼睛的方向渐渐变窄、变平，靠近面颊的部分变得比较平坦。口吻显得长而大，宽度和深度是从与脑袋结合的位置向鼻镜的方向逐渐变小。嘴唇紧密闭合。上下颚宽大，牙齿巨大。颈部结实，略呈弧形。胸部相当发达。身躯结构简洁，但不属于短小型。后背很直，略向臀部倾斜。肩膀适度倾斜；前肢骨骼粗壮且肌肉发达，从前面观察，从肩部到腕部都很直；从侧面观察，腕部短而结实，略有倾斜。足爪大，足趾紧且略拱。足趾间长有保护性的毛发。脚垫厚实、坚韧；趾甲短而结实。后腿宽，而且整个大腿肌肉非常发达；后膝关节适度倾斜；飞节适度倾斜，且适当向下。拥有浓密、粗硬的披毛，披毛不能长也不能软。底毛浓厚，含油脂，柔软。一般从浅灰色到黑色及不同程度的红色都有。

18. 藏獒

血统来源：藏獒（图 5-26）原产于中国，公犬身高 69~88 厘米，体重 55~70 千克，母犬身高 65~80 厘米，体重 45~60 千克，在 AKC 的分类中属于工作犬组。

图 5-26 藏 獒

形体特征：面宽阔，头骨宽大呈正方形，有狮头型、虎头型和小狮头型 3 种；眼中等大小，深邃，呈杏仁状，稍斜；耳中等大小，V形，自然下垂，紧贴面部靠前；鼻宽且大，色黑（白色犬鼻镜为深肉红色）；唇突出，厚实，上唇两侧适度下垂；牙齿呈剪式咬合。颈部肌肉丰满，呈拱形，公犬头后颈部围绕着厚厚的直立鬃毛。胸深、粗壮，低于上肘部，身躯长度略大于高度；背部挺直宽阔，肌肉发达，柔韧性好，有稍微下蹲的感觉；背线直，脊背到尾骨呈水平。前肢直立，骨骼肌肉粗大；后肢强壮有力，肌肉发达，后腿和膝盖平行，跗关节强壮，前足猫足，大而健壮结实，趾间有毛，指甲为黑色或白色。尾巴中等长度，不超过踝关节，与背部呈一条直线，自然卷起，警觉时尾巴翘起侧向任何一边。被毛有长毛、中长、短毛 3 种，双层被毛，外层毛相当浓密坚韧，内层毛柔软致密。毛色有铁包金、杏黄、金黄、纯白、纯黑、狼青色 6 种，以铁包金色和黄色最为多见，铁包金色的铁锈色饰斑可能出现在眼睛上方和周围、咽喉、前腿下和内侧的延伸部位、后腿内侧和后腿膝关节的前方和腿前宽阔的部位、尾下等部位，总面积不得超过身体面积的 10%。

19. 罗威纳犬

血统来源：罗威纳犬（图 5-27）原产于德国，公犬身高 61~69 厘米，体重 35~45 千克，母犬身高 56~64 厘米，体重 29~39 千克，在 AKC 的分类中属于工作犬组。

图 5-27 罗威纳犬

形体特征：前额呈拱形，警觉时有皱纹；眼中等大小，杏仁形，黑棕色；耳中等大小，向前垂，三角形，耳距宽；鼻梁直，根部宽，鼻镜黑色；口腔黏膜黑色最理想，牙齿呈剪式咬合。颈部肌肉发达有力，相当长，没有皮赘。身高与身长理想比为 9：10；胸部宽，深达肘关节，肋部伸展；背部直而有力，腰部肌肉丰满，腹部向上稍收；臀部宽，中等长度。前肢直而强健，脚跟结实而有弹性；后肢长而宽，肌肉发达，膝关节屈曲；足爪紧凑，趾间拱起，脚垫厚而硬，趾甲黑色。尾部长度适中，镰刀状向上形成半圈状，截尾时通常留 1 节尾椎。双层被毛，外层毛硬直，密而平滑，中等长度；内层毛直，柔软致密。毛色以黑色为底色，黑色被毛间有铁锈色斑块，斑块轮廓清晰，斑块主要位于两眼上方、面颊部、吻部两侧、喉部、前胸、腕关节以下、后肢内侧、跗关节、尾下等部位，总面积不得超过身体面积的 10%。

20. 杜宾犬

血统来源：杜宾犬也称笃宾犬（图 5-28），原产于德国，公犬身高 61～71 厘米、母犬身高 61～66 厘米、体重 40～45 千克，在 AKC 的分类中属于工作犬组。

形体特征：面部呈钝楔形；眼睛呈杏形，位置适度凹陷，眼神显得活泼、精力充沛。耳朵通常是剪耳，而且竖立。当耳朵直立时，耳朵上部位于头顶。鼻色与毛色协调。牙齿白而坚固的牙齿，剪式咬合。颈部略拱。前躯：美系肩胛骨向前、向下倾斜，与水平面呈 45°，与前肢呈 90° 相连；德系肩胛骨向前、向下倾斜，与水平面呈 55°，与前肢呈 110° 相连。从肩部到丰满的臀部呈一直线。尾巴高翘，断尾后，尾巴上约有两根椎骨仍然可见。步态轻松、和谐、精力旺盛，前躯伸展良好，后躯驱动有力；小跑时后躯动作有力；快跑时，身体结构完美的犬会沿单一轨迹运动。

图 5-28　杜宾犬

第四节　世界名猫介绍

猫的品种很多，本节根据猫毛长短进行分类，介绍几种不同血统的猫。

（一）长毛猫

1. 波斯猫

血统来源：波斯猫（图 5-29）可谓猫中贵族，天生一副娇生惯养之态，给人一种华丽、高贵的感觉，历来深受世界各地爱猫人士的宠爱，是长毛猫的代表。

形体特征：头部大而圆，有厚度，头盖宽，两颊鼓起，鼻短而宽塌，从侧面看，额、鼻、吻端位于同一平面；耳小且端圆，微前倾，耳基部不应太大，两耳间距宽；眼睛大而圆，稍突出，眼间距适中，匀称，眼色因毛色而定，主要有蓝色、绿色、金色、紫铜色、金色、琥珀色等，也有两眼不同色，俗称"鸳鸯眼"；体躯为典型肥胖型，全身骨骼粗壮，前后肢同高，肩与臀同高；趾圆大而有力，爪大，足趾间紧凑，前爪足趾为 5 趾，后爪足趾为 4 趾；尾短而圆，与身体长度成比例，尾向背部倾斜，但不抵背部，行走时尾不拖地，尾毛蓬松。被毛长而柔软，蓬松，富有光泽；毛色有单色系、渐变色系、烟色系、斑点色系和混合色系五大色系，有近 88 种毛色。

图 5-29　波斯猫

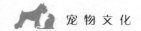
2. 喜马拉雅猫

血统来源：喜马拉雅猫（图5-30）在英国又称彩色斑点长毛猫，因其毛色与生长在喜马拉雅地区的喜马拉雅兔的毛色相似而得名。该猫种是人工培育的一种长毛型猫，它继承和结合了波斯猫和暹罗猫的优点，既有暹罗猫的蓝眼睛、毛色、斑点和聪明伶俐的性格，又具备波斯猫的体型和长毛、温顺等特性。

图5-30　喜马拉雅猫

形体特征：喜马拉雅猫头盖宽大而圆，前额圆、下颌圆，整个头部与短粗的颈部配合协调；鼻短扁而下塌，两颊丰腴、浑圆；耳小，耳端浑圆，耳基部不宽，两耳间距宽；眼大而圆，稍突出，两眼间距略宽，蓝色；典型的短胖体型，胸深宽；肩同腰宽，肋扩张，胸部浑圆，腹部不向上收，背短而背线平；四肢粗短而直，骨骼强壮有力；趾大而圆、有力；尾粗短，与身体比例协调，行走时降至背线下，不拖地。被毛长而密生，不紧贴于体表而立起，毛质柔软如丝，富有光泽，颈背饰毛丰富，趾间饰毛长，尾毛丰富；毛色有海豹毛色、蓝色、巧克力色、紫丁香色、白色、红色等，躯体的面部、耳部、四肢、尾部呈深色。

3. 伯曼猫

血统来源：伯曼猫（图5-31）又称巴曼猫、缅甸神猫、缅甸圣猫，相传波曼猫的祖先原是在古代东南亚一带专门守护寺院，该传说给这种美丽的长毛猫增添了几分神秘的宗教色彩。

图5-31　伯曼猫

形体特征：该猫种头盖坚实，宽而圆，头前部向后方倾斜，稍呈凸状；鼻直，鼻尖稍缓慢下降，略呈鹰钩鼻状；两颊肌肉发达，呈圆形，面部毛短，颊外侧毛长，胡须密；耳大而向前竖立，两端稍浑圆，两耳尖间距宽，耳根间距适中，面额和耳朵都呈现颇具特征的V形，与头部轮廓十分协调；眼睛大而圆，两眼间距稍宽，眼色为深绿色或宝石蓝色；中等体型，骨骼强壮，胸深宽，腰宽，背平直，腹短圆，腿短体长；四肢粗短，骨骼发达，肌肉结实有力，前肢直立；趾大而圆，握力大，爪短有力；尾长中等，与身体协调，尾毛浓密。被毛长而厚密，毛质如丝，细密而富有光泽，颈部饰毛长，肩胛部被毛短，胸部至下腹部被毛略呈波纹状，腹部被毛允许少量卷曲；体毛应是无条纹的单色，面部、耳部、四肢、尾部颜色稍深，四爪为白色，如同戴了白手套一样，故有"四蹄踏雪"之称。

4. 土耳其安哥拉猫

血统来源：土耳其安哥拉猫（图5-32）亦称安卡拉猫，是最古老的长毛猫品种之一，取名于土耳其首都安卡拉。

形体特征：土耳其安哥拉猫属于东方型苗条体型，头长而尖，头盖大，脸颊部变细呈楔形，鼻长中等，鼻梁直无凹陷，额头至鼻尖成直线；

图5-32　土耳其安哥拉猫

耳大直立，耳端尖，基部宽，耳内有长的饰毛；眼大，杏仁形，吊眼梢，眼色有蓝色、琥珀色、金黄色、金银色等；躯体大小中等，颈细，背部起伏较大，胸部紧凑而细，腰高，体躯优美；四肢高而细，后肢稍高于前肢，趾小而圆，紧凑，足趾间有饰毛；尾长，尾端尖，尾毛蓬松。全身长满中长度被毛，毛质纤细而不缠结，触之如丝绸，富有光泽，允许有少量波浪形；被毛为白色、红色、蓝色、黑色等单色。

5. 巴厘猫

血统来源：巴厘猫（图 5-33）亦称巴厘岛猫、爪哇猫，原产于美国，是暹罗猫血统中自然变异或隐性遗传性状产生的，最初被称为长毛暹罗猫。该猫具有同暹罗猫完全相同的毛色，面部、耳部、四肢、尾部颜色稍深，但被毛比暹罗猫毛长而柔软。

图 5-33 巴厘猫

形体特征：巴厘猫头长而尖，呈 V 形轮廓，由下颌部起向耳顶端笔直敞开，构成三角形；头盖平坦，头顶部至鼻尖呈直线，鼻梁长而直，不凹陷，从前额至鼻呈一直线，下颌顶端呈锐角，保持 V 形；耳大，耳端尖，两耳基部宽；眼睛大小适中，杏仁形，蓝色，凸出，从内眼角至眼梢的延长线斜向达耳的顶端，与 V 形轮廓协调一致；身躯苗条、修长，呈流线型，为典型的东方型猫体态；肌肉紧凑，肋骨扩展，胸为圆筒形，腹部上收不卷起，颈部曲线舒展、清晰，与头部结合灵活、典雅；四肢骨骼细长，与圆柱形身体协调，匀称，后肢比前肢高而呈高腰状；趾小，呈紧凑的卵圆形；尾长而细，尾端尖，尾上有丰富的长饰毛，下垂。被毛长而直，贴附于皮肤上，光滑，具有丝绸般光泽，仅有上毛而无下毛（底层毛）；毛色为均匀的单色，但在海豹色斑点、蓝色斑点中也允许有少量的金黄色，脸部、耳部、四肢、尾部的斑点应为同一色。

6. 索马里猫

血统来源：索马里猫（图 5-34）原产于非洲索马里，是由纯种的阿比西尼亚猫突变产生出来的长毛猫，是经过有计划繁殖而形成的品种。该猫种性格温和，善解人意，易与人亲近，但畏惧寒冷，冬季应注意保暖。

图 5-34 索马里猫

形体特征：索马里猫头呈微圆的楔形状，眼及面颊呈平缓的曲线形；耳大而且机警灵敏，底部阔而末端较尖削；眼睛大，呈杏仁形，如宝石般闪烁，眼色多为绿色、琥珀色、浅褐色等；鼻大小适中，鼻梁至额头位置呈拱形；四肢修长，骨骼纤细；足掌结实，前肢 5 趾，后肢 4 趾，爪呈圆形；尾像一把饱满的刷子，底部较厚，末端纤细。被毛中等长度，厚而细致，丝绸般柔软。CFA（国际爱猫联合会）认可的毛色共有 4 种，分别是淡红色（底毛橙啡色，毛尖则为深啡或黑色）、红色（底毛红色，毛尖朱古力色）、蓝色（底毛啡黄色，毛尖为深蓝灰色）、淡黄褐色（底毛带玫瑰红的啡黄色，毛尖为深棕色）。

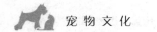

（二）短毛猫

1. 异国短毛猫

血统来源：异国短毛猫（图 5-35）又称短毛波斯猫、外来短毛猫、外国异种猫，是由波斯猫和短毛猫杂交培育而成的。该猫种体型与波斯猫相似，呈短胖型，性情温文尔雅，少动好静，反应灵敏，善解人意，叫声尖细柔和。

图 5-35 异国短毛猫

形体特征：异国短毛猫头大而宽圆，与短而粗的颈部相协调，脸颊丰腴，口吻短宽而强壮有力；耳朵小，耳端浑圆而前倾，耳间距宽；眼睛大而圆，稍凸出，眼间距稍大；体型中等，躯干短胖，胸深，肋扩张，身躯浑圆，背短而水平；四肢短而粗，结实，前肢直立；趾大而圆，紧握有力；尾短，与体型协调良好，以接近地面为佳。被毛短而密，长度以 5～6 厘米为佳，毛质柔软，光滑而有光泽；被毛有单色、混合色、烟色、渐变色、条纹色五大类共 30 多种毛色。

2. 英国短毛猫

血统来源：英国短毛猫（图 5-36）历史悠久，是经过长期选育于 19 世纪培育出来的短毛猫品种。该猫种性格平静文雅，聪明伶俐，便于饲养，是在国外颇受欢迎的伴侣动物。

图 5-36 英国短毛猫

形体特征：英国短毛猫头盖宽而圆，面颊丰满，鼻短直，口吻结实有力；耳朵大小中等，顶端浑圆，两耳间距较宽；眼睛圆而大，眼间距宽，眼色有橘黄、蓝色、怪色等；体型中等，骨骼壮实，颈部粗短，与平坦而宽的肩部相协调，胸宽而浑圆，腰粗圆，肌肉丰满；四肢粗短，强健有力；趾大而圆，紧凑，爪短有力；尾短粗，基部粗，尾端细。被毛短而致密，富于弹性，紧贴于体表；英国认可毛色有 18 种，其中以蓝色最受欢迎。

3. 美国短毛猫

血统来源：美国短毛猫（图 5-37）体格强健，骨骼粗壮，肌肉发达，生性聪明，性情温和，恋家，喜欢与儿童玩耍，体重 4～5 千克，是短毛猫类中的大型品种，1971 年该猫种被选为美国最优秀的猫种之一。

图 5-37 美国短毛猫

形体特征：美国短毛猫头盖大而圆，两颊丰满浑圆，与头部比例协调，鼻梁直略有些内凹，于鼻尖处稍向上弯曲，上唇相对垂直；耳大，略呈圆形，两耳间距离宽；眼睛大而圆，略吊眼梢，眼间距宽；体长中等，体格强健，骨骼粗壮，肌肉发达，胸部浑圆，双肩有力，脊背平直，肢体协调而富有弹性；四肢较长，肌肉结实丰满，骨骼壮实；趾大而圆，肉垫丰厚富有弹性；尾长适度，基部粗，尾端圆钝。被毛短硬而密，毛色有五大类，即单色（蓝、黑、红和淡黄色）、渐变色（渐变金色、渐变银白色等）、混合毛色（蓝斑和白色混合色、红斑和白色混合色、棕斑和白色混合色等）、烟色（蓝色烟色、黑色烟色等）、斑纹毛色（蓝斑、红斑、棕斑、银斑、金斑等），其中以银色条纹为最具代表性和名贵。

4. 孟买猫

血统来源：孟买猫（图 5 - 38）以印度城市孟买而命名，因其外貌颇像印度黑豹，故又称"小黑豹"。该猫种于 1958 年由美国育种者用缅甸猫和美国短毛猫杂交而成，性情温和，感情丰富，聪明伶俐，越来越受到人们的欢迎。

图 5 - 38　孟买猫

形体特征：孟买猫头圆，脸颊丰满而浑圆；鼻长中等，稍有凹陷，鼻镜黑色；耳圆而直立，略前倾，耳间距宽；眼大而圆，眼间距大，眼色为金黄色或紫铜色；体型中等，肌肉发达；四肢强健有力，与身体和尾协调一致；趾圆，紧凑有力，足掌为黑色；尾长中等，笔直，基部粗，尾端稍尖细。被毛短密，有特殊光泽，毛质如丝绸般光滑，手感好；全身被毛均应为漆黑单色，幼猫时毛色允许稍淡一些。

5. 曼岛猫

血统来源：曼岛猫（图 5 - 39）又称曼库斯猫、曼克斯猫、曼岛无尾猫，最显著的特征就是无尾或短尾，其次是圆头、圆嘴、圆眼、圆耳。该猫种性情温顺，聪明伶俐，易于训练，步法奇特如兔子跳跃，故又有"兔猫"之称。

图 5 - 39　曼岛猫

形体特征：曼岛猫头盖圆，颈部丰满，口吻圆满，中等长度，鼻梁塌；耳大小中等，基部宽，耳端浑圆，耳间距宽，饰毛少；眼睛大而圆，吊眼梢；身躯短小，肌腱发达，颈粗腰短，胸宽深，背短，腰比肩高，从肩部到臀部明显呈拱形，腰腹肌肉丰满，臀部圆满，整个身体浑圆似桶形；四肢骨骼强壮，前肢短，与宽深胸部比例协调，后肢长；趾圆，结实有力；无尾或短尾。双层被毛，毛短而密，富有弹性，上毛硬而有光泽，下毛厚而柔软如棉，毛色有单色、双色、斑纹、混合色等色系。

6. 俄罗斯短毛猫

血统来源：俄罗斯短毛猫（图 5 - 40）为短毛种之贵族，全身浓密而柔软的厚绒毛，触之有天鹅绒般柔滑感觉，并闪动着一种银蓝色光泽，在短毛猫中独树一帜。该猫种生性稳重、安静，动作灵巧，叫声轻柔，天生一副笑容可掬的面容，能与其他猫和睦相处，易于饲养，颇受人们的喜爱。

图 5 - 40　俄罗斯短毛猫

形体特征：俄罗斯短毛猫头盖宽大，头略尖，额角凹陷，鼻长中等，口吻坚实，咬合有力；耳大而薄，耳端稍尖，耳间距宽，耳饰毛少；眼睛呈杏仁形，吊眼梢，眼色绿，眼间距宽；体躯线条柔美，骨骼稍细长，颈细长，肩胛高；四肢细长，与身体比例协调；趾小而圆，足垫呈淡紫色；尾长，并与长体型相协调，尾端尖；被毛短而浓密，双层毛，绒毛厚，毛质柔软。

7. 埃及猫

血统来源：埃及猫（图 5-41）又称埃及神猫，体型优美，肌肉强健，聪明温顺，胆小脆弱，记忆力好，对儿童很有耐心，叫声轻细，可能是世界上最早出现的家猫。

图 5-41　埃及猫

形体特征：埃及猫头部为稍圆的楔形，额部至鼻梁微隆起，额、颊丰满，口吻不尖，下颌发达；耳大，耳端稍尖并前倾，耳外侧毛短而密，耳内侧长有饰毛，并向外侧卷曲伸出；眼大，杏仁形，吊眼梢，眼色淡绿色、玻璃绿或醋栗绿色；身躯中等，体态优美，属纤细东方类型，肌肉强健，尤其颈、肩部肌肉最为发达；四肢较长，后腿高于前肢；趾小，呈卵形；尾长度中等，基部粗，尾端稍细。被毛柔软，光滑而富有光泽，毛色有 3 种代表色，即银色（底色为淡银色，在不规则的银色条纹上有黑斑，鼻、唇、眼边缘均由黑线包围，鼻镜砖红色，足趾间黑色）、古铜色（底色为淡棕色，在不规则的古铜色条纹上有巧克力色斑点，鼻、唇、眼边缘均由棕褐色线包围，鼻镜砖红色，足趾间为黑色或棕褐色）、烟色（底色为深灰色，灰色中带有黑斑，绒毛为银色，鼻、唇、眼边缘由黑线包围，鼻镜为黑色，足趾间黑色），最典型的埃及猫额头有 M 形花纹，脸颊有细条形花纹，最长一条从外眼角开始沿脸颊往下延伸，至颈部呈细线状，肩部条纹变宽，肩部向后呈斑点状，四肢上有横条纹，喉部和胸部有断成两部分的项链花纹。

8. 暹罗猫

血统来源：暹罗猫（图 5-42）又称泰国猫，最早饲养在泰国皇室和大寺院中，曾一度是鲜为人知的宫廷"秘宝"。暹罗猫生性活泼好动，聪明伶俐，动作敏捷，气质高雅，目前已成为最为流行的纯种短毛猫代表。

图 5-42　暹罗猫

形体特征：暹罗猫头细长呈楔形，头盖平坦，从侧面看，头顶部至鼻尖呈直线，脸形尖而呈 V 形，口吻尖突呈锐角，从吻端至耳尖形成 V 形；鼻梁高而直，从鼻端到耳尖恰为等边三角形；两颊瘦削，牙齿为剪式咬合；耳朵大，基部宽，耳端尖，直立；眼睛大小适中，杏仁形，眼色为深蓝或浅绿色，从眼角至眼梢的延长线与耳尖构成 V 形，眼微凸；躯体呈典型的东方型苗条体型，骨骼纤细，肌肉结实，从肩部至臀部呈圆筒状，腹部紧凑但不上收，臀部肌肉结实，与肩同宽；四肢细长，与体型协调，前肢比后肢短；趾小，呈椭圆形；尾长而细，尾端尖略卷曲，长度与后肢相等。被毛极短、细，紧贴体表，毛质光滑而有光泽；毛色为均匀的单色，但允许海豹色斑点，所有特征部位（面部、四肢、耳部，尾部）的斑点均为同一色。

9. 东方短毛猫

血统来源：东方短毛猫（图 5-43）又称贵族猫，起源于泰国，与暹罗猫的区别仅仅在于其被毛和眼睛的颜色，1994 年 CFA 正式承认该品种。该猫活泼好动，好奇心强，喜欢攀高跳远与人嬉戏，对人忠诚，嫉妒心强。

形体特征：东方短毛猫从侧面轮廓看，头骨微微鼓出，吻部细小精致，鼻长中等；耳大，间距宽，耳端尖；眼大小中等，杏仁形，眼梢明显地倾斜，眼色除白色个体眼色为蓝色，其他个体眼色为祖母绿色、黄色或古铜色；身体修长纤细，呈管状，颈修长，腹部狭窄，骨骼细致，肌肉紧实；腿修长，与身体成比例，前腿略比后腿短；爪小，呈椭圆形；尾修长，基部纤细，向尖部逐

图 5-43　东方短毛猫

渐变细；被毛短而浓密，光滑紧贴；毛色多，常见的为单色，主要有纯白色、乌黑色、蓝色、巧克力色、淡紫色、芥末色、浅黄褐色等。

10. 阿比西尼亚猫

血统来源：阿比西尼亚猫（图5-44）原产于阿比西尼亚（今埃塞俄比亚），又称埃塞俄比亚猫，因步态优美，又被誉为"芭蕾舞猫"。该猫种热情可爱，活泼好动，警觉敏捷，善于登高爬树，爱晒太阳和玩水，叫声轻柔悦耳，对主人极富感情，是非常理想的伴侣动物，尤其适合与耐心细致、童心未泯的老人为伴。

图 5-44　阿比西尼亚猫

形体特征：阿比西尼亚猫头形精巧，为稍带圆的三角形；鼻梁稍隆，鼻镜呈砖红色，吻短而坚实，为剪式咬合；耳大而直立，基部宽，耳郭边缘很薄，耳端稍尖并前倾，耳毛短而密，耳内长有饰毛；眼大呈杏仁形，略吊眼梢，眼缘黑色，周围为褐色毛覆盖，眼色为绿、黄、淡褐等色；体型中等，体态轻盈，肌肉发达，各部比例匀称协调；四肢细长，脚爪纤巧，与圆形而修长的身材协调一致；趾为小而坚实的卵形，足趾间呈黑色或茶色，足趾至爪尖都为黑色；尾长而尖，呈锥形，尾根部粗大，尾端的毛尖为巧克力棕色；被毛细密柔软，富有弹性，多呈红黄相间，深浅不一，加上折光作用而形成斑纹，活动时被毛颜色变化微妙，如丝绸般艳丽闪亮，极富魅力；公认的毛色为红褐色和红色两种，前胸部、腹部和前肢内侧被毛颜色与整体颜色协调一致，以黄褐色最为理想。

（三）其他品种

1. 美国卷耳猫

血统来源：美国卷耳猫（图5-45）起源于美国加利福尼亚州，培育进程一直相当缓慢，直到1983年才开始对该品种进行选育，1988年得到了CFA的承认，并一举成为稀有的猫种。该猫种性格稳定而聪明，模样机警，表情甜美，好奇心很强，不爱叫，是很好的家庭伴侣。

图 5-45　美国卷耳猫

美国卷耳猫出生时候耳朵是直的，在2～10日龄时耳朵会逐渐向后弯曲，约4月龄时，耳朵才可永久性地定型。美国卷耳猫耳朵至少有90°的圆弧弯曲，耳部的卷曲可分为3个等级，耳朵稍有折转的猫（第一等级）可作为宠物；卷曲程度更大的猫（第二等级）常用作育种；弯成满月形的猫（第三等级）则被用于展览。

形体特征：美国卷耳猫头部似楔形，有和缓的曲线；眼睛呈胡桃形，上眼眶为椭圆形，下眼眶为圆形，卷耳、直鼻；身躯中等，体型优美，属东方纤细类型，肌肉强健发达；四肢较长，趾小，呈卵圆形；尾巴与身体一样长，尾巴呈锥形，根部宽，至尖部逐渐变细，尾毛蓬松；被毛有长毛和短毛两种类型，柔软而紧密，底层绒毛少，毛色多。

2. 苏格兰折耳猫

血统来源：苏格兰折耳猫（图5-46）又称苏格兰塌耳猫、苏格兰短耳猫、苏格兰叠耳猫等，由英国短毛猫、苏格兰猫、美国短毛猫交配培育而成，1978年被国际承认。该猫种性情温顺、聪慧，感情丰富，忠于主人，容易与人和其他小动物相处，体格强壮，抗病能力强，耐寒。

图5-46　苏格兰折耳猫

形体特征：苏格兰折耳猫头呈方形，额宽，颊丰满浑圆，鼻小而扁，鼻梁直，稍凹陷，口吻紧凑；耳小向前方弯曲，弯曲越大越好（苏格兰折耳猫的后代并不一定都是折耳，小猫出生时两耳直立，此时欲鉴别是否折耳，只能看其尾巴，尾短而粗者将来发育为折耳猫）；眼大而圆，眼色以古铜色、金黄色多见；身躯短矮、浑圆，属半短胖形，骨骼强壮，肌肉坚实，胸宽深，肩与腰同宽；四肢粗壮，强健；前肢直立，长度与身体比例协调；趾大而圆，结构紧凑，握力强；尾短粗，尾端钝圆；被毛短而密，紧贴有体表，触时柔软而富有弹性；毛色以金黄色、黑色、浅蓝色为多见。

3. 德文王猫

血统来源：德文王猫（图5-47）又称德文帝王猫、德文雷克斯猫，属于普通短毛猫的变异种。该猫种聪明伶俐，好奇心强，爱叫，富有感情，以金黄色的大眼睛、短塌的鼻梁、美妙的三角头、高耸的颧骨、大大的耳朵而独树一帜。

形体特征：德文王猫头部呈V形，头盖小而平，颊丰润，颧骨高，鼻短塌，胡须部分凹陷，胡须较稀，口吻坚实有力；耳大直立，稍前倾，耳端稍圆，耳间距宽；眼大，略呈卵圆形，稍吊

图5-47　德文王猫

眼梢，眼色呈金黄色；身躯苗条、纤细，肌肉结实，胸宽，腰高；四肢长而细，尤以后肢特长为特征；趾呈卵形，小而紧凑；尾长而细，尾端尖；全身被毛卷曲，单层密生，无下毛，毛质柔软，有单色、烟色、条纹色、混合色、渐变色等色系，其中以白色、蓝色、橘红、乳白、灰黄、虎斑、棕褐色最为多见。

4. 斯芬克斯猫

血统来源：斯芬克斯猫（图5-48）又名斯芬克斯无毛猫，顾名思义，即身上不长毛。该猫种性情温顺，聪慧谦逊，感情细腻，在笑容可掬的面孔上闪烁着一双表情丰富而又充满惊喜好奇的大眼睛，有时又陷入冥思苦想，表现出迷惘疑惑的神态，十分可爱。

图5-48　斯芬克斯猫

形体特征：斯芬克斯猫身体壮实，肌肉发达，头宽大而呈楔形，颧骨突出，两颊瘦削，脸呈等边三角形，无须；耳郭硕大，直立，高耸于头顶，耳端尖圆，微前倾；柠檬形眼睛，大而微突，眼色橘黄；胸深，背较驼，腹紧凑而不上收；四肢细长，骨骼纤细，后肢比前肢长；尾巴如鼠尾又细又长，像长鞭一样弯曲上翘；浑身无毛，皮肤呈弯弯皱皱状。

分析与思考

1. 血统证书包含哪些内容？
2. 血统证书在宠物行业发展中有什么意义？
3. AKC 是如何对犬种进行分类的？
4. 简述巴哥犬的形体特征。
5. 简述美国卷耳猫的血统来源。

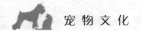

第六章　宠物赛事文化

第一节　国际宠物赛事概述

一、犬展概况

犬是人类忠实的朋友，它们有的强健彪悍，有的娇小可人，有的雍容华贵，有的外表冷峻，有的活泼伶俐，有的憨态可掬，为人们的生活增添了无数乐趣，人们养犬也不只把它们作为日常生活中的伴侣，而是越来越追求养犬的文化品位，以犬为媒介，参加犬展也成了一种时尚文化。

英国是世界现代犬业的发源地，从古至今，一直引领着犬业的潮流，当前，更是以谦逊的姿态和严谨的作风坚守着犬品系管理的标准和规程，为全世界爱犬的人和犬业组织默默地树立起一个典范。

世界上最早的犬业组织活动始于英国，1859年6月28日人类历史上首次犬展在纽卡斯尔举办，共有60只狩猎犬参展。在早期的犬展中，每个品种只包含一个级别，犬的品种也只以犬舍名称模糊划分。比如早年展会目录曾记载，莫雷尔先生的"斑点"战胜布朗先生的"维纳斯"，赢了22先令奖金等内容，赛事内容十分简单。

世界上第一个爱犬俱乐部诞生于英国伦敦，1873年，由12个养犬业主成立了第一个养犬俱乐部，主要任务是进行犬的血统登记，由于初创时始创者并没有以国际化的角度考虑这一名称，所以其英文名直译成中文就是"犬业俱乐部"，直到目前，该犬业俱乐部仍然沿用这一名字，它已经在国际上受到认可，人们知道这就是英国的育犬俱乐部。此后不久，法国与美国等地也陆续成立了类似的育犬俱乐部。时至今日，最著名的几家育犬俱乐部有：法国国家犬类协会（Societe Centrale Canine，SCC）、美国养犬俱乐部（American Kennel Club，AKC）、澳大利亚国家犬业协会（Australian National Kennel Council，ANKC）等。

英国育犬俱乐部首先着手编著一本纯种犬种登记册，育犬俱乐部创建了世界上第一本血统登记簿。育犬俱乐部专用日历于同年印刷发行，规划了未来十年每年两场展赛。同样迫在眉睫的问题是规范犬种命名体系，当时诸如"Spots""Bobs""Bangs""Jets"之类的随意定名泛滥成灾，其中绝大多数既不准确也不权威。1880年，英国育犬俱乐部委员会开始实行一套通用注册体系，当时注册还更多地只是为了避免犬种登记册中的命名重复，并非出自对血统与族谱的考虑。随着更多规章制度的制定，数年后一整套完善的犬种监管体制基本成形，并且被许多英国以外的育犬俱乐部采纳。19世纪末，纯种犬展赛已经发展成英国重要的社会盛会，近半数以上的参展者为女性，英国皇族成员也不时到场。

　　随着时间的推移，众多会员不断加入，育犬俱乐部在民众中的影响也越来越大。如今，英国每年新参加注册的犬数大约有 25 万只。该俱乐部统管了全国的犬事展览和比赛，比赛是否属于这一俱乐部已经成为比赛权威性的一个标志。事实上，它已经成为所有英国犬赛事的最高和唯一的管理机构。

　　19 世纪期间，由英国育犬俱乐部在英国举办的冠军展赛约有 30 届，更小规模的非正式展会不计其数，而且有日益增多的趋势。无论在英国还是在其他成立了育犬俱乐部的国家和地区，育犬俱乐部的宗旨都是力图确保一切以俱乐部旗号举办的展赛的权威性。直至今日，所有这类展赛的举办者都必须与当地俱乐部签订担保书，保证展赛的评判按照俱乐部制定的标准。

　　英国犬展业的发展与一个人的名字紧密相连，这个人就是查尔斯·克鲁福兹。他出身于一个珠宝商人家庭，但并没有继承父业，而是成为一名旅游业务员。在与外界的交往中，他发现英国有着不错的本地犬品种，这些犬品种工作能力出众，如何保持和推广这些犬品种成了他终日思考的问题，凭借自己的经验和当时形成的爱犬风气，他经过研究，认为通过犬展才能将犬的品系保护好。

　　1886 年，克鲁福兹迈出了关键一步：在英国维多利亚音乐大厅举办第一届小猎犬展。这次犬展吸引了 600 多只犬参加，采用英国育犬俱乐部的品种标准，奠定了现代犬展的基础，构建了犬展赛制的初步框架。1887 年，延续了这个赛事，并制订了更完善的分组计划，为犬展成为一年一度的赛事做了良好的基础工作。1891 年，这一犬展拓展成为全品种展，有 2 000 只犬参加，共有 20 名裁判、12 个小展场。直到 1939 年，克鲁福兹去世，这一犬赛仍保持着良好的发展势头。三年后，他的夫人与英国育犬俱乐部协商，将这一赛事交由俱乐部承办，但仍保持"克鲁福兹犬展"这一名称。

　　第二次世界大战期间，英国伦敦遭到德军的猛烈轰炸，犬展就此中断，直到 1948 年，英国育犬俱乐部才真正开始举办这一犬展。1990 年，犬展转移到英格兰中部城市伯明翰，1991 年"克鲁福兹犬展"举行 100 周年纪念，参展犬数达到 2.3 万只，历时 4 天。目前英国育犬俱乐部登记的品种数为 210 种，其中每年登记数量最多的品种是德国牧羊犬，在登记数量最多的前 10 位品种中，作业犬种占一半，另一半为观赏品种和猎犬。目前英国境内养犬数为 600 万只左右。

　　这一个历史最久并且最享盛名的全犬种展览比赛会，与英国的犬业发展血脉相连，育犬俱乐部的图书馆内珍藏着自本犬展创始以来所有犬展的资料。英国久远的养犬史培育了一大批世界知名的犬品种，如目前用作搜毒和搜爆的史宾格犬、用作牧羊和灵活性比赛的边境柯利牧羊犬等。育犬俱乐部作为一种社会性组织，在起初时的作用仅限于对纯种犬进行登记注册、组织培训班、收养犬等，随着它的不断完善也推动和规范着英国养犬业的发展，使很多纯种品系得以育成。

　　英国的犬史记录着人们的爱心，同时也引领着犬业文明的潮流。1898 年，为了制止越来越多的破坏性美容行为，也为了防止饲养宠物时出现的虐待动物行为，英国育犬俱乐部决定禁止对犬剪耳，并规定剪耳犬不能参展，这一决定对于加强人们的动物权益意识起到了促进作用。

　　如今英国花样繁多的犬种展赛中，规模最小的是通常为慈善募捐活动而举办的所谓"伴侣赛"。在这种展赛上，依据血统评判的因素少，通常还有"非常规"比赛项目掺杂其中，比如"最灵活的尾巴奖""最上镜奖"等。这些奖项的比赛非纯种犬也可以报名参加。正式展赛中最初级的是公开赛。公开赛的参赛资格其实只对在育犬俱乐部注册过的纯种犬公开。英国每年都举办多场公开赛，参赛犬通过这类赛事赢得初级证书或获得参加慈善资格赛必需的分数。英国每年举办最多的是冠军赛，参赛犬通过这类比赛积攒分数获得初级证书或获得更令人梦寐以求的挑战资格证书。如果参赛犬确实优秀，育犬俱乐部将依参赛犬性别颁发相应性别的挑战资格证书。一只参赛犬必须获得来自三位不同裁判的挑战资格证书（而且其中一份必须得自它 12 岁以后获得）才能获得该品种的冠军头衔。英国最负盛名的纯种犬冠军展赛是"Crufts"。每只参赛犬必须在其他冠军或公开赛上赢得过足够的奖项才有资格报名。门槛最高的是限制赛。这类赛事只接受组织纯种犬展赛的协会或俱乐部的会员报名，挑战资格证书的获得者甚至也不能参加这类比赛。

1. FCI 赛事 这个犬业组织致力于纯种犬的繁殖，成立于 1911 年，已有 100 多年的历史，总部位于比利时，是目前世界上最大的犬业组织。最初由比利时、法国、德国、奥地利、荷兰五国联合创立，现已具有 90 个成员，这些成员都保留有自己的特性，但都归属于 FCI 统一管理，并且使用共同的积分制度。FCI 目前承认世界上 337 个品种的犬类并将其所有认可的纯种犬分为 10 个组别，其中每个组别又按产地和用途划分出不同的类别，并制定了各品种的品种标准。

FCI 分组情况如下：

（1）畜牧用犬类。比利时牧羊犬、长须牧羊犬、边境牧羊犬、苏格兰牧羊犬、短毛牧羊犬、喜乐蒂牧羊犬、卡狄根威尔士柯基、彭布罗克威尔士柯基、波利犬、可蒙犬、德国牧羊犬、古代英国牧羊犬。

（2）杜宾犬类、雪纳瑞犬类、瑞士的山地犬类及牧牛犬类。杜宾犬、迷你宾莎犬（迷你品）、猴面宾莎犬（猴头）、巨型雪纳瑞犬、雪纳瑞犬、迷你雪纳瑞犬、阿根廷杜高犬、沙皮犬、德国拳师犬、大丹犬、罗威纳犬、法国波尔多獒犬、斗牛犬、斗牛獒犬、獒犬、那不勒斯獒犬、比利牛斯山地犬（大白熊犬）、圣伯纳犬、西藏獒犬、伯恩山犬、高加索牧羊犬、纽芬兰犬。

（3）狸犬类。万能狸、贝灵顿狸、平毛猎狐狸、刚毛猎狐狸、湖畔狸、曼彻斯特狸、威尔士狸、爱尔兰狸、凯利蓝狸、凯安狸、苏格兰狸犬、西里汉姆狸、西高地（白）狸、牛头狸、澳洲丝毛狸、约克夏狸、爱尔兰软毛麦色狸、斯凯狸。

（4）腊肠犬类。腊肠犬。

（5）狐狸犬类，即尖嘴犬类。萨摩耶犬、阿拉斯加雪橇犬、西伯利亚雪橇犬、德国狐狸犬（博美犬）、秋田犬、日本狐狸犬（银狐）、柴犬、墨西哥无毛犬、巴仙吉犬、松狮犬。

（6）嗅觉型犬类及其繁殖的后代。寻血猎犬、哈利犬、短腿猎犬（巴吉度犬）、比格犬、大麦叮犬、美国可卡犬。

（7）短毛猎犬。德国短毛指示犬、魏玛猎犬、匈牙利短毛指示犬、英国指示犬。

（8）寻猎犬、搜寻犬、水猎犬。平毛寻回猎犬、拉布拉多猎犬、金毛寻回猎犬、英国可卡犬、英国史宾格犬、威尔士斯宾格猎犬、美国可卡犬。

（9）玩具犬、陪伴犬。马耳他犬、哈威那犬、卷毛比熊犬、中国冠毛犬、拉萨犬、西施犬、西藏狸、吉娃娃犬、北京哈巴犬、日本狆犬、蝴蝶犬、法国斗牛犬、巴哥犬、波士顿猊、波伦亚伴随犬、西藏猎犬、克龙弗兰德犬、布鲁塞尔格立芬犬、比利时格立芬犬、小狮子犬。

（10）灵缇犬组。阿富汗猎犬、萨卢基猎犬、俄罗斯猎狼犬、爱尔兰猎狼犬、猎鹿犬、灵缇犬、惠比特犬、意大利灵缇、匈牙利灵缇、法国斗牛犬、芬兰狐狸犬、贵宾犬、荷兰狮毛犬、卷毛比雄犬、拉萨狮子犬、美国爱斯基摩犬、史奇派克犬、松狮犬、西藏獚、西藏狮子犬、中国沙皮犬、阿札瓦克犬、阿拉伯灵缇、波兰灵缇、西班牙灵缇。

FCI 犬赛模式：国际选美犬冠军证书赛（CACIB）、国际工作犬冠军证书赛（CACIT）、国际狩猎犬冠军证书赛（CACIL）、国际服从犬冠军证书赛（CACIOB）、国际敏捷犬冠军证书赛（CACIAG）。

2. CKU 赛事

（1）繁殖犬登记。

（2）举办犬类活动。

（3）组织行业培训。

CKU 作为 FCI 协会的成员沿用了 FCI 赛事的分组及比赛模式。

3. 法国赛事介绍　法国是欧洲大陆的养犬大国，全国饲养纯种犬 880 万只。法国最大的养犬组织法国中央养犬协会（Societe Centrale Canine，SCC）成立于 1882 年，任务是保持和提高法国的犬品种并推广外国最好的犬种。SCC 于 1885 年建立了第一部血统登记簿，第一年注册犬数已超过 12 万只，登记品种数有 250 个。1957 年法国农业部承认犬的血统登记簿。目前 SCC 下有 88 个单犬种俱乐部和 22 个地区组织，拥有会员 50 万人。按登记数多少顺序依次是：德国牧羊犬、布列阿尔犬、约克夏獚、布列顿犬、贵宾犬及腊肠犬。

4. 日本赛事介绍　第二次世界大战后，伴随经济的腾飞，日本的纯种犬得到了快速的发展。目前，日本有 3 个全国性的养犬组织——日本养犬俱乐部（JKC），它是日本最大的全犬种俱乐部；日本德国牧羊犬登录协会（JSV），它是单犬种协会；日本警犬协会（NP-DA），它只登记了 7 种工作犬。JKC 成立于 1949 年，现有会员 10 万人，分布在 14 个地区，有 980 多个俱乐部，登记品种 118 个，年登记犬数已突破 30 万只，成为世界上仅次于美国 AKC 的第二大养犬组织。日本二战后初期，养犬品种多半是本国产的白狐狸犬。到 20 世纪 60 年代初，国民经济转好，纯种登记数量达到 3 万只，国产犬占 30%。随着经济的进一步改善，1968 年的登记犬数突破 10 万只。到 70 年代初，登记犬数已达 16.8 万只，玩赏犬的比例超过 50%，达到了 53%。在 80 年代初，登记犬数突破 20 万只，玩赏犬比重继续增加到 68%。到 90 年代初，登记犬数达到 31.8 万只，登记品种由原来的 103 种增加为 118 种，并且同美国的 AKC 和加拿大的 CKC 之间实现相互对犬籍证明的承认。在日本，西伯利亚雪橇犬受电视剧影响，年登记数量在短短几年之间便跃居首位，达到 5.9 万只，超过了原来居第一位的狮子犬（4.3 万只）。

5. 犬展奖项　在犬展中，不同的奖项有各自的称谓。国际知名的全品展一般历时几天。全场总冠军的角逐是一个层层选拔的过程。在展示中主要设以下几个奖项，按等级由低到高依次为：

本犬种冠军：指在全品种展中的某一犬品种的冠军。

犬组冠军：指在全品种展中某一组（不同品种犬中）的冠军。

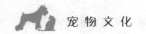

全场总冠军：指全犬种比赛中的全场总冠军。全犬种比赛一般是规模大、参展犬数量多、犬种全的比赛，任何被承认的纯种犬都有资格参加。

全场后备总冠军（亚军）：指全犬种比赛中的全场冠军。

除了大型的全品种展，还有其他的赛事。不同的奖项在不同的赛制中有不同的称谓，现一并加以介绍。

单独展全场总冠军：指单独展中的全场总冠军。单独展是指单一犬种的比赛，也就是说参加单独展的犬都是同一品种。在英国各地每天都有这样的比赛举行。在美国，按照 AKC 的赛制，单独展的赛制有别于犬种比赛，单独展根据犬的性别和月龄分组，通常 6～9 月龄为一组，9～12 月龄为一组，12～18 月龄为一组，18 月龄以上为一组。在英国，单独展的赛制与全品种展规程及要求基本一致。所以相对来说，在单独展中获得全场总冠军的犬，就是在该犬种中最为优秀的个体。我国一般参照 FCI 的赛制，冠军称号也同时使用中文和英文名。在我国较为常见的单独展主要有德国牧羊犬单独展、罗威纳犬单独展、迷你雪纳瑞犬单独展和贵宾犬单独展，还有藏獒、松狮犬等犬种的单独展。

除了单独展总冠军，在一些单独展中还有以下称谓：全场幼犬冠军、全场特幼犬冠军、全场最佳公犬、全场最佳母犬、最佳相对性别［指本品种中与单犬种冠军（BOB）不同性别的最佳犬］、同品种同年龄段最佳公犬（W.D）、同品种同年龄段最佳母犬（W.B）、W.D 和 W.B 之中的获胜者（BOW）。

在犬展中还涉及一些关键名词，如牵犬师或指导手，指赛场上带犬比赛的人员；美容师，指为比赛犬做美容的人；评审员或裁判，在品种比赛中一般译为评审员，在技巧性等比赛项目中译为裁判；赛场、场地，指最小的展示场地单位，在大型犬展中指一个小的展场；犬组；幼犬，6～12 月龄的犬；特幼犬，3～6 月龄的犬。

国际冠军犬（CACIB）是 FCI 在国际上使用的一种资质程序，CACIB 的认定签发由 FCI 总部执行，所有 FCI 成员都认可这项资质。CKU 可以向 FCI 申请举办该资质犬展并由具有资质的裁判签发挑战证书。

中国登录冠军挑战证书（CAC）只有在 CKU 认可的 CAC 冠军展和 CACIB 冠军展里才会签发。CACIB 资质是 FCI 创立的一项国际公认的资质。CAC 与 CACIB 的区别在于：一是签发年龄，CAC 是 9 月龄以上；CACIB 是 15 月龄以上。二是颁发组织，CAC 为 CKU 颁发；CACIB 为 FCI 颁发。三是申请冠军资质条件不同。申请 CAC 的条件是：①资质证书张数：需 3 张或 3 张以上 ACC 卡。②资质证书累计时间：无时间限制。③裁判：CAC 由 2 名或以上不同裁判签发。④其他：犬本身带有芯片；持有 CKU 血统书或 CKU 纯种犬鉴定证明书。申请 CACIB 的条件是：①资质证书张数：需 4 张 CACIB（至少 2 张本国比赛裁判签发）。②资质证书累计时间：取得 4 张 CACIB 资质证书的累计时间不得少于 366 天。③裁判：CACIB 由 3 个不同国家的 4 名不同裁判签发。④其他：犬主已登记国际犬舍名称；犬必须通过 FCI 规定的相应测试项目（个别犬种国际护卫犬训练考试一级之后，只需要 2 张 CACIB 即可）。

二、猫展概况

1. 国际爱猫联合会（CFA） CFA 成立于 1906 年初，总部设在美国，是全球拥有最多注册纯种猫的机构。CFA 制定了许多不同种类猫的繁育标准，养猫爱好者可以在该组织注册会员，会员的猫如果符合 CFA 的标准，就可将自己饲养的猫分类送去参展和评比比赛。CFA 各分部每年也会在其所在国家举行猫展比赛。在猫展上人们可以欣赏到许多相当漂亮的猫和稀有品种。CFA 承认的猫种在外观形态、规格、毛色、毛质等多方面的差异都很大，各品种之间不具备可比性。面对这种百花齐放的情况，即使是资深的 CFA 全品种裁判也不能将所有品种的技术细节了如指掌。为提高整体鉴定水平，带动并指导各品种猫爱好者参与比赛和进行繁育，CFA 成立了专项品种委员会，每个品种都设有委员会。CFA 品种委员会由裁判、繁育家、品种猫爱好者等组成，集聚了大量专业人才，他们都有家养某个品种猫的经历，对某个品种有全面的了解和深入的研究，有的成员还曾为培育和改良某个品种做出重大贡献。CFA 品种猫标准就是由专项品种委员会参与制定的技术性章程。

CFA 承认的猫种大致分为四大类，即天然猫种、成熟杂交猫种、混血猫种和变异猫种。品种标准的制定和修订主要是来自历史渊源、资料统计和技术分析，有些约定俗成的法则也被收入章程中。比赛中，裁判评定猫基本依据健康标准、美观标准和性格标准这三个总的原则。品种标准是指导性章程，可灵活运用，比赛是执行品种标准的途径，裁判往往会做出一些见仁见智的决定。

2. 国际爱猫协会（TICA） TICA 是国际爱猫协会的简称，成立于 1979 年 9 月。TICA 是世界上最大的猫协会，也是拥有世界上最多纯种猫和家养宠物猫血统注册的最权威的猫审评机构，并且是批准举办猫展的几大主体组织之一。TICA 致力于促进发展和保护纯种猫和非纯种猫的事业。首届年度指导会议在 1979 年 8 月于佐治亚州举行，第一次国际会议和奖励会议于 1980 年劳动节周末在加利福尼亚州的帕萨迪纳市举行。TICA 独一无二的血统登记注册机制鼓励了全世界参与者共同建立一个以科学依据为标准的协会，目前 TICA 已经建立了世界上最大的基因注册登记系统。

3. 世界联合猫会（WCF） WCF 成立于 1988 年，在德国正式注册，属于全球化运营的联合组织。WCF 参与欧盟议会，协助制定了欧盟的动物保护方面的法律。在欧盟动物保护司法机构设立工作小组，并参加欧盟议会的所有听证会。WCF 成立后在欧洲地区飞速发展，在美洲地区有超过 100 家俱乐部、1 000 家注册猫舍，并每年在全球组织超过 1 000 场展会。WCF 国际猫展秉承欧洲传统赛制以及形式，成为如今世界范围内最为公平的比赛赛制，打破了在国内所见到的以赛环形式出现的比赛赛制，拒绝了以某一个单独裁判判定参赛猫质量的形式，成为更多欧洲以及美洲繁育人信赖的赛制。WCF 作为世界三大猫会之一，承认 CFA、TICA 等猫会的血统证书，即其他国际猫会血统是可以与 WCF 相互承认或移籍或者注册参加 WCF 国际猫展。WCF 国际猫展还被誉为最具观赏性的猫展，WCF 拥有特殊的赛制，每一只参加环赛的猫都会经过裁判不少于 2 分钟的介绍，在比赛的同时，介绍品种，介绍猫种的标准，介绍这只参赛猫的优点，从而让观众更加了解这一品种的起源、发展以及现阶段的培育方向。

4. 猫展奖项 在 CFA 注册比赛中，会看到各种颜色的奖条被裁判挂在了比赛猫的赛笼上，不同颜色的奖条代表不同的含义。同一品种所颁发的奖项彩带颜色代表的含义如下：蓝色，雌雄猫品种颜色性别小组第 1 名；红色，雌雄猫品种颜色性别小组第 2 名；黄色，雌雄猫品种颜色性别小组第 3 名。所有参赛的猫首先要从小组开始比起，而小组的划分是最细致的，要从某一品种猫的某个颜色开始，而在颜色的基础上雌、雄又是分开比赛的。只有在某

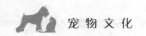

品种、某颜色、某性别中拿到蓝色或红色奖条的猫才可以有机会去赢取黑色以及白色奖条，而拿到黄色奖条的猫就不再有机会去赢取黑色或白色的奖条。

红白蓝三色：公开组冠军晋级条。红白蓝三色奖条在 CFA 的比赛中一般是颁发给公开组中的参赛猫，只要得到蓝色奖条的猫，都可以拿到晋级条［拥有冠军猫（CH）和超级冠军猫（GC）头衔的猫除外］。

当一只猫累计拿到 6 根不同裁判颁发的晋级条后，就可以向 CFA 提交申请晋级 CH 头衔，也就是人们通常所说的冠军头衔（在国际分区只需要 4 根不同裁判颁发的晋级条即可以申请晋级，而中国属于国际分区内）。

但是国际分区 CFA 设立了一个特别的组别，也就是非注册组（NOV），在这个组别中所有拿到蓝色奖条的猫也一样会拿到晋级条，但是因为不是注册猫，所以奖条是无法累计申请 CH 头衔的。

黑色：品种颜色组别第 1 名；白色：品种颜色组别第 2 名。当某一品种猫的某一颜色的雌猫和雄猫都被评审完后，裁判将针对这些猫选出最佳颜色第 1 名和第 2 名。一般只有拿到蓝色和红色奖条的猫才会有机会拿到黑色或白色奖条，但是拿到黄色奖条的猫如果非常优秀，也是有进入前 10 名的机会，但是这样的机会是比较少的。

棕色：品种第 1 名；橙色：品种第 2 名。当某一品种的猫全部颜色组都比完后，裁判会将所有拿到黑色和白色奖条的猫来比，选该品种的第 1 名和第 2 名。没有拿到黑色或白色奖条的猫没有资格赢取棕色或橙色奖条，而且拿到白色奖条的猫也一样没有资格赢取棕色奖条。

紫色：品种最佳冠军猫。这一颜色的奖条是为有 CH 头衔的猫准备的，从每个品种的各个颜色和性别中选出最优秀的一只拥有 CH 头衔的猫，颁发紫色冠军奖条。

在同一品种中，输给这只拿到紫色奖条猫的拥有 CH 头衔的猫，都为这只拿到紫色奖条的猫累计 CH 的积分，每只猫 1 分，当累积到 200 分的时候就可以向 CFA 申请晋级 GC 头衔。这一分数在国际分区则为 75 分。

非注册组、公开组、大冠军及幼猫不会颁发这一颜色奖条，因为它仅是为 CH 头衔的参赛猫（CH 组别）设置的。

红白双间色：这种奖条是专门为家猫组准备的。所有参加比赛的家猫中没有性别、年龄、长短毛或颜色的区分。通常没有血统的家养猫，或者健康的纯种猫或有缺陷失格的纯种猫在 8 月龄以上绝育后都可参加，4～8 月龄的幼猫可以不绝育参加。家猫组的比赛最为简单，没有特定的外观标准，因此不同品种会一起比赛。裁判会以参赛猫的健康情况、状态及表现评分。裁判会将红白双间色的彩带颁发给健康并被主人护理得非常好的猫。（注：OPN 晋级 CH 头衔以及 CH 头衔晋级 GC 头衔都要向 CFA 支付费用。）

第二节　宠物展赛制介绍

一、全犬种比赛

在全犬种比赛中，所有报名参赛的犬首先按照年龄进行分组，年龄是以犬血统证书登记的出生日期到比赛当日为准，不同年龄段的犬被分到不同的组别进行比赛。然后再按照犬的品种进行分组比赛。

1. 参赛犬年龄段分组

（1）特幼组。3～6 月龄（比赛当天满 3 月龄，但是不足 6 月龄的犬）。

（2）幼小组。6～9 月龄（比赛当天满 6 月龄，但是不足 9 月龄的犬）。

（3）青年组。9～18 月龄（比赛当天满 9 月龄，但是不足 18 月龄的犬）。

（4）中间组。15～24 月龄（比赛当天满 15 月龄，但是不足 24 月龄的犬）。

（5）公开组。15 月龄以上（比赛当天满 15 月龄及以上年龄的犬）。

（6）冠军组。

① 非 CKU 办理的登录犬且注册犬名中未体现 CH 头衔的犬，报名冠军组时需提交国外登录证书复印件或电子版。

② 国家登录犬（犬名带国家缩写及 CH 头衔）及 FCI 国际登录犬（犬名带 INT. CH 头衔），CAC 比赛及 CACIB 比赛都必须报名冠军组。

（7）老年组。8 岁以上（比赛当天满 8 岁及以上年龄的犬）可选择参加老年组或冠军组。

参赛犬比赛当日年龄满 15 月龄并未满 18 月龄，可选择三个组别（青年组、中间组、公开组）其中一个年龄组参加比赛，犬主可根据对犬的了解报名参加相对适合的年龄组进行比赛。此报名信息在报名截止后不再更改。

当参赛犬年龄满 9 月龄以上，具备签发中国选美冠军资质（CC）的资格（老年组不签发），青年组签发青年犬中国选美冠军资质 JCC。

当参赛犬年龄满 15 月龄以上，具备签发国际选美挑战证书（CACIB）的资格（9～18 月龄青年组、老年组不签发 CACIB）。

2. CAC/CACIB 冠军展特幼犬组竞赛程序 从特幼公犬组（3～6 月龄）和特幼母犬组（3～6 月龄）分别角逐出该组第一名，即特幼组最佳幼公犬（BPWD）和特幼组最佳幼母犬（BPWB），再由这两只犬竞争，胜者获得单犬种特幼犬冠军（BBOB）奖项，负者获得特幼犬最佳相对性别犬（BBOS）奖项，BBOB 代表该犬种直接晋级全场特幼犬总冠军（BBIS）的比赛。

BBIS 将角逐出前 4 名，分别为全场特幼犬总冠军第 1、2、3、4 名（BBIS1/2/3/4）。

3. CAC/CACIB 冠军展幼犬组竞赛程序（PBIS） 从幼小公犬组（6～9 月龄）和幼小母犬组（6～9 月龄）分别角逐出该组第一名，即幼小组最佳幼公犬（PWD）和幼小组最佳幼母犬（PWB），再由这两只犬竞争，胜者获得单犬种幼犬冠军（PBOB）奖项，负者获得幼犬最佳相对性别犬（PBOS）奖项，PBOB 代表该犬种直接晋级全场幼犬总冠军（PBIS）的比赛。

PBIS 将角逐出前 4 名，分别为全场幼犬总冠军第 1、2、3、4 名（PBIS1/2/3/4）。

4. CAC 冠军展成犬组竞赛程序（BIS） 成犬组比赛按年龄分为 5 个组：青年组、中间组、公开组、冠军组、老年组，每个组再按公母犬各分为 2 组，共 10 个年龄组别。

其中冠军组母犬、冠军组公犬的小组第 1 名可获得 CC 卡并可直接晋级角逐单犬种冠军（BOB）；老年组母犬、老年组公犬的小组第一名可直接晋级角逐 BOB。

青年母犬组（9～18 月龄）角逐出小组第 1 名可获得 CC 卡；从中间母犬组（15～24 月龄）和公开母犬组（15 月龄以上）两组中分别角逐出各小组第 1 名及第 2 名，先由两组的第 1 名比出获得 CAC 卡犬，未获 CAC 卡的第 1 名与另一组的第 2 名比出获得 RCAC 卡犬。

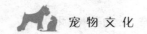

再由青年母犬组第 1 名与获得 CAC 卡的犬角逐出单犬种最佳母犬（WB）。

青年公犬组（9～18 月龄）角逐出小组第 1 名可获得 CC 卡；从中间公犬组（15～24 月龄）和公开公犬组（15 月龄以上）两组中分别角逐出各小组第 1 名及第 2 名，先由两组的第 1 名比出获得 CAC 卡犬，未获 CAC 卡的第 1 名与另一组的第 2 名比出获得 RCAC 卡犬。再由青年公犬组第 1 名与获得 CAC 卡的犬角逐出单犬种最佳公犬（WD）。

以上获得"老年组公犬第 1 名""冠军组公犬第 1 名""单犬种最佳公犬（WD）""老年组母犬第 1 名""冠军组母犬第 1 名""单犬种最佳母犬（WB）"，共 6 只犬竞争，胜者获得 BOB 称号，最佳相对异性犬（BOS）从与 BOB 相对的 3 只异性犬中角逐出，最佳相对优胜犬（BOW）从 WD 和 WB 中角逐出。BOB 代表该犬种参加下一阶段犬种群成犬组（GROUP）的比赛。

每一个 GROUP 将角逐出前 4 名，分别为犬种群成犬第 1、2、3、4 名［犬种群成犬冠军（BIG1/2/3/4）］。每个犬种群的第 1 名［犬种群成犬冠军（BIG1）］代表该犬种群参加全场总冠军（BIS）的比赛。

BIS 将角逐出前 4 名，分别为全场总冠军第 1、2、3、4 名（BIS1/2/3/4）。

5. CACIB 冠军展成犬组竞赛程序（BIS） 成犬组比赛按年龄分为 5 个组：青年组、中间组、公开组、冠军组、老年组，每个组再按公母犬各分为 2 个组，共 10 个年龄组别。

其中青年组母犬、青年组公犬的小组第 1 名可获得 CC 卡并可直接晋级角逐 BOB；老年组母犬、老年组公犬的小组第 1 名可直接晋级角逐 BOB。

从中间母犬组（15～24 月龄）、公开母犬组（15 月龄以上）、冠军母犬组三组中分别角逐出各小组第 1 名及第 2 名，先由三组的第 1 名比出获得 CACIB 卡犬同时获得 CAC 卡，该组的第 2 名与另两只未获 CACIB 卡的第 1 名比出获得 RCACIB 卡犬同时获得 RCAC 卡。

从中间公犬组（15～24 月龄）、公开公犬组（15 月龄以上）、冠军公犬组三组中分别角逐出各小组第 1 名及第 2 名，先由三组的第 1 名比出获得 CACIB 卡犬同时获得 CAC 卡，该组的第 2 名与另两只未获 CACIB 卡的第 1 名比出获得 RCACIB 卡犬同时获得 RCAC 卡。

以上获得"老年组公犬第 1 名""CACIB 公犬""青年组公犬第 1 名""老年组母犬第 1 名""CACIB 母犬""青年组母犬第 1 名"，共 6 只犬竞争，胜者获得 BOB 称号，最佳相对异性犬（BOS）从与 BOB 相对的 3 只异性犬中角逐出。BOB 代表该犬种参加下一阶段犬种群成犬组（GROUP）的比赛。

每一个 GROUP 将角逐出前 4 名，分别为犬种群成犬第 1、2、3、4 名［犬种群成犬冠军（BIG1/2/3/4）］。每个犬种群的第 1 名［犬种群成犬冠军（BIG1）］代表该犬种群参加全场总冠军（BIS）的比赛。

BIS 将角逐出前 4 名，分别为全场总冠军第 1、2、3、4 名（BIS1/2/3/4）。

二、单独展（公主王子赛制）

此竞赛程序适用于单一犬种的比赛、参赛犬种无需按毛色或体型分类的单独展比赛。

1. 参赛犬年龄段分组

（1）特幼组。3～6 月龄（比赛当天满 3 月龄，但不足 6 月龄的犬）。

（2）幼小组。6～9 月龄（比赛当天满 6 月龄，但是不足 9 月龄的犬）。

（3）青年组。9～18 月龄（比赛当天满 9 月龄，但是不足 18 月龄的犬）。

（4）中间组。15～24月龄（比赛当天满15月龄，但是不足24月龄的犬）。

（5）繁殖展示组。15月龄以上（比赛当天满15月龄及以上年龄的犬）。以下简称BBE组，即参赛展示者与繁殖者必须为同一人。非繁殖者参赛展示被举报，情况属实将取消比赛成绩。

犬满15月龄，且无冠军头衔，CAC及单独展赛制可选择报名BBE组。

（6）公开组。15月龄以上（比赛当天满15月龄及以上年龄的犬）。

（7）工作组：15月龄以上（比赛当天满15月龄及以上年龄的犬）。犬满15月龄，且无冠军头衔，CACIB赛制可选择报名工作组。报名同时须提交FCI认可的相关工作测试资质证书，或血统书有相关工作资质体现，如FCI国际工作冠军犬的头衔（CIT）；FCI国际选美冠军犬头衔和工作冠军犬的头衔（CIBT）。

（8）冠军组。

① 国家登录犬（犬名带国家缩写及CH头衔）及FCI国际登录犬（犬名带INT.CH头衔），CAC/CACIB/单独展比赛都必须报名冠军组；登录犬不满15月龄仅可报名青年组。

② 非CKU办理的冠军登录且注册犬名中未体现CH头衔的犬，须提交国外登录证书复印件或电子版才可报名冠军组。

③ 无CH登录头衔或已申请登录但未审核通过的犬，不可报名冠军组（中国登录审核制作周期为20个工作日，报名冠军组应提早申请）。

（9）老年组。8岁以上（比赛当天满8岁及以上年龄的犬），可选择参加老年组、公开组或冠军组。

备注：参赛犬比赛当日年龄满15月龄但未满18月龄，并且无冠军登陆头衔的犬，可选择四个组别（青年组、中间组、BBE组、公开组）其中一个年龄组参加比赛，犬主可根据对犬的了解报名参加相对适合的年龄组进行比赛。此报名信息在报名截止后不再更改。

当参赛犬年龄满15月龄以上，具备争夺中国选美冠军资质（CC）的资格（老年组不签发），青年组争夺青年犬中国选美冠军资质（JCC）。

2. 单独展比赛流程（公主/王子赛制）　此竞赛程序适应于单一犬种的比赛，此犬种无需按毛色或体型分类的单独展比赛。

按年龄分为8个组：特幼组、幼小组、青年组、中间组、繁殖展示组、公开组、冠军组、老年组，每个组再按公母犬各分为2个组，共16个年龄组别。

以公犬竞赛流程为例：

（1）特幼公犬、幼小公犬分别角逐出小组第1名，再由这两只犬角逐，胜者即获得"王子"奖项。若"王子"为幼小公犬，须等待挑战成犬组单犬种最佳公犬（WD），挑战成功即替代WD晋级资格，角逐单独展全场总冠军（BISS）的比赛。

（2）青年公犬、中间公犬、BBE公犬、公开公犬四组中分别角逐出各小组第1、2名。

（3）以上四组的第1名进行角逐，最佳犬获得WD名次，同时获得CC资格（CC资格生效条件：全场比赛中有效击败3只及以上犬）；若此张CC为青年组犬获得，即为青年CC资格（JCC）（JCC资格无需累计战胜犬数量，直接生效）。

（4）WD所在小组的第2名继续与上一步中其余三组的小组第1名角逐获得RCC资格（RCC资格生效条件：有效击败2只及以上犬）；若此张RCC为青年组犬获得，即为青年RCC资格（RJCC）（RJCC资格无需累计战胜犬数量，直接生效）。

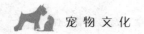

（5）若"王子"为幼小公犬，此时挑战成犬组 WD，挑战成功即替代 WD 晋级资格，角逐 BISS 的比赛；挑战未成功，由成犬组 WD 晋级角逐 BISS。

（6）冠军公犬小组第 1 名可直接晋级角逐 BISS，同时获得有效 CC 资格。

（7）老年公犬小组第 1 名可直接晋级角逐 BISS；

母犬竞赛流程与公犬相同，角逐出"单犬种最佳母犬（WB）""冠军组母犬第 1 名""老年组母犬第 1 名"。

最后由获得"老年组公犬第 1 名""老年组母犬第 1 名""冠军组公犬第 1 名""冠军组母犬第 1 名""单犬种最佳公犬（WD）"或"王子""单犬种最佳母犬（WB）"或"公主"，共 6 只犬竞争，最佳犬获得 BISS 称号；"单犬种最佳相对异性犬"（BBOS）从与 BISS 相对的 3 只异性犬中角逐出；"单犬种最佳相对优胜犬"（BOW）从 WD 或"王子"和 WB 或"公主"中角逐出（BOW 奖项必须有 WB、WD 及 1 只冠军组犬同时在场情况下才颁发）。

弃赛特别说明：单犬种比赛过程中，已获得晋级资格的犬，若中途退赛，本场赛事已获得成绩将全部取消，视为未参赛，且由后备犬替补晋级继续比赛。例如，小组第 1 名、WB、WD 获得犬如弃赛，将由相应的小组第 2 名、RWB、RWD 获得犬晋级上场。

失格判定说明：若犬因同一原因被判定失格累计达到 3 次（由 3 名不同裁判判定，例如肩高、毛质、牙齿等问题），该犬将被取消日后参赛资格。若犬因攻击行为被判罚下场累计达到 2 次，该犬将被取消日后参赛资格。

三、单独展（BOV）

此竞赛程序适用于同一类别中不同犬种间的单独展比赛、同一犬种中按毛色或体型分类的单独展比赛。

1. 参赛犬年龄段分组

（1）特幼组。3～6 月龄（比赛当天满 3 月龄，但不足 6 月龄的犬）。

（2）幼小组。6～9 月龄（比赛当天满 6 月龄，但是不足 9 月龄的犬）。

（3）青年组。9～18 月龄（比赛当天满 9 月龄，但是不足 18 月龄的犬）。

（4）中间组。15～24 月龄（比赛当天满 15 月龄，但是不足 24 月龄的犬）。

（5）繁殖展示组。15 月龄以上（比赛当天满 15 月龄及以上年龄的犬）。以下简称 BBE 组，即参赛展示者与繁殖者必须为同一人（CACIB 赛制无此年龄组）。

犬满 15 月龄，且无冠军头衔，CAC 赛制可选择报名 BBE 组。

非繁殖者参赛展示被举报，情况属实将取消比赛成绩。

（6）公开组。15 月龄以上（比赛当天满 15 月龄及以上年龄的犬）。

（7）冠军组。

① 国家登录犬（犬名带国家缩写及 CH 头衔）及 FCI 国际登录犬（犬名带 INT. CH 头衔），CAC/CACIB/单独展比赛都必须报名冠军组；登录犬不满 15 月龄 CACIB 比赛仅可报名青年组。

② 非 CKU 办理的冠军登录且注册犬名中未体现 CH 头衔的犬，须提交国外登录证书复印件或电子版才可报名冠军组。

③ 无 CH 登录头衔或已申请登录但未审核通过的犬，不可报名冠军组（中国登录审核制作周期为 20 个工作日，报名冠军组应提早申请）。

（8）老年组。8 岁以上（比赛当天满 8 岁及以上年龄的犬），可选择参加老年组或冠军组。

备注：参赛犬比赛当日年龄满 15 月龄并未满 18 月龄，可选择四个组别（青年组、中间组、BBE 组、公开组）其中一个年龄组参加比赛，犬主可根据对犬的了解报名参加相对适合的年龄组进行比赛。此报名信息在报名截止后不再更改。

2. 单独展比赛流程（BOV 赛制） 此竞赛程序适应于两种情况：第一，同一类别中不同犬种间的单独展比赛。例如 2010 年 CKU 第九犬种组组别单独展、2011 年 CKU 中国特有犬种单独展。第二，同一犬种中按毛色或体型分类的单独展比赛。例如 2011 年 CKU 迷你雪纳瑞犬单独展、2011 年 CKU 贵宾犬单独展。

按年龄分为 8 个组：特幼组、幼小组、青年组、中间组、BBE 组、公开组、冠军组、老年组，每个组再按公母犬各分为 2 个组，共 16 个年龄组别。

（1）单犬种单独展特幼犬组竞赛程序（BPBOV）。特幼公犬、特幼母犬分别角逐出小组第 1 名，即特幼组最佳公犬（BPWD）和特幼组最佳母犬（BPWB）。再由这两只犬角逐，胜者获得"特幼犬组单独展冠军"（BPBOV）奖项，负者获得"特幼犬最佳相对性别犬"（BPBOS）奖项。BPBOV 将晋级"特幼犬组单独展全场总冠军"（BPBISS）的比赛。

（2）单犬种单独展幼小犬组竞赛程序（PBOV）。幼小公犬、幼小母犬分别角逐出小组第 1 名，即幼小组最佳公犬（PWD）和幼小组最佳母犬（PWB）。再由这两只犬角逐，胜者获得"幼小犬组单独展冠军"（PBOV）奖项，负者获得"幼小犬最佳相对性别犬"（PBOS）奖项。PBOV 将晋级"幼小犬组单独展全场总冠军"（PBISS）的比赛。

（3）单犬种单独展成犬组竞赛程序（BOV）。以公犬竞赛流程为例：

① 青年公犬、中间公犬、BBE 公犬、公开公犬四组中分别角逐出各小组第 1、2 名。

② 以上四组的第 1 名进行角逐，最佳犬获得"单犬种最佳公犬"（WD）名次并晋级角逐"单犬种单独展冠军"（BOV），同时获得 CC 资格（CC 资格生效条件：全场比赛中有效击败 3 只及以上犬）；若此张 CC 为青年组犬获得，即为青年 CC 资格（JCC）。

③ WD 所在小组的第 2 名继续与上一步中其余三组的小组第 1 名角逐获得 RCC 资格（RCC 资格生效条件：有效击败 2 只及以上犬）；若此张 CC 为青年组犬获得，即为青年 CC 资格（JCC）。

④ 冠军公犬小组第 1 名可直接晋级角逐 BOV，同时获得有效 CC 资格。

⑤ 老年公犬小组第 1 名可直接晋级角逐 BOV。

母犬竞赛流程与公犬相同，角逐出"单犬种最佳母犬（WB）""冠军组母犬第 1 名""老年组母犬第 1 名"。

最后由获得"老年组公犬第 1 名""老年组母犬第 1 名""冠军组公犬第 1 名""冠军组母犬第 1 名""单犬种最佳公犬（WD）""单犬种最佳母犬（WB）"，共 6 只犬竞争，最佳犬获得 BOV 称号；"最佳相对性别犬"（BOS）从与 BOV 相对的 3 只异性犬中角逐出；"最佳相对优胜犬"（BOW）从"单犬种最佳公犬"（WD）和"单犬种最佳母犬"（WB）中角逐出（BOW 奖项必须有 WB、WD 及一只冠军组犬同时在场情况下才颁发）。BOV 将晋级"成犬组单独展全场总冠军"（BISS）的比赛。

弃赛特别说明：单犬种比赛过程中，已获得晋级资格的犬，若中途退赛，本场赛事已获得成绩将全部取消，视为未参赛，且由后备犬替补晋级继续比赛。例如小组第 1 名、WB、

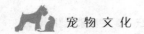

WD 获得犬如弃赛，将由相应的小组第 2 名、RWB、RWD 获得犬晋级上场。

失格判定说明：若犬因同一原因被判定失格累计达到 3 次（由 3 名不同裁判判定，例如肩高、毛质、牙齿等问题），该犬将被取消日后参赛资格。若犬因攻击行为被判罚下场累计达到 2 次，该犬将被取消日后参赛资格。

BPBISS、PBISS、BISS 分别由相应特幼犬组、幼小犬组、成犬组各个 BOV 角逐获得。

四、CFA 赛制

CFA 比赛的要求比较宽泛，但也不是所有的猫都能参加 CFA 比赛。参赛者应遵照 CFA 的比赛规定，选择适合自己猫的组别参赛。以下按照中国所在的 CFA 国际分区的赛制介绍 CFA 各个比赛组别的限定标准。

1. 家猫组 所有品种的猫都可以参加家猫组比赛，参赛的成猫（年龄在 8 月龄以上）必须绝育，幼猫的年龄在 4～8 月龄（以比赛当日计算），CFA 注册猫但不符合该品种参赛标准（其特征已失去品种猫比赛资格，如颜色、被毛、性别、尾巴或耳朵等方面）的品种猫也可参加这个组别。此外，那些已在 CFA 注册的成猫或幼猫，其所属品种已被 CFA 确认，但未允许参加冠军组比赛的临时猫种猫，也被分入这个组别。任何年龄在 7 岁或以上（以比赛当日计算）的猫，雄性或雌性，已绝育或未绝育的猫，也可选择参加这个组别，但不能获得全场最佳猫的荣誉。

2. 幼猫组 已在 CFA 注册的幼猫，年龄在 4～8 月龄（以比赛当日计算），包括已绝育或未绝育的幼猫。非注册的品种幼猫也可以参加这个组别的比赛。

3. 冠军猫组 已在 CFA 注册的 8 月龄以上的成猫（含 8 月龄，以比赛当日计算），雄性或雌性的品种猫，以及没有在 CFA 注册的，但毛色和形态特征符合 CFA 注册要求的猫，均可参加这个组别的比赛。这个组别的赛制较为复杂，比赛分为非注册组、公开组、冠军组和超级冠军组 4 个等级，各个等级比赛同时进行。

4. 非注册组 指未在 CFA 注册的成猫，但毛色和形态特征符合 CFA 注册要求的猫，可参加这个组别的比赛。这个组别的猫可以和 CFA 注册猫同场竞技，角逐品种和全品种比赛的名次，但不会获得 CFA 比赛的成绩积分。

5. 公开组 已在 CFA 注册的 8 月龄以上的成猫（含 8 月龄，以比赛当日计算），并符合冠军组比赛要求的猫，如初次参加比赛的或未晋级冠军组的成猫都被分在这个组。

6. 冠军组 那些已在公开组取得 4 个不同裁判给出的冠军彩带（也称晋级条）的猫可获得冠军头衔（CH），晋级冠军组比赛。在国际分区以外的其他分区，需要 6 个不同裁判给出的冠军彩带才可晋级冠军组。

7. 超级冠军组 在冠军组比赛中累计取得 75 分的猫可获得超级冠军头衔（GC），晋级超级冠军组比赛。在国际分区以外的其他分区，需要 200 分的累计积分才可晋级超级冠军组。在获得超级冠军头衔以后又取得年度品种冠军 BW，分区冠军 DW/RW，国家冠军 NW，超级繁育价值的种猫 DM 的猫也都被分在这个组。

8. 绝育猫组 已在 CFA 注册及非注册的 8 月龄以上（含 8 月龄，以比赛当日计算）的绝育成猫，符合 CFA 绝育猫组要求的品种猫均可参加这个组别的比赛。同冠军组比赛类似，这一组别的赛制也很复杂，分为非注册组、公开组、绝育冠军组、超级冠军组几个级别的比赛。在绝育公开组比赛中取得 4 个不同裁判给出的冠军彩带的猫可获得绝育冠军头衔

（PR），晋级绝育冠军组比赛。在绝育冠军组累计取得 25 分的猫可获得超级绝育冠军头衔（GP），晋级超级绝育冠军组比赛。

第三节 宠物赛事介绍

一、形态比赛

犬形态比赛也称为犬种比赛，是犬展的一种。在这种犬展中，会有一名非常熟悉某一犬种的裁判来评估每一只纯种参赛犬与已建立的该品种的标准之间的相符程度。由于犬种标准只与犬的外观质量有关，如外表、运动形态、气质，因此形态比赛不会涉及其他的对犬的评估，如某项工作或运动比赛中的敏捷性、遗传健康、全面健康检查、某项遗传性疾病检查或任何其他不能用外表来判断的特征。当某一犬在形态比赛中获得必要数量的奖牌，并符合某家单犬种俱乐部的特定要求后，该犬即被认为获得了形态比赛的冠军头衔。确切的形态比赛和授予冠军头衔的规则根据不同的养犬俱乐部会有不同。第一次的现代形态比赛于 1859 年举行于英格兰纽卡斯尔泰恩。

形态比赛裁判的目标是希望发现能够集公认某一犬种标准于一体的犬。这项工作非常具有挑战性，因为有些判断必然是主观的。

犬种比赛不是在参赛犬之间进行比较，而是每一只参赛犬与裁判脑中的理想犬种模样之间的比较。裁判会选出最符合理想犬种标准的参赛犬。

裁判会获准裁决某一品种或数个品种（通常在同一组别）的形态比赛。少数的一些裁判被称为全犬种裁判，他们具有裁决很大数量的犬种的能力。

二、敏捷性比赛

敏捷性比赛是一项动态比赛，主要考察犬在训导师的引导下在通过一系列障碍物过程中的动作准确度及完成所用时间。

一般犬在没有食物或玩具作为奖励的情况下不易服从命令。比赛过程中，训导师不可触摸犬或者障碍物，意外情况除外。因此，训导师的引导仅限于声音、动作和各种肢体语言信号。经过特别训练的犬才能出色地完成比赛。

最简单的比赛要求裁判在 30 米×30 米的场地中设置一系列标准障碍，并且在障碍物上标上数字明示犬通过障碍的顺序。比赛场地的路线根据比赛的级别会有相应的难度，所以敏捷性比赛都需要在训导师的指引下完成。

比赛过程中，训导师必须对场地进行评估，决定引导策略以及指导犬迅速并精准地通过所有障碍。犬完成的速度与精准度都相当重要。训导师的引导策略有很多种，这些策略旨在弥补人和犬在速度、力量、弱点等方面存在的内在差异。

三、接飞球比赛

接飞球是一项犬运动类比赛，比赛中各参赛小组之间决胜于起点或终点线，每只参赛犬都要跨越一系列障碍到达一个发出网络的盒子，按下发射器后接住所发射出的球，然后将球带到训导师处。

接飞球比赛的每个参赛小组由 4 只犬组成，采取接力的形式，赛道总共有 4 个间隔 3 米

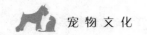
距离的障碍物，起点距离第一个障碍物1.8米，发射球的盒子距离最后一个障碍物4.5米，赛道全长15.5米。障碍物高度以4只参赛犬中肩高最小的犬的肩高为准，根据目前北美飞球协会（NAFA）的规则，各小组障碍物高度比小组中肩高最低的犬矮10厘米，但不低于20.3厘米且不高于40.6厘米。每一只犬必须将球运回起点线后，该小组的下一只犬才能出发。最理想的状态是前一只犬刚回到起点，下一只犬就出发。第一支完成比赛并在比赛中没有犯错的队伍获得比赛的胜利。如果比赛中发生掉球或有犬抢跑会受到处罚。

四、飞盘比赛

犬飞盘比赛是一项犬与人们配合的休闲体育运动，是由训导师抛飞飞盘，犬叼住的运动。它考验的是训导师的抛盘手法和犬的接盘能力，同时也考验训导师和犬的配合默契程度。犬飞盘比赛包括自由式飞盘赛和计时距离飞盘赛。

自由式飞盘赛又称为花式飞盘，是指训导师自由且精心编排的一套动作，在一定时间内自由完成飞盘的抛接，裁判根据抛接盘的成功率、多样性、创新性以及犬与训导师的配合能力和技巧来计分。

自由式飞盘赛选手可自备音乐，一般不提供适应性练习时间，一般每场比赛时间为120秒。从飞盘出手开始计时，音乐响起开始计分。要求犬的年龄在18月龄以上。

花式动作需与飞盘的飞行相关联才被纳入计分范围；飞盘的飞行需达到一定的点位才被计分；从手中掉落的盘被犬接住不被计分。创新的动作将被计分，包括飞盘的抛掷方式。身体借力的动作必须充分考虑犬的适应度。犬的品种、体型、运动性能需与其借力跳跃的三个步骤尺度相匹配：借力起跳、空中飞行、落地。训导师应避免犬过高地跃起，频繁地借力，否则将被扣分。

计时距离飞盘赛又称距离赛，选手在一定的时间内抛出飞盘，赛犬须以最快的速度跳跃衔回。

计时距离赛根据距离的远近划分不同的得分区，距离越远分值越高。比赛时间90秒，无抛盘次数限制，是以最佳的5次抛盘得分计算成绩。训导师和犬在比赛开始前均应在抛盘线后面等候，犬冲出抛盘线时开始计时。训导师每次的抛盘需在抛盘线以内，其他时间可在场上自由走动。在时间终止以前如飞盘离手被视为有效抛盘。犬需在第一次抛盘时位于抛盘线以内。犬接盘的计分点以它最靠近抛盘线的那只脚的着地点为准，只有在飞盘触地前接住飞盘才算成功接盘。得分区分别位于10码、20码、30码、40码处，相对应的得分分别为10码计1分、20码计2分、30码计3分、40码计4分。

五、犬类服从比赛

在犬展上，除了犬的品种展示，还有很多表现或竞技的项目。犬的服从性竞赛起源于19世纪的英国。在英国由于人口居住密度较均匀，城乡差异不大，很多人生活在乡间的小镇，带犬玩耍成了休闲生活的一部分。最初，这类比赛是纯属娱乐性的乡村休闲活动，休息时聚在一起谈论犬、鉴赏犬或者进行游戏性的比赛也是增加乐趣的一个办法。此类比赛表演的成分更大一些。因此相对犬展的激烈竞争而言，服从比赛的娱乐性至今仍然占较大的比重。人们参加这样的比赛最主要的目的是获得乐趣，主人与爱犬之间的默契在这样的活动中也得以展现。

在服从比赛中，参加的犬要做的就是按照驯犬师的每个命令行事，包括随行、走、跑、坐、立、穿越障碍物等。人对犬的指挥、动作完成的规范程度、犬对口令的敏感程度和反应速度等都是影响得分的因素。

一般来说，服从比赛并不对参赛犬的品种进行限制，外形也不是决定能否参赛的因素。基本上可以说任何品种，包括非纯种、未经认定的品种甚至杂交犬都可以参加，而决定比赛成绩的因素则是人与犬组合的配合程度、服从能力和表现出的训练程度。

犬类服从比赛有两大类：一类是在室内的大型犬展上进行的服从比赛，另一类是在室外的工作犬比赛上进行的服从比赛。两类服从比赛均包括随行和坐、卧、立、延缓等科目，但这些科目的顺序、要求等存在很多差异。室内的服从比赛参加者一般为小型犬，行进路线以直线、转角和圆形为主；室外服从比赛参加者一般为大型犬，路线以直线和直角转角为主，较少有设计圆形或弧形路线的情况。室内比赛一般不包括跨障碍取物这一科目，而室外的比赛则有。室内比赛没有穿行人群的抗干扰能力科目，而室外比赛则有这一项，而且室外比赛还需要在犬随行时用枪声在一旁进行干扰以考察犬的反应。

选择参加服从比赛的犬是一个重要环节。人们称某类犬非常擅长服从竞赛，其实是指一个犬种的总体服从性比较高。犬的品种不同，行为方式存在一定的差异，神经类型也不尽相同。当然，在比赛中犬最终取得的成绩与品种并没有太大的关系，虽然总的来说可能某一品种的犬获奖概率大一些，但对每一场比赛来说，什么情况都有可能发生，这主要受个体差异和后天训练的影响。边境牧羊犬也称博德牧羊犬或柯利牧羊犬，常被赞誉为"不需要训练的工作犬"，就是一种非常适合参加服从比赛的犬种。这种犬起源于英国英格兰和苏格兰的边境，因此得名。至今它仍然是世界上使用最广泛的牧羊犬，不仅能做牧畜工作，而且能帮人类完成导盲、缉毒、搜索等多种工作。可见，这种犬完全是以自己的实力赢得这一美誉。很多人所知道的第一个纯种犬可能就是德国牧羊犬，这不仅因为它们拥有优美的外形、良好的工作性能和超强的身体结构，还因为它们与生俱来的服从能力和智商，所以这种犬也是训练服从比赛的首选犬。它是当今世界上被使用最为广泛的军警用犬。近年来，人们选用的服从比赛的犬与军警选用的工作犬有一定的呼应，比如新涌现的马里奴阿犬，也被许多服从性训练者选作参赛犬。当然，也不排除其他品种的个体参加服从比赛的可能。

🐾 分析与思考

1. 简述 FCI 赛事。

2. 请介绍 3～5 种犬展奖项。

3. 宠物赛事比赛大约分为多少种形式？

4. 接飞盘比赛的要求有哪些？

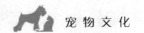

第七章　宠物产业文化

随着社会经济的发展和城市化进程的加速，人们精神生活与物质生活的不断改善，社会老龄化步伐加快，独生子女家庭和丁克家庭的普及等客观因素凸现，人们的休闲、消费和情感寄托方式也呈多样化发展。宠物已经走入寻常百姓家，饲养宠物成为许多家庭必不可少的消遣方式。伴随着宠物数量的增长，围绕宠物经济产生了一系列的相关行业，如宠物食品、宠物用品、宠物医疗、宠物美容行业等，近年来还涌现出像宠物婚介、宠物殡葬、宠物寄养等新兴行业，这些行业组合成了新的宠物产业，产生商业经济效应，形成了特有的宠物产业文化。

第一节　宠物产业概述

宠物一般是指家庭喂养的动物，从常见的犬、猫、观赏鱼、兔、龟到比较另类的蝎子、蜘蛛、蜥蜴等，都是人们所广泛饲养的。从 20 世纪 90 年代开始，宠物饲养在我国兴起，经过了 20 多年的快速发展，宠物产业逐渐引起了社会各界的普遍关注和重视。目前围绕着宠物产生的一系列生产、销售和服务等商业活动已经以一个新兴产业的面貌出现在我国的经济舞台上。就国际市场的发展经验来看，这一新兴产业的出现与兴起，标志着社会经济已经发展到了一定的规模和水平，同时也意味着将为社会提供新的就业机会和财政收入。

一、我国宠物产业发展历程

（一）起步——大环境推动新产业

20 世纪 80 年代，随着改革开放的浪潮翻涌，大量海归回国并带入了国际上各种包括宠物在内的新知概念，加之国际化宠物产品品牌陆续在我国建厂，并通过不同的渠道进入人们的视线，就此引发了国内全新的宠物概念。

随着国民生活水平的提高和生活方式的改变，人们的休闲、消费和情感寄托方式也随之发生了重大变革，社会中主流消费群体中"丁克族""单身贵族"等出现，又进一步带动了整个宠物市场的发展，宠物相关产业也随之迅速兴起。

随着我国经济国际化和社会文明的不断进步，人们的思想意识也发生了巨大改变，逐步把传统的"看门犬"变为生活中的伴侣动物及家庭成员，这再次引导和强调了市场消费中的宠物概念。同时，伴随着政府各项法律法规的制定、修改、完善，以至目前更加精细的人性化管理都在不断推动和促进整个宠物产业的发展。

（二）发展——宠物产业逐步完善

1. 初具规模期 1992年，中国保护小动物协会成立，向整个社会宣示了保护动物、爱护动物、动物是人类的朋友等象征社会文明的理念。在重新为宠物下定义的同时，将养宠物提高到一个文化层面，让人们对宠物文化形成了初步的认知。

2. 快速发展期 20世纪90年代末，随着国家法规政策的相继建立，整个社会对宠物市场有了全新的概念和关注，使宠物成为整个国家、社会共同讨论的公众话题，大部分人开始饲养宠物，关注宠物的衣食住行，形成了宠物经济圈。

3. 竞争升级期 21世纪初，以冠能、爱慕思、顶尖等品牌为代表的国际化宠物品牌进入我国，开始逐步影响整个宠物市场的消费导向。国内的一些制造商开始进入国内宠物市场，如烟台顽皮、诺瑞、好主人等国内品牌，带动了整个宠物产业链的发展。

（三）成熟——市场品牌化成为主导

宠物产业经过20余年的快速发展，一个完整的产业链正在日趋完善，国内外企业都把目光聚焦到我国市场，出现了服务专业化、分工精细化和市场品牌化的良好竞争局面，促进了宠物产业实现又好又快的发展与成熟。

在产业方面，出现了以长三角、珠三角为生产核心的宠物外贸生产基地；以北京、上海为龙头的宠物零售店、宠物医院、宠物专业繁殖场等相关宠物产业也开始如雨后春笋般纷纷涌现，以北京酷迪宠物用品有限公司、上海顽皮家族宠物有限公司为代表的宠物用品连锁店成为宠物市场发展的主要力量；以沈阳、郑州、成都为代表形成的宠物交易市场，举办了国内各类专业犬展、猫展、犬赛、猫赛；以长城国际展览有限责任公司、上海万耀企龙展览有限公司为主导的宠物用品展。

在宠物文化教育方面，以中国农业大学、江苏农牧科技职业学院为代表的高等院校开始招收宠物类专业的学生，培养宠物护理与美容人才以及培养宠物疾病诊断与治疗的医生。各种主流媒体开始创建宠物专栏，如电视电台创办宠物文化频道，以《宠物世界》《宠物商情》为代表的专门介绍宠物的杂志也应运而生，它们以宠物为切入点，进入宠物生活的方方面面，关爱宠物、关注生活、关怀生命，提供独特的人文观点、温情的动物故事、时尚的名宠风采、实用的养宠技巧、有趣的新闻资讯、科学的知识和新鲜的产品。《狗迷》以宠物犬的喂养、消费、赏析为主，发布大量消费信息，提供各项专业指导，贴近读者，注重情感互动，是一本时尚、实用、互动的大众爱宠指导必备手册，倡导人与宠物的闲适生活。《猫迷》的内容主要由纯种猫的赏析和介绍、猫饲养百科、养猫人消费指南和爱猫人情感交流四类构成，此外，还包括丰富的爱猫人关注的人文和娱乐资讯，是一本时尚、乐活、实用、公益并充满人文情怀的爱猫人专属杂志，而不仅仅是单纯的饲养指南。

目前，国内宠物在线交易量增长速度惊人。随着宠物饲养日趋平民化，宠物数量呈几何级增长，庞大的宠物服务的消费需求不断扩大，对投资的需求也相对日趋旺盛，我国的宠物产业将迈上一个新的台阶。

二、我国宠物产业的结构

传统认为宠物相关行业为服务行业，属于第三产业。但近年来，我国宠物数量不断增多，同时也创造了新的社会经济增长点，逐渐形成覆盖宠物良种繁育、科学饲养、品质改良、犬的训练、展示比赛、犬粮、用具、药物、医疗、美容等比较完善的产业结构链。目

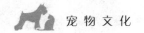

前，普遍认为宠物产业是集生产业、制造业、服务业于一体的新型产业，一、二、三产业均有涉足。其产业结构主要分为上游产业和中下游产业。

（一）上游产业

主要有宠物买卖、宠物配种及宠物繁殖等交易，从而滋生大量的宠物养殖基地、宠物买卖中介所、宠物交易中心等商业场所，既为宠物行业输入大量的优质宠物，又为中下游产业的发展提供了重要保障。目前，我国宠物上游产业呈现专一化、高端化发展，纯种品质优良的宠物已成为一种消费趋势。在上海市的一次宠物拍卖会上，一只纯种的德国牧羊犬的价格高达 60 万元。

（二）中下游产业

主要有宠物制造业、宠物服务业和宠物保险业。

1. 宠物制造业　主要指宠物服饰、食品、药品、饰品及玩具等。宠物食品除了饲料、处方粮、干燥鸡肉、鱼虾罐头等主粮外，还有宠物休闲食品。宠物饰品：修剪指甲有特制的钳子、剪子、锉刀，清洁美容的有专用的牙刷、牙膏，驱除寄生虫有数种药品，洗澡有去污、除蚤、治螨、滋养毛发的各类香波。宠物玩具有绒毛玩具、电子发声玩具、橡胶玩具和麻绳玩具等。

2. 宠物服务业　主要是指为了提高宠物生活质量或满足宠物主人需求而提供专门技术服务的产业，为我国宠物产业的重要组成部分，但整体处于发展初期，需要大量的专业化人才。主要包括宠物美容、健康护理、宠物医疗、宠物训导、宠物寄养、宠物摄影、宠物婚介、宠物殡葬等。爱美之心人皆有之，宠物也有美容需求。其中最基本的就是洗澡，此外还有洗耳朵、剪毛、修指甲、做造型、宠物水疗等。宠物美容如今已经成为宠物服务业的主流。

宠物也会生病，生病时需要就诊问医，宠物医院应运而生。大型的宠物医院和给人看病的医院一样，分科就诊，有外科、内科、眼科、皮肤科等，还有大量的先进诊疗仪器，如 X线、B 超、呼吸麻醉剂等。宠物诊疗已成为宠物服务业中最赚钱的业务。

宠物在家也有顽皮时候，有些不良行为会给饲养者带来很大麻烦，需要及时调教。宠物训导可以为其提供服务，通过训导纠正宠物不良行为，如啃咬物品、拒食、扑人、随地大小便等；也可训练家庭宠物的坐、卧、静候、躺下、握手等动作，增加宠物的娱乐性。

3. 宠物保险业　宠物保险是指投保人根据合同约定，向保险的宠物支付保险费，保险人对于合同约定的可能发生的事故因其发生所造成的宠物伤害或丢失，或者当被保险的宠物死亡、伤残、疾病或者达到合同约定的年龄、期限时承担给付保险金责任的商业保险行为。随着宠物数量的增加，宠物医疗、手术等费用的增长，宠物主人在医疗方面的支出压力不断增大，客观上刺激了宠物主人的保险需求。此外，注册费和年检费的减少或者废除也使得宠物保险潜在投保范围进一步扩大，而且宠物地位的提高还从主观上增加了主人的保险需求。与国外发展较为成熟的宠物保险市场相比较，我国宠物保险尚处于初级阶段，市场发育程度低，保障范围小。国内目前开展宠物保险的保险公司寥寥可数，只有少数几家公司推出了可以独立购买的宠物保险险种。2004 年，华泰保险推出"小康之家"家庭综合保险，以家庭财产综合保险的附加险的形式将宠物责任纳入了保险范围。2005 年，中国太平洋财产保险股份有限公司北京分公司推出了北京保险市场上唯一一款以主险形式出现的北京市犬主责任保险。2010 年至今，中国人寿保险（集团）公司上海分公司和中国平安保险（集团）股份有限公司上海分公司承担着上海的宠物保险行业的各项工作和活动。但由于各方面的问题，宠物保险行业始终没有在我国市场上占据重要位置。

我国的宠物保险和国外有所不同，中国银行保险监督管理委员会认可的只有宠物第三方责任险，不包括宠物自身的医疗保险，也不包括宠物对主人和亲属的伤害和财产损失，保的是被宠物伤害的第三者。因此，我国保险业应针对市场需求，积极探索宠物保险发展途径，研究涉险种类，拓展投保范围，加强宣传，增强宠物主人的投保意识，以促进我国宠物保险事业的快速健康发展。

三、宠物产业的主要职业工种

在 2004 年 12 月劳动和社会保障部公布的第二批新职业中，最引人注目的是"宠物健康护理员"。目前我国宠物产业从业人员数量已达百万，"养宠大军"的蓬勃壮大让"宠物经济"这个新名词爆发出前所未有的"钱"景和动力。随着宠物服务业的专业化精细化发展，大量的新职业诞生。

1. 宠物健康护理员　宠物健康护理员指从事宠物饲养、管理、美容与健康护理工作的专业从业人员。该职业的工作包括宠物饲养与疾病预防，对宠物进行日常健康护理与管理，对宠物进行科学美容，对伤病宠物进行现场救护、病期护理、术后护理及康复护理。该职业共设三个等级，分别为：初级（国家职业资格五级）、中级（国家职业资格四级）、高级（国家职业资格三级）。

随着我国社会主义市场经济的日益发展，人民生活水平的普遍提高，宠物护理业发展迅速，但目前宠物健康护理员素质情况不容乐观，文化层次普遍较低，没有受过专业的宠物护理训练，宠物健康护理员由于本身的素质问题而导致在提供宠物护理服务中造成护理事故，引起众多消费者的不满和投诉，已直接阻碍了宠物健康护理业的发展。因此，制定宠物健康护理员职业标准和考评制度势在必行。

2. 宠物医师　我国宠物品种资源丰富、数量较多。宠物被越来越多的家庭和个人所接受、所喜爱，宠物在人们的生活中充当着生活伴侣般的特别角色。人与宠物愉快相处，构成社会和谐发展的一道风景。与此同时，宠物的健康与疫病防治也成为宠物饲养者和社会各界关注的事情。虽然宠物以兽类居多，但鉴于宠物与人之间的情感依恋，用针对牲畜的方法来处理宠物病症显然是不够的。宠物疾病的治疗，特别是人畜共患疾病的预防控制等相关工作，必须由专业人员来完成。为此，一个新兴的职业——宠物医师的出现也就成为社会发展的必然要求。

宠物医师是从事宠物疾病临床诊断、治疗以及宠物传染病、人畜共患病预防和控制的专业人员，该职业资格共分三级：助理宠物医师、宠物医师、高级宠物医师。从事的主要工作内容包括：①询问宠物的主人或看护人员关于宠物的病史，进行医学检查、书写病历、记录病案；②实施化验、影像、穿刺技术以及其他诊断程序；③对化验和检查报告及结果进行分析，做出诊断，确定并实施宠物医疗方案，如外科手术、组织器官移植、助产、接生、修复牙齿、放射治疗、超声介入活检、中医诊疗等；④开具处方，向宠物主人或看护人员讲明宠物的喂药要求和护理方法；⑤利用必要的医疗设备、器械、药物、输氧、补充营养物质、输血、替代治疗等手段治疗宠物疾病；⑥对宠物疑难病例进行会诊或转诊；⑦观察宠物术后病

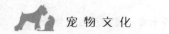
情变化，并采取相应的治疗措施；⑧隔离感染传染病或人畜共患病的宠物，采取预防措施并及时上报疫情；⑨出具相应的宠物医学证明文件；⑩开展宠物疾病诊疗技术的研究。

3. 宠物美容师　宠物产业的主要消费者还是一些家庭经济条件较好的家庭，有丰厚收入，并且喜欢宠物，让自己的宠物变得漂亮更是他们所关心的。因此宠物美容行业是相当有发展空间的，市场上亟须大量高素质专业的宠物美容师。

宠物美容师是指能够使用工具及辅助设备，对各类宠物（主要指犬、猫等家养宠物）进行毛发、指爪等清洗、修剪、造型、染色，使得外观得到美化和保护。该职业和宠物健康护理员一样，也设有相同的三个等级。

4. 宠物驯导师　由于我国养宠人数的迅速增长，宠物行为的不规范常会引起社会各方面的种种问题，因此对宠物的驯导就显得非常重要，宠物驯导师职业就在这种情况下悄然兴起。2006年9月国家劳动和社会保障部就已正式向社会发布了包含宠物驯导师在内的第七批共12个新职业。

宠物驯导师指通过训练培养宠物的良好习性，使宠物完成指定的动作和任务的人员。宠物驯导师分为初级宠物驯导师、中级宠物驯导师、高级宠物驯导师、技师（副教授）、高级技师（教授）五个等级。取得宠物驯导师的相关职业证书要经过半个月至一个月左右的培训，之后还需要通过书面知识和实际操作的考试。

第二节　宠物消费与宠物产业发展

饲养宠物已成为都市人的时尚，越来越多的宠物猫、宠物犬走进居民小区，成为人们家庭中的一员。围绕宠物的衣食住行及生老病死，一个巨大的消费空间正在形成，由此所带动的一种产业也在日渐形成规模。

一、宠物消费现状

宠物消费源自欧美等发达国家，在这些国家，拥有宠物的家庭比拥有小孩的家庭还要多。与宠物相关的消费多种多样，有宠物繁殖、宠物赛事、宠物主食（如犬粮、猫粮）、宠物零食（如犬饼干、肉条）、宠物营养保健品（如钙片）、宠物医疗、宠物寄养、宠物服装、宠物清洁品、宠物玩具、宠物美容、宠物餐厅、宠物学校、宠物保险、宠物殡葬等，宠物消费种类可谓五花八门。随着全球城市化步伐和人口老龄化的加快，尤其是紧张忙碌的生活方式，逐渐使人们形成了相对独立的生活状态，很多人开始察觉到孤独感、空虚感及人文环境的复杂性。因此越来越多的人把宠物视为自己最亲密的伙伴，宠物数量特别是犬、猫数量的快速增加保证了宠物消费市场强劲的发展势头。

2012年，美国兽医医学协会（AVMA）发布报告称，2011年美国36.5%的家庭共计拥有约7 000万只宠物犬，30.4%的家庭共计拥有7 400万只宠物猫。各种有关宠物的产业相当发达，衣食住行的服务呈系列化，与人无异。美国人每年在宠物消费上的花费超过3 000亿元人民币，占全美2011年GDP的4%～6%。美国一家食品公司在全球每年仅宠物食品的销售额就达到13亿美元。居民家有犬舍，户外有宠物乐园及宠物旅馆、食品店、美容院、培训学校，各州设有宠物俱乐部及保护委员会，甚至有法庭来维护宠物权利。

截至2010年，法国有55%的家庭养宠物，法国人饲养的猫类宠物共约780万只，犬类宠物 1 070 万只，仅巴黎就有 50 万只，成为欧洲的"宠物王国"。法国宠物商业年营业额高达 50 亿法郎。不仅如此，法国还有宠物婚姻介绍所、心理咨询所以及世界上最大的犬墓地。

或许这样的数字让我们感到惊讶，但这恰恰就是当下宠物消费热的有力证明。

在我国，2015 年全国在册宠物数量已达 1 亿只，这表示每 13 个中国人中就有 1 个人养宠物，目前北京、上海、广州、重庆和武汉是全国公认的五大"宠物城市"。一家调查机构公布的《2014—2019 中国宠物市场调查研究预测报告》数据显示，广东省宠物数量占全国的 10.62%，江苏省紧随其后，宠物数量占 10.40%，浙江、上海、北京、山东的宠物数量也不少，占比分别为 9.59%、9.08%、7.66%、5.22%。在宠物消费方面，我国养宠物的家庭每年在宠物方面花费 1 000～3 000 元的最多，占 32%，其次是花费 5 000～10 000 元的家庭，占 29%，花费 3 000～5 000 元的家庭占 19%，花费 10 000 元以上的家庭占 11%，而花费 1 000 元以下的家庭最少，占 9%。我国宠物消费正逐渐向二三线城市发展，宠物消费已进入千家万户。宠物消费的节节升温，自然也加大了宠物市场的需求，一些热门行业脱颖而出，进一步刺激了宠物产业的发展。

二、我国宠物产业发展现状

近年来，我国的宠物市场不断发展壮大，数量大大增加。目前，我国仅宠物犬的数量已达到 1 亿只，且猫的数量也非常之大，我国的宠物消费市场规模在 2015 年达到 400 亿元，尽管如此，我国的宠物数量远远没有饱和。美国有宠物 4 亿只，其整体零售业的增长速度是 3%，而宠物消费零售市场的增长速度则高达 6%。宠物消费其实是一个被很多商人低估和忽略的市场。

（一）宠物养殖交易行业发展

随着城市对于宠物需求量的增加，宠物养殖业的发展将十分迅速。但从目前情况来看，具有一定规模的专业养殖场数量并不多，养殖的种类比较单一，大多数宠物市场和宠物专卖店主要依靠个人饲养为主。近年来，随着人们对宠物数量和质量的要求越来越高，针对市场需求，出现了大量的专门培育某品种的宠物养殖场或养殖基地，如藏獒养殖基地、德国牧羊犬养殖场等，培养出许多品质优良的宠物，这对稳定宠物市场起到积极作用。

南方和北方的宠物交易业起步几乎是同时的，发展至今都已有 20 多年的历史，犬业作为新兴产业已见雏形，发展迅速，已形成了宠物的生产繁殖、物流两大体系。北方宠物市场的繁盛带在东北部地区，以京津地区和东北三省最为突出，东北地区尤以鞍山、沈阳、大连、哈尔滨四地为最繁盛。北方其他地区零星分布着一些宠物交易市场，也在逐步形成规模和体系。与此同时，为了促进宠物的交流与推广，北方规模较大的宠物交易市场，如北京、天津、鞍山、沈阳、大连、哈尔滨等地每年都会陆续举办全国性大型犬展活动，受到国内外的关注和好评，为推动我国北方犬业的发展做出了积极的贡献。南方宠物市场的繁盛地主要是成都、广东两地，成都是全国最大的货源地和繁殖基地之一，已经成为较为成熟的宠物批发地。此外，上海的宠物市场也是全国宠物集散地和批发地之一。到目前为止，全国各省份基本上建立了自己的宠物行业协会或组织。由于存在地理环境差异、政府养犬政策不同等因素，南北方不同区域宠物市场发展水平不一，趋向各异。

1. 京津宠物交易市场　北京宠物市场初具规模，由最初零散的犬市交易发展成现今的大规模宠物交易市场，其形成也就 10 余年的时间，主要集中在北京周边的通州、顺义、大兴等地区。宠物经营者不仅是北京周边地区居民，还有许多外来户，他们主要是看中了北京这个极具潜力的大市场。北京宠物市场的发展较为迅速，现已是集生产繁育、物流于一体的大型宠物集散地，犬场数量众多，犬种丰富，仅通州区就有犬场上百家。规模较大的宠物交易市场有国都宠物公园和通州梨园的犬市。其中通州的犬市周六、周日是交易日，犬种上百，大中小型犬都有，以中小型犬为主，多以批发的形式外销，价格相对便宜。

天津市正式的宠物交易市场形成于 1991 年左右，在人民公园附近，大约兴盛了四五年的时间，1995 年左右由于经营、管理和其他方面的因素渐趋冷淡，宠物交易市场随之逐渐转向红桥区大丰桥处，但交易量不是很高。1999 年左右，经公安局和畜牧局批准在北辰区郎园成立了一个宠物交易市场，规模不大，后废弃。2010 年左右在外环线机场物流区成立了一家集宠物交易和养殖于一体的宠物市场。天津规模最大、最为兴盛的宠物交易市场在最热闹的河东区登发装饰城的东兴花鸟鱼虫市场。

2. 东北宠物交易市场　东北地区是全国养犬最早的地区，从 1983 年左右开始便饲养北京犬，当时的北京犬的质量是全国最好的。这种以北京犬为主要品种的状况一直持续了十几年。至 1995 年，博美犬、吉娃娃犬、腊肠犬等小型犬逐渐盛行。从 1998 年，大型犬如德国牧羊犬、大丹犬等开始在东北宠物市场上火爆起来。东北在全国宠物交易中占有重要地位，畅销品种为大型犬和小型犬。

对国内外行情和养犬政策的不了解，致使从德国、俄罗斯大量引进的大丹等大型犬价格急剧降价，影响了北方犬业的正常发展。同时，由于政策、人的因素、市场运作等方面的原因，目前大规模的集中饲养已经转为散户饲养。就目前的发展状况来看，东北宠物市场由鼎盛转为平缓发展态势。但东北宠物市场在全国仍是举足轻重，相信在未来的合理而规范化的运作下，会有一个更加广阔的前景。

3. 成都宠物交易市场　成都的宠物交易市场兴起于 20 世纪 80 年代，当时仅有少数人涉足这个行业。发展至今，成都宠物市场无论是在规模上、品种上，还是数量上，在全国的排名都是比较靠前的。仅每天从成都双流国际机场运出的宠物犬就至少有 300 只。目前成都以经营宠物犬为职业的人数已逾万人，大大超过了北京、广州、深圳等地。从成都宠物市场输送出去的犬基本上垄断了成都附近地区甚至拉萨、兰州、乌鲁木齐、深圳等地的宠物市场。目前乌鲁木齐、北京、广州等地都有成都商人专门供货，每家犬舍每周至少要发 60 只宠物犬前往。究其原因主要是四川的气候非常适宜犬的生长繁育，四川的宠物犬不仅数量较多，而且品质都比较好。成都宠物市场已经成为全国宠物市场最大的货源地和繁殖地之一。

4. 广东宠物交易市场　近年来，广东的宠物业得到突飞猛进的发展，但广东宠物市场的整体大气候还不是很好，发展远远落后于北京、上海两地。广东的宠物集散地以我国名犬沙皮犬的故乡——南海区大沥镇为代表，从早期的自发性集市交易已发展成目前的有组织、有规模的规范市场经营，实现了生产繁殖、自产自销和购销相结合的经营模式。进行多渠道、多地区、多品种的进货，与香港、台湾地区和东南亚的流行趋势较为接近。

5. 上海宠物交易市场　上海人对宠物的追求比较时尚化和美观化，因此上海宠物市场以秀气可爱的小型犬和威武强健的大型犬为主，中型犬在市场中不畅销。上海市宠物市场兴起于 20 世纪 90 年代左右，发展至今已有 20 多年的历史。上海市最大的宠物交易市场是曹安花卉市场。

目前，我国宠物交易市场已遍及各个大中小城市，但具有代表性的还数上述城市的宠物市场。这些宠物市场的兴盛极大地促进了宠物经济的发展。

（二）宠物食品行业发展

同国外品牌巨头相比，国内宠物食品企业最大的差距就是品牌在宠物主人心目中还没有形成无形价值。目前，我国宠物食品行业发展的特征主要如下：

1. 国外品牌巨头占据半壁江山 美国玛氏公司是全球最大的食品企业之一，号称食品业的"宝洁"。美国玛氏公司于1995年在我国设立了宠物食品工厂，是最早在我国宠物大众零售渠道和现代零售渠道推广宠物食品的企业。通过多年努力，美国玛氏公司转变了很多我国宠物主人的消费观，套用现代管理学之父德鲁克的一句名言，就是"好的公司满足需求，伟大的公司创造市场。"与此同时，玛氏公司在我国建立了科学的信息分析研究系统，以帮助公司更详细地了解目标消费者的状况，其主打品牌宝路、伟嘉、艾伟思、西莎、怡威在当时占据着我国宠物食品市场的大部分份额。2002年，美国玛氏公司收购了欧洲宠物食品第一品牌法国皇家，帮助其迅速拓展了全球高端宠物食品市场，同时也奠定了美国玛氏公司在我国宠物食品市场的领先地位。自2004年起，宠物食品污染、渠道价格政策等一系列风波接踵而来，在一定程度上影响了消费者和中间商对美国玛氏公司品牌的信心，致使美国玛氏公司宠物食品业务进展有所放缓。此时，在我国市场独立运营的法国皇家、雀巢普瑞纳、宝洁的爱慕思优卡、高露洁的希尔斯等国外品牌迎来了发展的最佳机遇。

雀巢公司也是全球最大的食品企业之一，1985年收购美国三花公司后，雀巢开始了在全球的宠物食品业务。2001年，雀巢斥资103亿美元收购了普瑞纳宠物食品公司，一跃成为全球最大的宠物食品公司之一。2004年，趁着美国玛氏公司产品质疑声未消以及法国皇家的市场初见成效，雀巢开始在我国市场启动宠物食品的推广计划。从2004年起，雀巢就在各城市冠名赞助宠物赛事，取代了一直冠名赛事的宝路品牌，并积极参加各种宠物活动和网络活动，迅速使旗下冠能、康多乐、喜跃、妙多乐、珍致、泰迪几个品牌深入人心。

2010年，美国Natura公司旗下的露华系列、露华EVO系列、加州天然系列、健盈系列、卡玛系列的猫粮、犬粮以及罐头、饼干等纯天然产品，进入我国宠物高端消费市场。

还有几家跨国企业也正在积极探索着我国宠物食品市场，如美国嘉吉、日本优妮佳、美国宝洁等。

2. 国内企业奋起直追 近几年，我国宠物食品企业发展极为迅速，从研发、原料控制、生产再到产品控制，产品综合品质有了很大的提升。产品质量是企业发展的命脉，我国宠物食品企业在产品质量上已经拉近了与国外品牌的距离。同时，在产品包装方面，国内企业的包装也越来越时尚，越来越具备国际化风格。可以说，国内宠物食品企业生产的产品在材质、美观、人性化上并不亚于国外品牌。

然而同国外品牌巨头相比，国内宠物食品企业最大的差距就是商标或者品牌在宠物主人心目中还没有形成无形价值，而这种价值源于宠物主人对品牌的一种感觉，如何能精确地把握消费者的感觉将成为我国宠物食品企业面对的共同课题。

3. 开发新品的机遇与危机 如今的宠物食品消费市场上，宠物的主食、零食、营养保健品等新产品可谓层出不穷。由于这个行业准入门槛并不高，所以一部分规模小的企业可以用较少的投入来开发新品，也有一些规模较大的企业依靠新产品支撑每个年度的整体业绩。不管出于什么目的，宠物消费市场新品频出的现状对于每个企业来说都具有非同一般的意

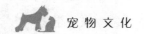

义，而对于宠物主人们，那可能是一种"眼花缭乱，不知道买哪个好"的别样感受。那么，宠物消费企业为什么会热衷于开发新产品呢？

首先，争取领先地位。企业通过在研发、创意上的投入来实现超越同行的目标。近年来在宠物食品行业中发展迅猛的上海诺瑞宠物用品有限公司推出了以"汉方"为概念诉求的优本系列中草药处方宠物粮，这是宠物行业中第一个引入"汉方"概念的品牌。"汉方"在我国多应用于医药、养生、化妆品领域，将其应用在宠物消费市场，优本系列还属于第一个品牌。所以说在这点上，上海诺瑞宠物用品有限公司已经超越了同行中以玛氏、雀巢为代表的其他企业。

其次，提升销售业绩。企业在经历了一个发展阶段后，会感觉原有品牌已趋于成熟，业绩停滞不前，这时企业就想到用开发新产品来提升业绩的方法。例如，甲企业最开始可能是做犬粮的，当犬粮做到一定的规模后感到难以增长时，又决定开发猫粮新品，当猫粮业绩停滞不前时，甲企业又会去做宠物零食。最后的结果是，甲企业做了很多年后发现，自己没有哪个产品能在行业中出类拔萃，随着市场竞争的加剧，稍微有一点危机就难以抵挡。

最后，维持企业生存。多数国内宠物消费企业规模较小，研发、生产、营销等环节都不到位，导致产品品质始终上不去，但企业还得继续经营下去，所以新产品开发必须持续。在宠物食品市场上，人们也时常遇到这样的产品，一个包装新颖的宠物粮销售一段时间就不见了踪影，可过几天又会出现一个新牌子。当宠物主人购买了这样的产品给宠物吃了一段时间后，会发现一些异样，下次再去购买时就看不到这个牌子的产品了，随之而来的是另一个或者几个新品。由此人们可以看出，新品的频繁更新也是维持企业生存的一个方法，但最终的结果是，企业做了很多年并一直很努力，却始终在原地踏步或是陷入困境。

开发新品对企业来说既是机遇也是危机。一个企业从最初创立一个品牌至今，可能经历了少则几年，多则几十年、上百年的品牌价值积淀。对于宠物消费企业，如何将品牌印入消费者的心中是一个复杂的课题，不是一朝一夕可以完成的。如果单纯为了短期业绩盲目开发新品，将有限的资源运用在推广的新品上，随之而来的结果很可能是老产品没特色、新产品没新意。

（三）宠物美容行业发展

在我国经济发展中，宠物美容业是起步最早、开拓发展最快、收效最明显、市场化程度最高的行业之一。从1978年到2015年，我国宠物美容业伴随着我国社会经济进步与发展的历程走过了具有历史性、跨越性和巨变性的几十年，在行业规模、企业水平、社会地位影响和经济拉动作用等方面都发生了深刻的变化。作为我国经济重要组成部分的宠物美容业，目前正呈现出以下特征：

1. 行业规模大，市场前景好　我国宠物美容业营业额逐年递增，占社会消费品零售总额的11%。目前，我国宠物美容消费额正以每年15%以上的速度递增，发展潜力巨大。

2. 以大众消费为主，市场格局贴近大众生活　近年，在大众化经营的潮流下，一些宠物店、宠物医院、宠物摄影、宠物墓地、宠物生活馆等发展势头良好，其中宠物店已占到国内宠物美容业营业额的20%。

3. 现代经营方式和先进营销管理观念为传统宠物美容业带来强大生命力　目前，我国宠物美容业在发展过程中，也带动了不少连锁经营企业发展，并取得了很好的业绩。

4. 市场竞争激烈，要求宠物美容业将多样化和个性化结合起来　在国内，宠物美容企业经营较好的、经营持平的、不赚钱的情况都存在，可见竞争激烈。在这样的情况下，不少城市宠物美容业开始进行市场细分和定位，以适应家庭、假日、休闲、会展、旅游等多种消费需求。

（四）宠物医疗业发展

宠物医疗业作为宠物产业的重要支柱行业，经过多年的发展取得了一定成效，但目前我国宠物医疗业仍处于低水平运行状态。固定资产在 1 000 万～5 000 万元的大中型宠物医疗企业只有 10％左右，固定资产在 1 000 万元以下的小型动物医疗企业约占 90％，这些小型企业经济实力不强，技术水平低，资金分散，规模效益不高。宠物医疗是伴随宠物饲养而出现的，宠物医疗行业的专业性很强，它不仅需要专业知识和技术，而且还要有必要的医疗器械等硬件设施。目前，我国大中城市的宠物医院数量较多，但是证照齐全、医疗条件达标、设备先进的比较少，中低档次的宠物小诊所比较普遍，很多宠物医院在主营医疗业务的同时还兼营宠物食品、用品和宠物寄养、宠物美容等。

由于我国宠物饲养数量在快速增长，宠物医疗行业逐渐发展起来并且展现出了强势的广阔前景，这是一个朝阳行业，前景十分光明，虽然行业起步较晚，但发展较快。不过，宠物医疗业不仅专业技术性很强，服务范围也比较广，更重要的是服务对象（宠物）没有正确的语言表达能力，怎样才能让客户满意，这给医护人员提出了新课题。

宠物医疗业未来的发展趋势就是宠物医院连锁，首先就是要树立企业的品牌效益，这样就有益于建立统一经营和规范化的管理模式，不断完善企业的各种服务方式，最终建立规范化和品牌化的服务，提高企业的国际市场竞争力和影响力。

（五）宠物用品行业发展

我国是宠物用品主要出口国之一，目前生产的宠物用品主要出口美国和北欧，主打产品有：犬、猫用的项圈、牵绳、服装、玩具；犬磨牙的皮制物品；木制或金属鸟笼；鸟或小动物笼中的塑料装饰品；蜥蜴爬行用的树根或特种木材；鱼缸内用品，如贝壳、水草等。

我国宠物用品生产厂商特别多，效益好，主要因为消费者在选择宠物附属用品时并不看重品牌。在这方面，与动物食品的情况大不相同，大型跨国公司大张旗鼓的促销活动导致消费者很注重动物食品的品牌。只要市场开拓正确，就能在宠物附属用品市场上分一杯羹。随着宠物饲养数量的快速增长，品种不断引进，宠物的交易和与之相关的用品和消费也高速发展。宠物及宠物用品的流通和服务业的利润率在 200％以上，因此会不断吸引社会上大量闲散的中小资本进入这一新的领域。

（六）其他新兴行业发展

1. 宠物驯导 当前我国市场上的宠物数量正在逐年快速增长，但是大多数的宠物没有经过专业化训练。这不仅会给人们的生活带来不便，甚至还有可能会威胁到人们的生命健康，因此专业化的宠物训练就能在一定程度上解决这一问题。宠物驯导就是在宠物经济快速发展的趋势下出现的行业，已经成为带动宠物产业链的一个重要环节。在如今的社会中，宠物驯导更是一门综合化的学问，能够在很大程度上维护宠物爱好者的权利，并且促进整个宠物市场服务体系的不断完善。这就要求与宠物有关的各个产业相互协作好，最终促进宠物市场的快速发展和完善。

但目前，我国宠物驯导行业还不是很完善，主要的从业人员还没有受到连续、完善的训练，这在很大程度上造成宠物驯导行业的发展速度并不是很稳定。宠物驯导人员综合素质能够在一定程度上影响该行业的生产和流通，甚至对宠物文化的传播也有一定的影响。因此宠物行业的教育和培训工作应逐渐专业化、标准化，能够提升宠物行业从业人员综合素质，从而促进宠物驯导行业的不断发展和完善。

2. 宠物寄养行业　宠物寄养又称宠物代养，指宠物主人由于出差、旅游、探亲、访友、结婚、生子等原因没有充足的时间照顾宠物时，可以出资请别人代养自己的宠物。目前宠物寄养需求逐步增大，各式各样的宠物寄养存在于各个不同的角落。

（1）附带宠物寄养。附带宠物寄养是指宠物用品商店、宠物医院、宠物美容店等主营业务非宠物寄养的宠物服务机构附带宠物寄养服务。这种寄养大多都是在店内放上三五个笼子，将寄养宠物关在笼子内，笼内有水供宠物饮用，每天喂宠物口粮一次或两次，早上、晚上各一次带所寄养宠物外出上厕所，在外出时一般时间不长，宠物上完厕所马上就又要回到笼子内。优势：店面多，可选择余地大，距自己的住所近。劣势：非专业宠物护理员，宠物活动空间小、活动量小、外出活动时间短，不能保证充足的阳光。适合对象：宠物主人临时有急事者，寄养时间不超过 5 天的，对活动量要求比较小的宠物。

（2）个人家中寄养。个人家中寄养或代养通常是自己家中养有宠物，在节假日代朋友、熟人或邻里养几天，当然也有一些业余爱好者从事这方面的工作。优势：朋友、熟人、邻里之间比较熟悉。劣势：自己家的宠物永远都是最好的，非专业人员，经验不够丰富，对宠物临时出现的状况不能很好地判断。适合对象：非常了解的朋友之间。

（3）专业宠物寄养。

① 犬舍式寄养。专业从事寄养、训练等服务的企业，一般有良好的场地，宠物有独立间或两只宠物在一个房间，房间外有个小院，宠物可以在房间内或小院内自由活动。好一点的寄养中心会按时散放、定时洗澡等。优势：场地大、环境好、专业设备齐全、专业人员有一定配备（兽医、美容师）。劣势：由于宠物住犬舍、人住宿舍，因此饲养人员不能随时了解宠物状况，宠物在犬舍内会感到寂寞、恐惧等。适合对象：在室外豢养的宠物、经常会攻击同伴的宠物。

② 模拟家庭式寄养。宠物的生活完全模拟家庭的方式，同样是专业从事寄养、训练等服务的企业，有良好的宠物活动场地。有专业的宠物护理员，护理员一般都具备一定的美容和医疗知识。护理员有自己单独的房间，房间内有简单的家具及生活用品，宠物和护理员住在一起，完全模拟家庭的方式，每天会给宠物梳理，带宠物玩耍，可随时掌握宠物的生活及精神状态。每个护理员照顾宠物的数量会根据护理员的自身的能力而定，一般的专业护理员可护理 5 只左右。优势：24 小时专人陪护，模拟家庭的生活宠物不会寂寞，主人随时可了解宠物的状况。劣势：收费过高。适合对象：所有品种的家庭宠物。

3. 宠物婚介行业　从各种专业宠物网站到普通的网站论坛、从市民们街头巷尾的议论到媒体的公开报道，"宠物红娘"一时间成了风行全国的新职业，成了众人关注的热门职业。宠物婚介已经成了宠物行业一个新的利润增长点。目前，在一些比较发达的城市，宠物婚介已经开始发展起来，而北京、上海等地已经有了较完善的宠物婚介服务。但由于市场没有统一的标准，所以收费也是有一定的争议，影响了宠物婚介行业的健康发展。

4. 宠物殡葬业　宠物殡葬是指以殡葬文化为基础，紧密围绕着殡葬基本业务，以宠物为殡葬的服务对象，通过开展火化、葬礼等业务并借鉴现有殡仪馆成熟的运行机制，开展宠物殡葬的一条龙服务，以满足社会发展的需求。

目前，宠物殡葬市场在我国大中城市逐渐扩大、发展起来，宠物殡葬业可以为死去的宠物提供诸如火化、棺木、宠物墓地和慰问卡等服务。宠物殡葬将可能成为我国殡葬业领域的一个组成部分，虽然面临着诸多问题，但相信随着社会财富的积累、宠物主人的需求增大、宠物高龄化时代的到来，宠物殡葬一定会在经济发展的大潮里，以大城市为中心，逐步发展起来。宠物殡葬也将成为一个成熟的行业，其前景是相当可观的。

第三节　宠物饮食与保健产业

宠物食品是专门为宠物提供的，是介于人类食品与传统畜禽饲料之间的高档动物食品，其作用主要是为各种宠物提供最基础的生命保证，提供生长发育和健康所需的营养物质，具有营养全面、消化吸收率高、配方科学、质量标准、饲喂或使用方便以及可预防某些疾病等优点。宠物保健品是根据宠物的生理状况等制定的营养调理品，有利于宠物的健康发育和成长，同时也可作为辅助治疗用于患病宠物的恢复。目前宠物食品与保健品产业发展迅速，新产品层出不穷。

一、宠物食品与保健品产业的起源与发展

（一）起源

1860 年，有一位美国的电器销售经理 James Spratt，怀揣着大包小包的避雷针，不远万里来到英国，试图开辟出他的避雷针市场王国。就在这时，他看到自己在轮船上没有吃完的饼干被犬一一吃光，而且它们还很爱吃，从这样一个平凡的现象中，他突发灵感，于是迅速拿来面粉、蔬菜、肉加上水，将它们搅和在一起，就这样，世界上第一款专门为宠物犬设计的宠物食品隆重问世了。尽管当时的生产设备是简陋的，生产工艺是粗浅的，而且 James Spratt 还身在异乡，但这并没有阻挡他最终成为"宠物食品之父"。

历经 60 多年后，1922 年，在 James Spratt 的祖国——美国大批量工业化的宠物罐头食品疯狂上市，产品热销；到了 1957 年，世界上第一袋膨化犬粮问世了，从此经过膨化工艺制造出的宠物食品以营养全面均衡、饲喂方便、节约时间等绝对优势占据了宠物食品的主要地位；30 年后，1987 年美国仅在超级市场就销售犬粮 27 亿美元，销售量为 264 万吨；21世纪初，宠物食品在世界各地快速发展，2001 年，宠物为美国经济创造了 276 亿美元的消费。在其他国家，德国 GDP 的 17％来自宠物食品及相关行业，澳大利亚的宠物食品及相关行业从业人员超过 3 万，创造出 6％的 GDP。

（二）发展

从 20 世纪 90 年代开始，随着改革开放的深化，国民生活水平逐步提高，人们对精神生活有了更高层次的追求，宠物概念在我国悄然兴起，宠物食品及相关行业初具雏形。国外宠物食品企业瞄准了这块尚未开发的处女地，国际品牌企业陆续在我国建厂，通过不同的渠道进入人们的视线，就此引发了国内全新的宠物食品概念。尽管外国企业都怀揣着赚钱的心态，但客观上的确促进了宠物食品在我国的成长与发展。

进入 21 世纪，不断深化的国际化进程让我国摆脱了对宠物食品、宠物行业排斥与陌生的落后局面。在强大的经济增长促进下，国内宠物食品及相关行业市场也出现了空前的繁荣。国内的很多宠物食品企业虽然从设备到卫生标准都比较落后，但绝大多数是非常正规和

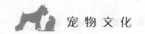

严格按照美国饲料管理协会（AAFCO）宠物食品的标准执行的，因此从产品配方设计到原料选择、加工工艺都丝毫不逊于某些国外品牌，逐渐被国内市场认可。

宠物营养保健品的销售量增长也很快，品牌主要以国外的完美、国内的发育宝和安贝等品牌为主。国内企业目前需要在保持企业运作费用的同时提升产品品质，巧做营销，打造品牌，加快发展速度，只有这样我国的宠物食品品牌才会有更好的未来。

二、宠物食品与保健品的特点和种类

宠物食品虽然是动物饲料，但它与传统的动物（猪、鸡、鸭、鱼）饲料是不同的。例如鸡饲料的真正消费者是鸡，但花钱购买饲料的是养殖户，因此养殖户是追求利润的，更注重质量和价格。宠物有所不同的是，它生活于城市家庭，猫粮、犬粮的真正消费者是猫、犬，但花钱购买宠物食品的是宠物主人，宠物主人不追求利润，宠物主人更注重质量、品牌，并不注重价格。因此宠物食品与保健品与传统的动物饲料不同，具有自己的特点。

（一）特点

1. 营养成分符合标准　宠物食品标准涵盖了水分、蛋白质、粗脂肪、粗灰分、粗纤维、无氮浸出物、矿物质、微量元素、氨基酸、维生素等几方面的内容，其中，粗灰分是非营养性内容，粗纤维有刺激胃肠蠕动的作用。宠物食品的营养设计制造必须由宠物营养学专业的宠物营养师指导，综合考虑宠物不同生长阶段、自身体质、不同的季节等各方面内容，根据营养需要，制定科学合理的宠物食品标准。在为宠物选购食品时，应该根据宠物自身的生理特点、生长阶段选择，并合理搭配与饲喂。目前，我国尚未颁布关于宠物食品的国家质量标准，宠物食品一般参照我国有关饲料标准和 AAFCO 宠物食品标准，个别指标参照人类食品标准。

2. 适口性强　适口性主要是指宠物对待食品的采食积极性和采食频率。对宠物犬而言，良好的适口性取决于构成犬粮的原料品质、原理配比结构、制造工艺、储存等因素。宠物食品与保健品适口性好，则有很多宠物喜欢它的味道、气味、采食率、质地、细度和颜色。

（二）种类

现在市场上的宠物食品大致可以分为以下几类：宠物主食（猫粮、犬粮）、宠物零食（罐头、鲜封包、肉条、肉干等）、宠物营养保健（钙、维生素、蛋白质等营养品）。按照水分含量划分一般可分为：干型、半干型、软湿型、湿型犬粮等，如袋装膨化商品犬粮、罐装宠物罐头、宠物浓缩液体粮等。按照宠物生理阶段划分可分为：离乳期宠物食品、幼犬期宠物食品、成年期宠物食品、妊娠期宠物食品、哺乳期宠物食品、老年期宠物食品等。按照宠物食品功能与用途可分为维持营养型宠物食品、生长发育营养型宠物食品、保健型和处方型宠物食品，这其中又可进行更为细致的划分，如亮毛美毛功效、活力壮骨功效、肠胃健康功效、泌尿健康功效、减肥型宠物食品等。

1. 干型膨化宠物食品　一般而言，人们在日常生活中经常见到和谈到的宠物食品，是指干型膨化宠物食品，也是销售量最大和销售面最广的产品。它是将诸多营养物质原料进行混合，然后经过膨化或者挤出成型，再经过烘干脱水、调味等工序制造出来的宠物专用食品，水分含量一般在12％以下。这类食品因其营养全面均衡、保质期时间长、饲喂携带方便、价格实惠而越来越多地被人们接受与追捧，同时还具有易于消化与吸收的特点，能量丰富。

2. 湿型宠物食品 对于这类宠物食品，人们在市面上经常看到的是犬粮罐头和一些纯肉类罐头，主要是由一些肉类、淀粉类、谷物类、果蔬类、微量元素等原料组成。这类食品因为比较新鲜，可以做到现吃现打开，所以适口性要大大优于干燥膨化宠物食品。但这类产品的缺点是原料成本较高，以至于成品食品的价格高，很难满足成年宠物较大的采食需求，而且这类食品要求随食随开，开盖后易于腐败。

3. 宠物营养保健品 近年来，宠物营养保健品在国内热销，市面上也出现了形形色色的产品，主要的宠物营养保健品有：补充维生素类的，比如多种维生素的复合粉末或是药片；以补充蛋白质、多种营养为主要功能的富含营养物质的产品，比如蓝莓精华素、营养膏；补充钙的产品，如钙粉、钙片等；护理宠物皮毛的产品，如针对护理犬皮毛的营养品；补充色素的产品，比如天然虾红素、海藻粉之类的给犬补充色素的；替代母乳的产品，如针对幼犬断乳以后喂养的幼犬羊奶粉、牛奶粉等。

三、宠物食品与保健品企业

近些年，我国宠物食品民族企业发展迅猛，大批的宠物食品生产营销公司犹如雨后竹笋涌现，成都好主人宠物食品有限公司就是其中的代表。成都好主人宠物食品有限公司是我国大型集团通威集团有限公司旗下专业从事宠物食品研发、生产和销售的企业。该公司成立于2000年，是国内最早的宠物食品企业之一，年生产量达3万吨。经过10多年来的努力开拓，该公司旗下好主人、凯倍、宠贝乐等系列产品已成为国内宠物食品知名品牌，并受到了国内外众多宠物协会、宠物营养机构和广大宠物爱好者的普遍好评，先后获得中国宠物食品市场质量合格、服务放心、信誉良好品牌的殊荣。2011年，"好主人"商标被国家工商行政管理总局评为我国驰名商标，成为我国宠物食品行业第一个获此殊荣的品牌。

四、我国宠物食品与保健品市场分析

随着我国经济的发展，近年来，我国城乡居民养的猫、犬数量剧增，作为宠物经济产业链的宠物食品行业也成了我国消费品中增长最快的行业之一。

（一）世界知名企业进驻我国

日益增长的我国宠物食品市场引起了国际巨头的竞争态势，纷纷加大对中国市场的投资和宣传力度。我国首家中挪合资企业——上海诺瑞宠物用品有限公司目前已将总部锁定在上海；法国皇家公司在我国的独资企业欧誉宠物食品公司也在上海设下分公司；雀巢集团开始在我国启动宠物食品市场，成立上海雀巢普瑞纳宠物食品有限公司，专门成立宠物食品团队，作为宠物食品的分装基地，分装从国外直接进口的宠物食品原材料并销售成品，全力介入宠物市场；而目前我国最大的宠物食品生产厂商玛氏食品（中国）有限公司从1935年开始生产宠物食品，1993年进入我国，是最早进入我国市场的宠物食品生产商，旗下品牌有宝路和伟嘉。

（二）市场竞争格局形成

从产品来源来看，目前我国市场上销售的宠物食品主要分为两种：一种是进口产品，这些产品主要以国家大区代理的形式进入我国市场，从我国总代理到地区代理层层分瓜利润，

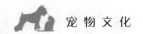
如凌采、卡比等国外知名品牌；另一种是自己生产并销售宠物食品，例如外商以技术或者资金的形式在我国进行投资，生产宠物食品供应我国市场。这种产品价格较进口产品便宜，如占据中国大部分市场的宝路和伟嘉品牌的宠物食品，就是中外合资企业爱芬宠物食品有限公司旗下生产的产品。

从生产的宠物食品种类来看，国际知名品牌的进口产品种类比较多而且还细分处方型宠物食品，既有湿性宠物食品和优质干性宠物食品，也有专门供赛级宠物以及特殊体质宠物食用的宠物食品。较大的中外合资宠物食品企业生产和销售的宠物食品种类也比较齐全，例如北京的爱芬食品公司，它不仅生产便宜的干性猫粮和犬粮，而且还进口湿性宠物食品和优质干性宠物食品，但较少有处方型的宠物食品。而国内其他宠物食品企业特别是本土的宠物食品生产企业，只生产几种产品，即猫粮和犬粮，且所有产品都是干性。这些企业趋向于采取经济型产品来竞争并占领市场，市场上销售的很多宠物食品都是干性，且都采用纸质多层复合包装袋。

从营销渠道来看，在中国市场销售的宠物食品中，销售渠道主要有两个：其一为专业性市场，多数有独立的销售渠道，包括宠物商店、宠物美容店和宠物医院，如皇家、普瑞纳、爱慕斯、希尔斯等国际知名品牌在进入中国市场时，主要就是通过代理商的形式往下放，让人们在专卖店或宠物用品店选购。通过上述渠道所销售的宠物食品的数量相对来说不太大，但其利润很大，不需支付"门槛费"。其二为超市，主要为连锁超市，量大，但利润很小，要求供应商支付较高的"门槛费"以弥补其利润的不足。中国60%～70%的宠物食品是通过超市销售的，像最早进入我国市场现在已经是广为人知的宝路、伟嘉就走的是超市路线，甚至在一些菜市场也销售，让人们在为自己购物时也顺便给宠物消费。这两种路线针对的消费人群不同，各有利弊。超市路线打的是大众牌，受者众多但是不符合高消费能力人群的需求；而专卖路线针对的是消费能力较高的人群，在现阶段还不属于大众消费。

（三）本土龙头企业匮乏

现在有许多中国本土的生产厂家也开始研发生产宠物食品，但是这些本土的宠物食品企业刚刚起步，在融资、品牌和产品质量等方面还存在不足。其主要原因有：一是从业人员的素质低下导致生产、流通和服务水平的低下；二是传统的经营模式和服务方式存在很多弊端，加之管理落后，使投资者风险加大；三是宠物食品行业没有标准和规范，无法形成行业大市场的自然经济的状态，导致了大资本和大企业无法涉足该行业，从而也就没有能够带动宠物食品行业发展的龙头企业形成。因此，调整、规范宠物食品行业链的各个环节的管理，是构成大资本和国际同业资本进入我国市场，形成带动行业强劲发展的根本性工作。只有大企业和大资本的进入，才能在产品及产品的生产流通和服务上进行有规模的创新和研究发展的投入，才能使我国的宠物食品产业达到国际水平和具有国际竞争力。

第四节 宠物诊疗与药械产业

宠物饲养行业的繁荣逐渐催生了宠物配套服务的发展，特别是宠物诊疗业。宠物医疗业主要包括上游产业和下游产业两个部分：上游产业包括宠物保健品药品生产营销和宠物医疗器械生产营销；下游产业为服务业，包括宠物医院或诊所。

一、宠物医疗产业发展历程

1. 萌芽期 20 世纪 80 年代中后期，随着改革开放和人民生活的富裕，养宠物的人越来越多，宠物疾病也成为饲养宠物的一大难题。针对市场需求，全国各地的畜牧兽医院校和科研机构及兽医主管部门，都开设了小动物疾病门诊，这时也没人系统研究小动物医疗方面的知识，全部是沿用大动物或家畜的医疗经验。虽然医疗设备落后，医疗环境较差，医疗技术不精，但基本形成了宠物医疗业的雏形。

2. 发展期 进入 21 世纪，饲养宠物的人数增加，有了这种市场基础，再加上政府政策开放，出国相对容易，人们出去学习的机会多了，看到发达国家在宠物医疗上的发展状况，这让人们对我国的宠物医疗行业未来的发展有了一个清楚的认识，这样就使我国的宠物医疗行业慢慢向国际看齐，与国际接轨。开始出现宠物药品生产，但专门生产宠物药品的厂家不多，仅有广西、吉林、湖南和四川的少数厂家，而且这些厂家都不是专门的宠物药品的公司，而是在生产兽药产品的同时兼营宠物药品。

3. 成熟期 2010 年以来，国家实行了全国执业兽医师资格考核制度，进一步规范了宠物医疗从业人员的素质。行政主管部门也相继制定宠物医疗规范经营管理制度和法规。各宠物医疗机构也进一步加大硬件和软件的投资，极大地提高了宠物医疗水平。

同时，全国各地出现了宠物医疗行业协会，如北京、上海、成都、江苏，这些协会不管是以什么样的形式组织的，都充分发挥了其协调组织能力，分批定期组织宠物医疗从业人员的培训和继续教育，提高从业人员的专业素质，在推动行业发展的过程中起着重要作用。

随着宠物医疗产业快速发展，一些农业类院校相继开设了宠物医学相关专业，为宠物医疗业输送大量优秀人才。例如，江苏农牧科技职业学院从 2001 年起在全国首开宠物护理与美容专业以来，迄今已开设宠物类专业 6 个，每年招收 800 多名新生，在校生达 2 000 人的规模，拥有 2 个五星级宠物医院，为学生提供实习场所，为苏浙沪地区宠物医院培养了60％以上的专业技术人才，形成了全国最大的宠物科技学院。

目前，全国各地出现了形形色色的宠物医院或诊所，呈现出百花齐放的现状。宠物医疗行业也逐渐意识到品牌效应，积极研究探索经营管理机制，建立连锁宠物医院，发挥了技术领先、节省资金、节约资源的优势，保证了行业的又好又快发展。

另外，我国宠物药业也发展迅速，涌现出大量优质企业；宠物医疗器械也呈现专业化发展，比如宠物眼科器械、骨科器械等。

二、宠物医疗产业的人才需求分析

宠物医生的水平在一定程度上决定着宠物医疗水平，而目前我国的宠物医疗行业无论是人才的数量、经验还是从业人员的技术水平方面都存在着较大的问题。目前国内的宠物医生主要来源于农业类院校的兽医专业，而这样的人员不仅数量本身就少，再加上这个专业的很多毕业生毕业后转行去做别的工作，使原本就有限的专业人员数量更少。不少城市的院校没有兽医或相关专业，缺乏宠物医生资源，也直接导致宠物医生人才缺少。一些城市的宠物医院可能只有几名或一名专业的宠物医生，其他的从业人员都非专业，因此宠物医疗行业从业人员整体素质不高。

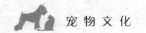

为此，不少院校根据宠物医疗市场需求，在原有畜牧兽医基础之上，开办了宠物医学专业。

三、宠物诊疗行业协会

行业协会是指介于政府与企业之间，商品生产者与经营者之间，并为其服务、咨询、沟通、监督、公正、自律、协调的社会中介组织。可对行业内各个企业的权利和利益进行协调、平衡，通过谈判、协商、妥协等方式达成的一种共识，由协会成员共同遵守。目前，宠物诊疗行业协会的组织结构日趋完善，形成的国家级、省级或地区级及市级协会，并充分发挥了指导作用。

（一）中国兽医协会

中国兽医协会是按照国务院 2005 年 15 号文件的要求，由中国动物疫病预防控制中心、中国农业大学、中国兽医药品监察所、中国动物卫生与流行病学中心 4 家单位为发起人，经过几年的筹备，于 2009 年 10 月 28 日正式成立的全国性、行业性、非营利性的社会组织。主管单位为农业部，登记管理机关是民政部。协会下设分支机构和办事机构。分支机构包括专家工作委员会、职业道德与维权工作委员会、教育科技工作委员会 3 个工作委员会和宠物诊疗分会、动物诊疗分会、动物防疫分会、驯养及实验动物分会、中兽医分会、动物卫生服务与福利分会 6 个分会。

宠物诊疗分会由从事宠物疾病诊断、治疗、预防、检疫、繁殖、美容、营养的兽医从业人员组成，主要职责有：①组织宠物诊疗的兽医从业人员进行学术交流。②对宠物诊疗的兽医从业人员进行继续教育和相关技能培训。③制订宠物诊疗行业相关标准和宠物诊疗人员的工作规范。④调查研究宠物诊疗行业的发展现状，规划宠物诊疗行业的发展。⑤开展对宠物诊疗机构的认证工作。

（二）省级或地区级宠物诊疗协会

1. 东西部小动物临床兽医师大会　东西部小动物临床兽医师大会是非营利的公益性大会，是小动物临床综合性的大会，由江苏省、浙江省、四川省、上海市、青岛市三省两市联合发起，上海、浙江、江苏、四川、辽宁、河南、湖南、青岛、济南、江西、云南、重庆、合肥、广西、深圳、广州、福州、厦门、宁波、郑州、西安、大连等小动物兽医师学（协）会共同参与。主要宗旨和目标是搭建小动物临床兽医师科技交流平台，促进小动物临床兽医师继续教育的发展，推动我国小动物临床兽医技术与国际接轨，提升我国小动物兽医师的整体水平。每年组织召开一次全体成员大会。

2. 江苏省宠物诊疗行业协会　江苏省宠物诊疗行业协会的前身是"江苏省小动物兽医师联谊会"，于 2006 年 5 月成立，主要举办各种宠物疾病讲座与宠物诊疗专题培训班，选派宠物医生代表赴国内外交流学习，编印《宠物医师》（内部刊物），免费赠予省内各宠物医院参阅学习，其号召力、凝聚力日益增强。在此基础上，2010 年 9 月 8 日，江苏省宠物诊疗行业协会在南京正式成立。协会业务主管部门是江苏省农业委员会，行政主管部门是江苏省民政厅。

3. 北京市小动物诊疗行业协会　北京市小动物诊疗行业协会（BJSAVA）成立于 2008 年，其性质为社会团体，主管单位为北京市农业局。协会在北京市畜牧兽医总站的支持下开展了许多工作，如医德教育、职业培训、学术交流等方面。协会为此组建了考核鉴定工作委员会，协助主管部门做好协会内部的人员鉴定考核等技术方面工作。协会还同时组织了多次国内外的学术交流活动。协会在动物医院管理方面，以及医师技术水平交流、政策法规宣传、行业自律方面也开展了很多工作，促进了北京市动物医院的协调健康发展。

4. 山西省宠物诊疗行业协会　2018 年 7 月，山西省宠物诊疗行业协会第一次会员大会暨成立大会在太原召开。大会通过了协会章程、财务管理办法和会费收取使用办法，选举产生了协会理事会、名誉会长、会长和副会长等职务。这标志着山西省宠物诊疗业发展进入全面发展时期。

第五节　宠物美容产业

一、我国宠物美容产业的运行环境

1. 宏观经济　改革开放 40 多年来，我国的 GDP 以平均 8% 以上的速度在增长，城镇居民人均可支配收入也由改革开放初期的 343 元增加至 2015 年的 12 000 多元，增长了近 35 倍，我国经济取得了举世瞩目的成就。在我国经济高速发展的同时，我国居民的物质及文化生活在我国经济的增长过程中得到了极大丰富，普通民众的日常生活不再以追求温饱为主要目标，对于情感及精神生活的追求被放到了前所未有的高度，饲养宠物成为民众日益紧张的生活之余首选的情感寄托及精神放松的方式。与此同时，我国的宠物行业开始起步，且业界空间及规模也在逐渐扩大。

国内宏观经济形式的平稳发展为我国宠物行业发展奠定了基本的发展基调，特别在 2010 年政府"保增长、扩内需、调结构"的基本方针指导下，政府对消费增长的促进力度大大增加，且保持消费活力也是接下来政府将要大力开展的工作。而宠物行业能够大量促进消费、保持消费活力、增加就业，尤其是解决低收入人群的就业，对社会经济做出巨大贡献。

2. 国家政策　宠物美容行业兴起已有近 20 年，随着市场对宠物美容需求不断增加，从事宠物美容的人员也不断增多，但从业人员水平参差不齐，无国家职业资格认证标准，导致宠物美容行业的"不规范、不正规、不平衡"。为此，农业部畜牧行业职业技能鉴定指导站起草了行业标准《宠物美容师》（NY/T 2143—2012），对宠物美容行业起到规范和监督作用。

3. 社会环境　宠物美容行业是经济的副产品，经济越发达，接受的程度越高。同时，这个行业还有它的特殊性，类似儿童玩具行业，对它的消费不是建立在收入水平的基础上，而是喜爱，很多人已经把宠物当作家庭的一分子，因此能够为此投入更多。

二、宠物美容市场

1. 发展现状　国外宠物美容行业发展早，应运而生的宠物美容师的发展也早于国内。国外宠物美容师行业已形成规模，并有完善的美容师级别、美容师培训、美容师管理等制度。美容已经作为国外宠物行业一个必不可缺的服务项目，美容师更是在行业内建立了横向、纵向的联系。

但目前我国从事宠物行业的宠物美容师较少。其中有 60% 左右的宠物美容师没有经过严格的培训并且未取得职业资格证书；有 15%～20% 的宠物美容师经过了严格的培训并取

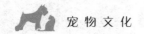

得了职业资格证书；有 10％左右的宠物美容师经过了一般的培训并取得了地方或学校发放的结业证书。对于我国宠物行业来说，宠物美容才刚刚起步，还需要大力发展及行业的规范。

2. 未来前景　随着经济的发展，人们饲养宠物越来越多，宠物美容概念逐步被人们所接受，我国宠物美容市场的需求量是非常巨大的。

宠物美容师的专业培训需求量也很大。随着国内宠物饲养法规的逐步完善，宠物美容也将出台相应的法律、法规，今后宠物美容师必须持证上岗，宠物美容师要认证及资格鉴定，因此宠物美容师的培养以及再培训将是宠物美容行业发展的必然趋势。加之目前国内外宠物美容师所获得的资格证书来自不同渠道和许多机构，资格证书和级别也没有一个统一标准和权威机构认证，今后获得的美容师资格证书、美容师级别资格鉴定等程序需要由国家设立专门的宠物美容师认证、资格鉴定部门来管理，所以宠物美容师培训的需求量将很大。

宠物美容已经成为宠物行业内的支柱性服务行业。目前对于饲养宠物的人来说，为宠物做美容已不再陌生，养宠者不但开始尝试为宠物美容，更是在这一过程中了解并意识到了它的重要性。一名合格的初级宠物美容师在上岗前需要培训，培训内容包括宠物行为学、宠物心理学、宠物骨骼构架、宠物形体、犬的流行造型修剪、科学养护、宠物商品学、店铺经营学、国际宠物行业动态等。而一名高级的宠物美容师更是要经过实践及赛级宠物美容课程的培训，并熟知国内外宠物赛事才能成为合格的宠物美容行业职业人。宠物美容师不但要为宠物设计漂亮的造型，为养宠者教授宠物饲养经验，更要为赛场上的犬完成展示而修剪出出色的造型。

第六节　宠物用品产业

虽然我国宠物用品产业起步较晚，但随着经济的发展和人们物质生活水平的提高，宠物用品行业呈现出良好的发展势头，前景良好。

（一）政策环境

随着部分中心城市推出限养等政策，部分城市的宠物用品市场一度受到影响，行业发展陷入低谷，但随着我国经济的发展，人民生活水平的持续提高，家庭规模的缩小，饲养宠物已经成为越来越多都市人生活的一部分，同时与宠物相关的行业组成的宠物经济不但创造了社会财富，还提供了大量的就业机会，为政府 GDP 增长做出贡献，所以限养政策并不会给宠物用品行业发展带来过大的波动。

另外，宠物用品市场自身没有统一的行业标准。我国宠物用品行业起步比较晚，较早进入宠物用品行业的企业也是以出口加工为主，各企业按照顾客提供的要求组织生产。经过十几年的发展，虽然国内宠物用品市场发展迅速，但对应的行业协会发展相对滞后，宠物食品仍然作为饲料在进行管理。由于缺乏统一的规范，很多厂家的产品在品质上差异较大。由于标准不统一，还会出现因宠物用品质量问题造成对宠物的危害，而且会对人类健康造成威胁，甚至还会出现宠物用品生产、销售与使用者之间的纠纷。这类问题随着宠物用品使用比例的提高将不断增加，势必会影响到宠物用品行业的健康发展。

在宠物用品国际市场上，相关国家关于宠物用品都有专门的标准和部门进行监督管理。

如美国所有的宠物食品加工厂都必须接受检验，美国食品药品监督局的低酸度罐头制品规范标准被运用到宠物食品工业当中，其严格程度与人类食品监督一样，美国宠物食品在食品的安全性、营养的精确性和食品标签上信息的准确性方面被予以规范和严格的管理。美国宠物食品中的所有成分都要通过美国食品和药品监督局（FDA）、美国农业部（USDA）及美国饲料管理协会（AAFCO）等行业组织的严格认证，以保证其安全性和为消费者"提供宠物全面均衡的营养"的承诺，这种多重机构的规章制度的制定和行业协会所肩负的监督管理，为宠物食品的安全和营养提供了保证。

与国外宠物用品行业相比，我国宠物用品行业还有很长的路要走。我国需要规范宠物用品行业标准，缩短与发达国家的差距，避免我国宠物用品达不到国外标准而被排斥在国际宠物用品市场之外。

（二）经济环境

随着我国经济的增长，宠物行业得到了迅猛的发展，而作为宠物行业的附属产业——宠物食品工业也在国民经济中发挥了越来越重要的作用。全球销售的猫、犬宠物食品从 2008 年的 530 亿美元增加到 2018 年的 911 亿美元。

从亚洲地区的经济强国日本来看，宠物行业并没有因为其 10 年经济泡沫的影响而出现停滞，相反的是宠物经济一直保持着平稳的发展，正是由于宠物饲养量的上升，带动了日本宠物相关产业的发展，宠物经济在其国民经济中发挥了不容忽视的作用。

相比于美国及其他发达国家，目前我国人均宠物份额还很小，但是随着我国经济的不断增长，宠物产业链的不断扩展和完善，宠物行业在国民经济中发挥的作用将越来越大。

（三）社会环境

首先，我国实行的计划生育政策和人口老龄化使得人们的生活习惯发生了变化，家庭人数的减少大大提升了宠物的需求量。孩子们把宠物当作自己的伙伴，当他们长大成家后，宠物就成为其父母的精神寄托。部分人士甚至提出了"一个宠物半个儿"的说法，足见宠物对于现阶段中国人的重要程度。

其次，人们的思想观念发生了变化，宠物越来越被人们看作自己的伴侣，特别是城市居民，他们的可支配收入较高，愿意花较多的钱在宠物身上。许多人依赖宠物来排除孤独和放松自己。

最后，宠物活体价格的平民化加快了宠物进入家庭的进程。价值上万元的宠物目前的价格已经回落到近千元乃至几百元，而这种活体价格的回归恰恰是养宠家庭数量激增的导火索。随着城市化进程和生活节奏的加快，人们的生活由温饱型向小康转变，上海、北京等大型城市部分居民越来越追求享受型的生活方式、情感的孤独和寻求精神寄托以及亲近自然的本色，我国宠物食品产业必将因此而面临空前的商机和发展空间。由于人们对宠物喜爱程度的不断延伸，宠物消费和宠物服务已经成为一个新的经济增长点。

基于以上事实，可以预测我国的宠物数量还将继续保持高增长，因而为宠物行业的发展创造了新商机。

（四）发展趋势

1. 宠物用品消费异军突起 如今的宠物用品市场已经进入了新的时代，新的消费族群"80 后"已经成为宠物用品消费生力军。他们有思想，有个性，有品位，有经济基础，有旺盛的消费力，宠物用品企业的产品开发前景前途光明。

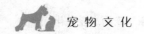
2. 行业竞争更加白热化　宠物用品行业早已处于市场占有率分配不均的态势下，二、三线城市市场也就成为竞争的主战场。国际大品牌迅速扩大市场份额，进而导致了大品牌对国内一、二线城市市场的垄断现状。国内一、二线城市已经成为大品牌的走秀场，弱小的国内品牌进入难度极大增高。随着一、二级市场的竞争越加惨烈，相对更有发展潜力的二、三级市场将成为宠物用品企业争夺的主要领地。

3. 市场博弈硝烟弥漫　品牌声誉已经成为消费者购买产品的主要理由，宠物用品行业也不例外。随着品牌的增多，消费群体的细分更加明确，不论是在哪个市场中，奢侈品与高价位产品的销售数量都是暴涨，预示了我国消费者高消费时代的到来。时下的消费者越来越不计较宠物用品价格的变化，在他们眼里，几十元甚至是几百元的价格都可以忽略不计，他们购买宠物用品的主要关注点转为宠物用品品牌、服务等附加值的变化。因此，单纯地贩卖宠物用品本身的成分、功效或所谓的概念都不能够满足消费者的需求，宠物用品品牌是在不断地与市场和消费者进行博弈。

4. 行业急需产业升级　近年来，受金融危机、原材料及用工成本、人民币升值压力的影响，在多方合力的因素下宠物用品企业面临生死抉择。成本增加、利润下滑已经成为不争的事实。如何更好地开发国内市场，如何与市场需求相接轨，如何让产品更广泛地被消费者所认可，如何让宠物用品能够为企业方带来更多的利润，如何在促进国内消费者刚性需求的同时挖掘潜在消费群体，都已经成为宠物用品企业急需解决的难题。宠物用品企业如不升级，将有 60% 以上的企业走向灭亡。其中，中低档品牌成为行业洗牌的首选目标，企业为了回笼资金，各大品牌之间的价格战导致宠物用品利润再度下降，而在洗牌过程中受伤害最深的正是那些中低档品牌。

5. 网络市场成为新的增长点　网络不单纯产生信息的快速交流，更能激发财富的暴涨。但众多宠物用品厂家的网络销售依然停留在仅仅做个网站进行企业宣传的层面，甚至在某些宠物用品企业里，电脑依然是摆设而已，归根到底是因为目前还有很多宠物用品企业、宠物用品品牌不相信在网络上进行销售活动以及推广能够带来巨大的销售额增长。但根据目前宠物用品行业的整体销售趋势来看，网络市场必将成为宠物用品行业的另一战场。

6. 连锁发展将成趋势　宠物用品行业中的连锁专营店这一渠道结盟形式在我国宠物市场上占据着越来越重要的地位。以酷迪、派多格、百万宝贝等为代表的实体连锁店在市场上发展得红红火火，国内各个具备一定资金实力经销商自营的中、小规模连锁店也经营得风生水起，还有一批跃跃欲试、希望通过加盟形成连锁的单店。在外资品牌大量涌入我国的格局下，在网络信息化的影响下，在成本日益增高的态势下，结盟是宠物用品单店发展壮大的有效途径。

第七节　宠物产业发展困境与宠物行业发展前景

一、宠物产业发展困境

任何一个产业都是从零星的个体开始发展，逐步壮大成为一个贯通上下游的产业链。宠物产业也正在由一个边缘产业逐步形成规模，与任何一个发展中的产业相似，这样的产业还依旧存在着各种问题，根据多年来对行业的了解，分析市场调查情况，行业内存在以下几方面问题：

（一）宠物商品生产与零售业

1. 国内市场不够成熟　出口型企业由于近几年来一方面要面对汇率变化及原材料涨价等压力，另一方面又要维护国内出口产品的价格优势，造成出口产品利润逐年递减，甚至形成一种"假繁荣"现象，因此未来的外贸企业将逐步向国内市场转移。但是，由于受到市场份额的局限性，产值、产量相应会受到一定制约，必须开始研究内销市场的销售渠道，这是出口商在未来将要面临的一个挑战。由于贸易壁垒限制、进口商品报批手续缓慢以及进口商品标准尚未制定等因素影响，宠物干粮、湿粮、保健品等宠物类食品依旧会受到控制和限定，难以快速顺畅地进入国内市场。

2. 缺乏行业标准　以内销为主的国内制造业、国内生产企业虽然具有一定的发展空间和潜力，但由于缺乏行业标准，一些不规范企业不求商品品质、无视服务信誉、一味地追求低成本，以次充好，靠效仿、靠低价占领市场，而追求品质的企业却由于成本过高，面临被淘汰的风险，或者转而生产低廉产品，形成恶性循环，严重影响了整个行业的健康发展。

3. 未来需要有序管理　零售业延续了整个国内宠物市场不均衡的发展状况，由于缺乏宠物服务标准的规范，宠物店处于一种尴尬的局面。例如，在北京，宠物美容服务项目并未取得工商行政管理局合法经营的认定，包括宠物销售、宠物卫生等工商及卫生防疫都还没有一个有序的管理标准。由于整个行业准入门槛过低，以自由市场形态及 $30\sim50$ 米^2 的一店多能的销售窗口必将造成无序的竞争。全国目前近 80% 的店面几乎都处于惨淡经营的状态，这种扭曲的发展状态造成了经营者利润的严重流失。一些盲目冲入行业市场或资本进入后无序开店的零售店面，为了吸引更多的消费者而不顾行业规则进行恶意竞争，影响了整个行业的有序发展。另外，一些毫无行业准则的加盟商在严重缺乏市场运营以及店面经营经验的条件下，在市场中进行错误的诱导，也在制约整个行业的良性发展。

4. 目前的困境和瓶颈　虽然行业内的渠道商随着市场的发展在日益增多，并且逐渐出现许多具有国际化公司销售理念的优秀代表，但由于整个行业增长空间有限，机会成本价值不能充分体现，加之市场上串货等违规行为时有出现，价格维护的难度不断提升，新开发待成熟市场的失败等原因，都会造成自身盈利状况的困难，使更多的渠道商经营信心不足。同时，由于现阶段的各种限制，进口产品稀缺，造成注意力都集中在几个品牌的竞争基础上，价格利润都不断受到干扰，这些都成为目前经销商的主要困惑和瓶颈。

（二）宠物医疗服务业

1. 从业人员整体素质有待提升　宠物医院的医疗水平首先是由宠物医生的水平来体现的，而宠物医疗行业，不论是在人才储备、经验还是技术等方面都存在着较大的缺陷。

（1）人才储备不足。目前国内宠物医生主要来源于农业类院校兽医或宠物专业。由于现实生活中人们对宠物行业的认识不足，愿意学习兽医或宠物类专业的学生不多，因此无法应对快速增加的宠物医生需求。

（2）职业培训和技术交流意识薄弱。不论是人类医学还是动物医学，学校教育只能起到基础教育的作用，同时，农业大学兽医专业在学科设置方面并不像人类医学教育那么完善，基础医学和生理学知识方面要求不够严格扎实，进入医疗实践后加强继续教育、加强行业技术交流、跟踪国际新技术和新资讯都是行业技术整体提升的快速推动力。此外，宠物医生或因忙于工作，也少有心思关注国际宠物医疗新技术资讯，或因门户之见，缺乏技术交流的欲望，这都制约了医疗技术水平的提高，也使得在攻克宠物疾病难题方面缺乏亮点，宠物医生

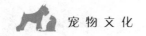

的自我成长能力比较弱。

（3）缺乏人文关怀意识。传统的兽医教育多针对传统养殖动物的普通疾病，缺乏人文关怀的意识，在宠物医院出现对宠物的治疗态度和操作手法偏于生硬也不足为奇。但越来越多的宠物主人开始将宠物当作家庭成员来对待，宠物医生粗放的动作给宠物主人带来的负面心理影响也越来越严重，进而影响对医生医术、医德的判断，甚至会影响对宠物医院的判断。

2. 硬件配套设施有待提高　在硬件设施配置方面，一些小型医院没有实力配备常用硬件设施，医疗时缺乏检测支持；一些大型医院虽然配备了较好的硬件设施但操作人员缺乏技能，对检测结果的识别有偏差影响了医疗的正确性；也有部分医院过度使用硬件，增加了宠物主人的医疗支出。

3. 医患纠纷缺乏行业监管　目前，国内的宠物医疗行业普遍缺乏行业监管，很大程度上依靠行业自律来维系其自身的发展。宠物医疗行业是一个新兴行业，很大程度上存在着医疗过程不透明、部分药物暴利情况严重问题；医生用药不够谨慎，一些国家明令禁止的药物也仍在使用；行业门槛低下，一些不具备医疗从业资格的宠物店换个牌子就开始进行宠物医疗业务；一些医院在医师资源明显不足的情况下盲目扩张……这一系列问题产生了许多医患纠纷，亟须相关部门进行监管。

4. 宠物医院与社区公共卫生利益产生冲突　宠物医院与居民生活息息相关，但也必然存在公共卫生利益的冲突，这一点在人类医院的发展上也一样，例如一些新医院的选址日益成为居民的关注焦点，有新医院选址时因为居民强烈反对而反复更换，对于宠物医院，也同样面临这一问题。目前大多数宠物医院都设置在居民小区内或繁华街区，与居民生活场所之间基本无分隔带。除了宠物疾病与人类健康或许存在的关联，在公共卫生方面，居民也越来越多地开始关注宠物医院的废物处理、医疗垃圾的排放、医院的通风排放、宠物聚集产生的噪声和气味……这些方面问题如果没有能够得到良好解决，宠物医院必然对周围居民造成困扰，居民对于宠物医院会产生负面印象甚至抵制。

（三）人才瓶颈

国内宠物行业已走过20多年的时间，对于人才的需求也经历了多个阶段的演变。随着全产业链覆盖型企业和跨平台企业的出现，宠物行业不仅仅需要具备宠物养护知识的专业型人才，对于市场营销、品牌推广以及科技研发方面的人才，宠物行业也开始出现迫切的需求。在渴求多方人才的同时，宠物行业也面临专业人才素质有待提升的困境，高级人才的缺乏、专业人才缺乏行业经验以外的知识储备、现有人员缺乏持久性等现象也导致了宠物行业面临人才瓶颈。此外，行业竞争力不足导致的人才流失、业内人员流动频繁以及不合理的行业规则等因素也使得真正的"业内人才库"难以形成。

二、宠物行业发展前景

宠物行业虽然在快速发展中遇到很多困难，但依然有着巨大的增长潜力，特别是新兴市场。据智研咨询网发布的《2018—2024年中国宠物行业分析与投资决策咨询报告》，仅中国宠物食品市场就从2008年的57亿元，发展到2017年近500亿元，复合增长率达27%，增速较快。并预测至2020年，我国整个宠物市场规模将达1 885亿元。在我国经济高速发展的同时，我国宠物行业的前景也是一片光明，这可以从两方面进行说明：

一方面是宠物的上游产业，包括宠物的买卖、出租、配种以及繁殖等交易。从我国宠物经济的发展状况来看，随着喜好豢养宠物的人数不断增加，上游产业前景广阔，目前在我国平均每个省会城市就有 4 个宠物交易市场，而且宠物市场的数量仍在逐年增加。在宠物买卖方面，进口宠物占据了宠物消费的较大比重，进口宠物的价格昂贵，养护费用也高，近年来国内宠物品种发展十分迅速，随着宠物繁育技术不断提高，物美价廉的国内宠物品种会越来越受欢迎。目前，一些国产的犬类品种比如北京犬、巴哥犬在宠物市场上销售得十分红火。另外，由于消费者对宠物品种要求越来越高，许多名贵的宠物配种交易频繁，目前许多纯种宠物的配种交易费用已经占到宠物价格的 1/2 以上。配种交易的兴起和发展会使某些国外品种逐渐与国内品种实现同化。

另一方面是宠物的中下游产业。中游的宠物产业包括围绕宠物的吃、穿、用等消费衍生的产业。下游的宠物产业围绕宠物的服务更为细致，随着宠物热的持续升温，宠物美容、医疗、婚介、寄养、训练、比赛、摄影、殡葬、保险等一系列行业将会逐步在我国兴起。

分析与思考

1. 结合实际情况，调查一下当地宠物产业发展的现状。
2. 请列举 5 种犬粮并分别说明其特点。
3. 请问作为一名宠物医生应具备哪些基本条件？
4. 调查身边的人，了解他们的宠物消费情况，分析我国当前宠物消费的发展趋势。
5. 如果你想从事宠物行业，最想做的是什么工作？为什么？

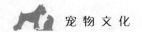

第八章　宠物店铺经营文化

第一节　宠物美容用品店经营

一、店铺选址

在信息化迅猛发展的今天，宠物美容用品店的开设要高度重视店铺所在的地理位置，要对店铺附近的人居环境、商业氛围、交通状况、消费需求、竞争对手、市场容量、供求预测、自然环境等各个环节加以综合研究和理性分析，恰当的选址对店铺今后的经营状况十分重要。

（一）影响因素

1. 城市商业条件因素　宠物美容业的发展与社会经济发展密切联系，所在城市、人均收入水平、商品供应能力、交通运输条件、技术设施状况及人们的消费习惯、消费观念都对宠物美容院的经营有直接影响。因此开设宠物美容店要综合考虑上述因素才能产生效益。城市商业条件因素具体包括：

（1）城市类型。店铺所在的城市属于工业城市、商业城市、中心城市、旅游城市、历史文化名城或是新兴城市，大城市、中等规模城市或是小城市都要加以考虑。

（2）城市能源及公共设施情况。能源是指水、电、天然气等营业必须具备的基本条件。除此之外，城市的公共设施情况也会影响对消费者的吸引力。

（3）交通条件。这里的交通条件是指整个城市区域内的总体交通条件。

（4）城市规划情况。指城市新区的扩建规划、街道开发计划、道路拓宽计划、高速或高架公路建设计划、区域开发规划等，这些都会影响到宠物美容院未来的商业环境。而且区域规划往往会涉及建筑的拆迁和重建，宠物美容店也会失去原有的位置，甚至面临拆迁。例如有的宠物美容用品店选址时未对城市及区域规划情况做必要的了解，结果开张不久由于宠物美容用品店前面道路拓宽，原来的停车场被迫取消，停车场地的消失使很多驾车前来的老顾客流失了。

2. 位置条件

（1）街道类型。是主干道还是分支道，人行道与街道是否有区分，道路宽度，过往车辆的类型以及停车设施等。

（2）客流量和车流量。宠物美容用品店前面通过的客流量及车流量的估计值，其中分析客流量，还应注意按年龄和性别区分客流量与车流量的高峰值与低谷值。

（3）地貌和地价。店铺所在位置表层的土壤的情况，例如坡度和表层排水特性，都是一个地区建筑物的重要特征与组成部分。虽然一个店址可能拥有很多令人满意的特征，但该区域的地价是一个不可忽视的重要因素。

（4）区域设施的影响。经营区域内的其他设施会对业务经营产生重要影响，这些设施包括学校、电影院、歌舞厅、商业购物中心、写字楼、体育设施、交通设施和旅游设施等。

（5）竞争评估。对于竞争评估可以分成两个不同的部分来考虑，一方面，提供同种类型服务的宠物美容用品店，可能会导致直接的竞争，属于消极因素；但另一方面竞争点的存在对整个商业圈的繁荣也会起到促进作用，这就是人们所指的"商圈共荣"。

3. 本身条件　店铺本身条件包括租金及交易成本、安全性、卫生消毒及垃圾废物处理条件，同时对店铺的外观及规模也有一定的要求。

（二）选址

在选址前，要确定好经营项目的种类。选址时可以参考以下地点：

1. 居民小区比较集中的地方　把营业的地点直接开在顾客的家门口，不用天天费力做广告，只要注重店面的装修和临街的可视性，做好门前的广告宣传，客人就会在好奇心的驱使下自动地走进门。在选择这样位置的房屋的时候，一定要注意，要选择人流流动方向频繁的地方，例如小区门口、菜市场、超市附近等。

2. 行业经营集中的地方　在选择这样的位置的时候，要对竞争对手的详细情况做一个比较充分的了解，然后根据自己的特色，针对他们的弱点，突出自己的优势，形成自己的品牌。

3. 商业中心地带　商业中心往往寸土寸金，在这样的地带选择店址资金的需求是很大的，而且对装修的要求也很高，但是客流也是最大的，能迅速提升店铺的知名度。在这样的地方寻找经营地点，最直接的办法是调查某一个店的具体盈利状况，如果觉得在这样的地方真的可以迅速收回成本甚至快速创造利润，那么就可以选择。

4. 写字楼集中或者公共事业单位集中的地方　选择这样的地方和第一个方法有异曲同工之妙，在这些地点工作的人们收入相对讲普遍较高，而且知识水平也是比较高的，所以接受新兴的事物比较快，要求的生活质量也是很高的，他们有比较多的空闲时间，所以这也是比较难得的机会。在这样的地方选择经营地点，装修的档次、经营的特色、服务的质量显得特别重要，地理位置反而显得相对次要，只要宣传方式得当，客人会主动上门，把这里当作一个幽静休闲的场所，而且在闲暇时也会经常光顾。

二、经营管理

（一）收入与支出

1. 收入管理　收入由主营业务收入、其他业务收入和营业外收入等组成。主营业务收入包括销售商品收入、美容收入；其他业务收入包括材料销售、技术转让、固定资产出租、包装物出租等取得的收入；营业外收入包括固定资产盘盈、处理固定资产净收益、罚款收入、确实无法支付的应付款项等。收入管理主要涉及宠物美容店的现销、应收账款催收、及时准备发票以及客户付款安排（赊账和支付期）等。许多宠物类专业毕业生自主创业的时候，往往资金比较紧张，对财务管理也不是很精通，加之不同的业务有不同的收入方式，往往在收入管理方面存在各种问题。下面就举例说明一些收入管理办法，来提高他们的

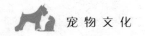

经营能力：

（1）有条件的宠物美容店应尽量使用允许前后台管理的 POS（销售终端）收银机。

（2）收银员与售货员应当分开，售货员不能收取自己所售商品的款项，应该是售货员开销售小票，收银员收款后在小票上盖章，再将小票退回售货员，由售货员凭盖章的小票将商品交付给顾客。

（3）每一笔款项，收银时都必须打印小票，这样收银机里留有记录，便于检查。

（4）如果经常有大额收银，应当办理银联的 POS 刷卡收银系统，以降低因现金收入太多而可能带来的风险。

（5）对于大额销售或服务收入款，可鼓励客户使用转账支票、汇款或刷卡等方式付款，如使用转账支票，应首先帮助客户明确支票抬头，不应空白。

（6）可设专人负责应收账款的收取工作，收款员收到款后应立即入账，还可另外安排人员经常核对客户欠款的回收情况。

（7）由财务人员保管好发票，所有发票，包括尚未开出的发票和已开出的发票都应登记入册，开错、报废的发票也必须注意保管。

2. 支出管理　支出是宠物美容店经营活动的经常性业务，如宠物美容店为购买材料、办公用品等支付或预付的款项，为偿还银行借款、支付应付账款或支付股利所发生的资产的流出，为购置固定资产、支付长期工程费用所发生的支出等。宠物美容店常用支付管理办法有：

（1）制作开支计划和预算。

（2）人数和资金规模不大的宠物美容店，应坚持"老板一支笔"审批开支的做法，也就是说，一切开支的支付都必须得到老板或美容店经营最高决策人的同意。

（3）宠物美容店的款项支付，应严格按照规定的审批程序进行。

（4）对于有若干部门和主管的宠物美容店来说，最高决策人可以授权一些主管审批小额开支项目。

（5）由财务人员保管好现金支票和转账支票，写错的支票应标明"作废"，在核销前应同样保管好。支票付款应单独设立明细账，其中列明每张支票的去向。

（6）大额开支尽量用支票和汇款方式支付。

（二）经营利润

利润是宠物美容店在一段时间内的经营成果，值得注意的是，净利润是指宠物美容店确认的当期利润总额扣除所得税费之后的利润。

通常要制作利润表，它反映宠物美容店在一段时间内的经营成果。利润表属于动态会计报表，其作用主要体现在以下几个方面：有助于分析企业的经营成果和获利能力；有助于考核企业管理人员的经营业绩；有助于预测企业未来利润和现金流量；有助于企业管理人员的未来决策。

（三）现金管理

现金管理涉及对企业正常经营所需资金进行预测、收取、支付、投资和计划的活动，妥善管理现金非常重要。有效的现金管理既能满足企业主对现金的需要，又能避免持有大量不必要的现金，保证公司的每一分钱都能创造更多的利润。现金管理已成为许多小企业成功的关键要素。

1. 分析现金流　分析现金净流量可以了解企业现金动态状况，从深层次分析企业哪些现金应该流入而没有流入，哪些现金不应该流出而已流出。企业在一个时期内（月、季、半年、年）按筹资、经营、投资活动编制现金流量表。现金流量表是反映一家企业在一定时期现金流入和现金流出动态状况的报表。通过分析现金流量，可以看出企业现金流入量和流出量的主要方面，同时也可以看出企业现金流量的潜力、风险和不合理性，从而更好地预测下一阶段的现金流量。例如存在大量应收账款是现金流入量的潜力；企业存在大量将要到期的负债，尤其是银行借款，就存在偿债风险；企业当期赊销商品过多，造成现金流入较少，产生现金流量风险；原材料储备过多、购置暂时不需用的固定资产等都是不合理的现金流出。

2. 现金流危机及其应对措施

（1）现金流危机。企业在生产经营过程中，现金循环因某些原因出现不畅甚至断裂，给生产经营造成困难，就是现金流危机。现金流危机的产生通常有以下几种原因：

① 营运资金不足。宠物美容店如规模扩张过快，超过其财务资源允许的业务量，导致过度交易，就会形成营运资金不足。存货增加、收款延迟、付款提前等原因造成现金周转速度减缓，若没有足够的现金储备或借款额度，就会由于缺乏增量资金补充投入，同时原有的存量资金周转缓慢，而造成无法满足店铺日常生产经营活动的需要。营运资金被长期占用，店铺因不能将营运资金在短期内形成收益而使现金流入存在长期滞后效应。

② 赊销坏账。对客户的账期管理是店铺财务工作的重中之重。新客户必须现款现货，老客户也要有严格的信用期间，收款尽量接受银行转账和现金，商业汇票尽量不收，宁可失去客户也要控制风险。

信用风险主要分为两种：一是突发性坏账风险，由于非人为的客观情况发生了不可预见的变化，造成应收账款无法收回，形成坏账；二是大量赊销风险，企业为适应市场竞争，采用过度宽松的信用政策大量赊销，虽能在一定程度上扩大市场份额，但也潜伏着引发信用风险的危机。

③ 流动性不足。大多见于两种情况：其一，增加流动负债弥补营运资金不足，店铺为弥补营运资金缺口，用借入的短期资金来填充，造成流动负债增加，引发流动性风险；其二，短资长用，企业运用杠杆效应，大量借入银行短期借款，增加流动负债，用于购置长期资产，虽能在一定程度上满足购置长期资产的资金需求，但造成店铺偿债能力下降，极易引发流动性风险。

④ 投资失误。由于投资失误，无法取得投资回报而给店铺带来风险。投资风险产生的原因有两个方面：一是投资项目资金需求超过预算；二是投资项目不能按期投产，导致投入资金成为沉没成本。

（2）现金流危机的应对措施。

① 编制稳定的财务预算。店铺经营要编制预算，要防止盲目的规模扩张和过度的资金投入，不能忽视对利润质量的管理。当营运现金流出现负值时仍不断追加投资就有可能造成经营风险，或者太过依赖于单一的融资渠道也容易造成现金流危机。经营中不能盲目乐观和激进，要加强财务预算的监控。

② 改善成本。对于已经处于现金流危机边缘的店铺而言，最快速的解决办法是将现金从日常的营运中解放出来，裁员、减薪、关闭或卖掉部分设备都是常用的手段。

③ 盘活流动资产。通过折扣促销，清理积压的库存，抓应销售款的回笼，出售或者出

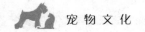

租部分设备或者其他资产。

④ 广开资金源。单一依靠银行贷款并不是明智的选择，要尽量广开财路，使资金来源多元化。可以让部分员工和骨干成员购买股份，也可以利用他们的工资等折算投资额。

三、人力资源管理

（一）员工招募与甄选

一个宠物美容店能否在残酷的市场竞争中生存下来并不断发展，取决于是否拥有优秀的人才，是否能够充分地利用市场。美容店人员选拔、招聘是美容店人力资源缺乏时最常用的方法，美容店应该把人员招聘作为一项重要的管理内容。

美容店要想吸引优秀人才加盟，就必须有好的选拔机制和渠道，并细心地设计、组织好选拔招聘的全过程。招聘规划应从三个方面着手进行：首先要考虑美容店的战略规划，根据主要业务、战略部署及核心竞争力，确定需要招聘的人员要求、招聘渠道和招聘方式；其次，必须明确当前业务发展的人员需求，即业务量的增加和开拓，工作内容的重新调整等；最后，要考虑人员流动产生的空缺职位的补充。

一般宠物美容店选拔人员的方式包含面试、笔试和实际考查3种类型。

面试是经过事先安排，有目的、有步骤地选择能胜任此项工作的人选的活动。面试能够提供更多的有关应聘人员综合素质的信息，是最广泛、最有效的招聘手段之一。面试的考查内容主要有教育背景、职业经历、修养风度、团队意识与沟通能力等。

笔试主要考查应聘者的理论知识水平。该方法一般用于应聘人员较多的情况下的初步筛选，但难以测出应聘者的实际操作、综合素质等。因此，笔试常与面试结合进行。

宠物医护工作操作性很强，要求员工有很强的实际工作能力。因此，可通过实际操作对应聘者的能力或技巧进行判断、考查和评价。这种选拔方法要求招聘者有相当的专业知识，能对所测人员做出正确的评价。

（二）员工培训

随着国家经济技术水平和人民生活水平的提高，以及宠物美容服务的开展，人们对美容人才的技术、能力、道德、素质的要求也越来越高。宠物美容是一门实践性很强的学科，宠物美容人才培养的一个重要方式就是实践，美容店承担着美容人才培养的重任。只有做好美容店自有人才的培养，挖掘他们的潜力，美容店的发展才能获得持久的动力。美容店人才培养的要点：

1. 强调实践性培养　美容实践性很强，通过实践，美容师才能把理论与实践结合起来，才能学会在面对实践中出现的各种不同情况时及时做出正确判断。开展实践，首先要练好临床基本功，这样才能更好地为客人服务。

2. 突出道德素质培养　宠物美容师的职业道德水平对其美容服务的质量将产生直接影响。宠物美容师的职业道德素质包括责任感、敬业精神、科学作风和合作精神等，道德的培养应该作为美容师培养的第一步。

3. 加强专业能力培养　当代宠物美容，专业越来越精，要求美容人才所掌握的知识既博又专。同时，美容店的人力、财力和物力都是有限的，应集中资源发展某一个专业领域，打造美容店的核心竞争力。

4. 加强人才队伍培养　美容店人才培养要注重提高人员的整体素质，储备充足的后备人才，为选拔优秀人才打下坚实基础。同时，对那些基础好、学习能力强、有进取精神的人员进行重点培养。培养的目标是让他们成为某一领域的专家，带领美容店快速发展，成为美容店在市场竞争中的优势。总之，拥有一支结构合理的人才梯队，才能保持美容店有稳定的人力资源供给，才能带动美容店的整体发展。

5. 注重知识更新　培养美容师除了要注重知识的广度和深度，还要注意知识的更新。当前，科学技术迅猛发展，新知识、新理论、新技术层出不穷，必须不断学习、不断创新，要充分利用现代信息技术，把握本学科的发展动向和趋势，了解国际动态，这样才能在专业领域保持竞争优势。

四、宠物用品采购

1. 采购计划　采购计划通常以年度为单位来制订，即对店铺计划年度内生产经营活动所需采购的物料的数量和采购的时间等所做的安排和部署。采购计划分物料采购计划、资金需求计划和采购工作计划三大部分。供应商开发计划、品质改善计划等都包含在采购工作计划中。

2. 采购谈判　采购谈判指企业为采购商品，作为买方，与卖方厂商对购销业务有关事项，如商品的品种、规格、技术标准、质量保证、包装要求、售后服务、价格、交货时间与地点、运输方式和付款条件等，进行反复磋商，谋求达成协议，建立双方都满意的购销关系。

第二节　宠物医院经营

一、营业筹备

（一）宠物市场调研

创办宠物医院，做好前期的宠物市场调研是很重要的。市场调研主要针对宠物市场的位置、规模、性质、特点、市场容量、供求预测及辐射范围等进行综合分析。通过市场调研，可以更好地认识市场的供需比例关系和竞争对手情况，便于采取正确的经营策略，满足市场需要，提高经济效益。

调研的主要内容有：了解目标市场的宠物规模大小，市场近期状况与发展趋势，同行业发展动向及宠物产业链是否完整。完整的宠物产业链主要包括宠物繁殖、宠物销售、宠物医疗、宠物美容、寄养、食品用品销售、宠物文化产业、宠物殡葬等。了解竞争对手的招商政策、销售策略、售后服务等。

（二）宠物医院设计

随着人类对宠物疾病复杂程度的认识越来越深，人们对宠物医院服务的要求也越来越高，因此宠物医院的科室分布也越来越细化。患病宠物进入医院和完成诊疗后离开医院要经过一个完整的过程，这个过程最短的可能在前台就得到解决，如咨询等；而有的过程可能很长，包括诊断、化验、处置、手术、住院及出院等。宠物医院的科室分布是根据临床工作的需要而设定的。

宠物医院由前台入口到返回前台一般由如下部分构成：前台、候诊区、档案室、诊疗室、处置室、注射室、重症监护室、手术准备室、手术室、住院部、药房、X线拍片室、X

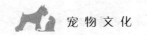

线洗片室、化验室、美容室、库房、生物有害物处置设施、宠物主人休息区和用品展示区等。

虽然各科室分布于医院建筑物的不同区域，具有不同的功能，但是各个科室之间又相互紧密联系在一起，共同完成医院的诊疗任务。宠物医院是一个有机整体，每一个部门的工作和服务都与医院的整体形象和服务水平息息相关。

宠物医院建筑的设计是建筑学、宠物医学、预防医学、环境保护学、医疗设备工程学、信息科学、医院管理学等多学科、多领域应用成果的综合。而宠物医院感染管理是一门多学科交叉渗透的综合学科。宠物医院对宠物的安全管理和感染的预防、控制贯穿在医院运行的每个环节，体现于宠物诊疗的全过程。宠物医院建筑作为宠物医疗活动最主要的载体，必然对医院感染的发生、发展和预防、控制起到十分重要的作用。因此，保证宠物医院建筑规划设计的科学性、合理性、有效性、安全性，以最大限度地预防医院感染，已被作为衡量宠物医院管理水平的重要标志之一。

（三）营业执照申领

成立一家宠物医院或宠物诊所必须拥有动物诊疗许可证、工商营业执照和税务登记证。

1. 动物诊疗许可证申领

（1）申领条件。①有固定的动物诊疗场所，且动物诊疗场所使用面积符合当地兽医主管部门的规定。②动物诊疗场所选址距离畜禽养殖场、屠宰加工场、动物交易场所不少于200米。③动物诊疗场所设有独立的出入口，出入口不得设在居民住宅楼内或者院内，不得与同一建筑物的其他用户共用通道；动物诊疗机构兼营宠物用品、宠物食品、宠物美容等项目的，兼营区域与动物诊疗区域应当分别独立设置。④具有布局合理的诊疗室、手术室、药房等设施。⑤具有诊断、手术、消毒、冷藏、常规化验、污水处理等器械设备。⑥宠物诊所须具有1名以上取得执业兽医师资格证书的人员；宠物医院须具有3名以上取得执业兽医师资格证书的人员。⑦具有完善的诊疗服务、疫情报告、卫生消毒、兽药处方、药物和无害化处理等管理制度。⑧不具备从事动物颅腔、胸腔和腹腔手术能力的，不得使用"动物医院"的名称。动物诊疗机构从事动物颅腔、胸腔和腹腔手术的，还应当具备以下条件：具有手术台、X线机或者B超机等器械设备；具有3名以上取得执业兽医师资格证书的人员。

（2）材料准备。设立动物诊疗机构，应当向动物诊疗场所所在地的发证机关提出申请，并提交下列材料：动物诊疗许可证申请表，动物诊疗场所地理方位图、室内平面图和各功能区布局图，动物诊疗场所使用权证明，法定代表人（负责人）身份证明，执业兽医师资格证书原件及复印件，设施设备清单，管理制度文本，执业兽医和服务人员的健康证明材料，工商行政管理部门预先核准的动物诊疗机构名称通知书。动物诊疗机构管理部门在规定的工作日内，现场查验后，颁发动物诊疗许可证。

2. 工商营业执照和税务登记证申领　设立动物诊疗机构，应当向动物诊疗场所所在地的工商行政部门提出申请，并提交下列材料：动物诊疗许可证原件和复印件，动物诊疗场所使用权证明，法定代表人（负责人）身份证明，工商行政管理部门预先核准的动物诊疗机构名称通知书。动物诊疗场所所在地的工商行政部门现场查验后，颁发工商营业执照和税务登记证。

二、文化建设

独特的文化对一个医院的生存和发展有着重要的作用，它是现代医院管理的新趋势和新发展，也是现代医院管理理论体系中的一个组成部分。宠物医院在建设过程中也要充分体现这种文化，要把仁爱之心、平等之心的理念贯穿于宠物医院文化建设之中，把职业道德、职业精神融入宠物医院文化建设之中，把休闲理念、娱乐理念贯穿于宠物文化建设之中，创造出一种崭新的管理模式。

（一）建设原则

1. 坚持仁爱原则　宠物医院诊疗的主要对象为宠物，它们和人类一样，有大脑思维、喜怒哀乐、疼痛感和恐惧感等，大自然给予它们同等的生存权利。因此，在宠物疾病诊疗过程中，要有仁爱之心、同情之心，采取必要的措施，善待宠物，减少痛苦，提高治愈率。让每一个员工自主、自觉、主动地坚持仁爱原则，不粗鲁，不漫不经心，不虐待动物，提高自身素质。

2. 坚持平等原则　坚持平等原则在宠物医院经营管理过程中十分必要，主要表现为：人与宠物的平等和人与人的平等。首先是人与宠物的平等，不应随意诊疗，随意夸大病情，增加用药量，增加宠物痛苦；其次是人与人的平等，不应根据宠物主人的经济状况选择性诊疗宠物，应按挂号先后顺序进行，根据病情合理用药，不得随意选择贵重药品，不要发生不良宠物诊疗行为，损坏医院信誉，影响宠物医院的健康发展。

3. 坚持休闲原则　休闲文化是人类生活的一种重要特征。它不仅是一个国家生产力水平高低的标志，更是衡量社会文明的尺度，是人的一种崭新的生活方式、生活态度，已成为全社会关注的领域。宠物医院在给宠物治疗疾病的过程中，要让宠物主人感到休闲放松，满足他们的情感需求，让客人感到身心愉悦，从而促进消费。例如在宠物医院内张贴卡通养宠常识，设置客服面对面服务，提供休憩场所（咖啡厅）等。

4. 坚持职业操守原则　专业是第一位的，但是除了专业，敬业和道德是必备的，体现到职场上就是职业操守，体现在生活中就是个人素质或者道德修养。宠物医院工作人员要具备高尚的职业道德、积极的职业心态、正确的职业价值观、高超的职业技能和良好的职业行为规范。

5. 坚持创新发展原则　广泛借鉴先进企业优秀文化成果，用发展的视野和创新的思维，不断调整和丰富宠物医院文化内涵，提高和升华宠物医院文化境界，在继承中创新、在弘扬中升华。创建具有宠物医院鲜明特点和时代特征的精神文明和宠物医院文化，使宠物医院文化成为医院活力的源泉。

（二）建设内容

宠物医院文化是一个宠物医院在发展过程中形成的以医院精神和管理理念为核心，凝聚、激励医院各级管理者和员工归属感、积极性、创造性的人本管理理论，是医院的灵魂和精神支柱。其文化建设主要包括总结、提炼和培育鲜明的宠物医院核心价值观和医院精神；结合宠物医院发展战略，围绕"以病宠为中心"，提炼有特色、充满生机而又符合宠物医院实际的管理理念；进一步完善宠物医院制度，寓文化建设于制度之中，规范员工行为，提高管理效能；提高医疗服务质量，打造宠物医院品牌，提升宠物医院的知名度、信誉度，树立宠物医院良好的品牌形象；营造良好的宠物医院视觉环境和人文环境，充分发挥环境对宠物医院物质文明和精神文明建设的载体作用和推动力；按照现代宠物医院管理制度的要求，构建协调有力的领导体制和运行机制，不断提高宠物医院文化建设水平。

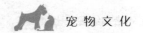

三、营销策略

(一)宠物市场信息收集

宠物市场信息是指有关宠物市场商品销售的信息，如宠物商品销售情况、消费者情况、销售渠道与销售技术、产品的评价、售后服务等，也包括多方面反映宠物市场活动的相关信息，如社会环境情况、社会需求情况、流通渠道情况、产品情况、竞争对手情况、科学研究和应用情况及科技动向等。宠物市场信息的类型主要有：

1. 宠物产品信息　产品信息是市场信息的基础，包括行业内的产品品牌、产品品名、形状、包装、规格、价格体系、产品特点、独特性及未来发展趋势等。例如，犬粮企业需要了解的产品信息有：目前市场上主要的犬粮产品有多少个品牌？有多少个品种？有多少种包装形式？大体都是什么价格定位？不同的产品种类有什么特点？每个品种有什么独特的优势？未来消费者会有什么需求？未来会出现什么样的产品？哪些品种会被淘汰？哪些品种会成为主流？只有掌握了上述信息，决策者才能够做出准确判断，决定未来产品经营策略。

2. 渠道信息　渠道信息包括：行业的渠道结构、渠道成员的特点、利益分配方式、如何避免渠道冲突以及进入渠道成本等。

3. 消费者信息　企业需要对市场内消费者构成和购买心理、消费心理及消费行为习惯进行调查和分析。调查方法可分为理性调查和感性调查：一般理性调查需要聘请专门的调查公司通过科学的调查方法进行数据统计和分析，理性调查结果比较准确，对决策借鉴意义较大；但这种方法耗费资金及时间过多，所以多数企业以感性调查为主，即通过市场调查人员对消费者询问、观察及座谈的方式，凭借知识和经验对消费者行为进行分析。

4. 竞争对手信息　通过判断竞争对手的市场行为，分析其所使用的市场策略，即做到"知己知彼，百战不殆"。深入了解竞争对手的想法和行为，制定准确的市场策略，竞争对手信息往往是靠分析得来的，因为市场竞争本身就是"兵无常式，水无常形"，只有自己能够正确地选择对手、了解对手、定位自己、出奇制胜，才能"立于不败之地"。

5. 宠物行业信息　主要指宠物行业内重大变化，可分为几个方面：一是国家的政策、法律调整给整个行业带来的变化，比如有关动物保护与福利、宠物疫病防控对行业产生的巨大影响；二是行业内企业重大策略的变化，如破产、兼并、重组和上市等；三是行业危机及机会把握，如国内兽药企业研发、开发宠物药品严重不足，药品结构单一等。目前，我国宠物市场一直被许多国外的兽药企业占领，其市场占有率居高不下，相应地也推高了我国宠物医疗的成本。所以说，行业信息获取给企业决策层提供了一个应对市场和把握机遇的前提，给企业制定策略和规划发展带来深远的影响。

(二)评估市场

1. 了解顾客　要满足顾客的需求，甚至为顾客带来增值效果，就要在充分了解顾客消费心理的基础上，以合理的价格提供令其满意的产品和服务，这样他们不仅能成为自己的忠实顾客，还会向亲朋好友推荐自己的产品和服务，为自己的企业带来更大的利润。

通过全面、详尽的市场调查，收集、了解顾客的情况，对企业非常重要。收集顾客信息的方法有以下三种：一是通过抽样访问；二是了解行情，进行推测；三是通过行业渠道等途径收集顾客信息。

要了解顾客，可以提出以下问题：企业准备满足哪些顾客的需要？顾客愿意为每个产品或每项服务付多少钱？顾客一般在什么地方和时间购物？他们多长时间购物一次，每年、每月还是每天？他们一般购买的数量是多少？顾客数量是在增加还是在减少，能保持稳定吗？是什么吸引顾客购买某种特定的产品或服务？是否有顾客在寻找有特色的产品或服务？

2. 了解竞争对手　确定并了解竞争对手有助于决策者摸清对手的情况，并从中学习竞争对手的优点，从而提高企业的竞争能力。例如，通过了解他们经营企业的方法，可以帮助自己去思考怎样使自己的企业构思变成现实。

可以通过回答下列问题来了解竞争对手的情况：他们提供的商品或服务的质量如何？他们的产品或服务的价格怎样？他们如何推销商品或服务？他们提供什么样的增值服务？他们的企业所在地环境如何？他们的设备先进吗？他们的工作人员受过培训吗，待遇好吗？他们的分销渠道怎样？他们的优势和劣势是什么？他们推销的方式怎样？

3. 识别竞争对手　在激烈的市场竞争中，识别出真正的竞争对手对企业来说是非常重要的。那么，企业如何确定真正的竞争对手呢？

（1）企业规模接近。企业规模越接近者，就越有可能成为最主要的竞争对手。双方由于成本趋同，生产和服务能力接近，为扩大市场占有率而进行的争夺也就会更激烈。因此，当一个投资者的投资规模接近自己的时候，企业就应当特别警惕。

（2）产品形式接近。产品形式包括性能、名称、使用价值、生产工艺、包装工艺等，产品形式接近的企业通常会成为竞争对手。

（3）产品价格接近。市场零售价格接近的产品才会成为竞争性产品。市场零售价格一般是市场的终端价格，终端价格总是直接面向消费者，它不但反映着产品的价值，也反映着顾客的接受程度。

（4）产品销售界面相同。产品销售界面相同的企业才会成为竞争对手。一般企业面对的销售界面有三种，即中间商、零售商和消费者。

（5）产品定位档次相同。定位档次相同的产品才会成为真正意义上的竞争性产品。产品的定位在顾客心目中通常是档次的定位。一般的产品定位分为三种，即高档产品、中档产品和低档产品，也有分为豪华型产品和普通型产品的。总的来说，产品的定位档次应由以下四个要素来确定：一是产品的品质；二是使用价值或功能；三是产品包装；四是价格。需要特别清楚的是，不在同一档次的产品不会有激烈竞争。

（6）目标顾客相同。竞争实际上就是争夺顾客，只有目标顾客相同，才能引起竞争。因此，面对竞争对手，不但要留得住顾客，甚至能吸引他的顾客到自己这边来。

（三）塑造核心竞争力

塑造积极向上的企业文化，可以有效提升宠物医院的整体服务水平和凝聚力，对员工的精神面貌和素质提升起到引导作用。每一个企业都会有自己的流程和规定，让员工知道自己应该做的和不应该做的，对他们的行为起到了引导和约束的良好作用。另外，对员工要奖罚分明。

宠物医院的经营管理一方面要保证医疗的准确性和规范性，对员工进行不定期的培训，制定正确的服务流程，提高整体的医疗水平，减少和避免医疗事故的发生；另一方面要健全宠物医院管理制度，这既是宠物医院正常医疗工作的基础，也是企业长期发展的根本保障，并能在宠物主人心中营造良好的企业形象。服务质量是宠物医院核心竞争力的重要保障，主要体现在诊疗水平上。因此，宠物医院应根据需求实时引入先进的诊疗设备和高水平的宠物人才。

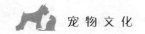
四、宠物医疗安全管理

医疗安全是指宠物医院在向宠物提供医疗服务的过程中不发生与医疗服务相关的医疗伤害，确保宠物得到正确、合理的医疗服务。医疗安全是保证宠物和宠物主人得到良好医疗服务的先决条件，它是医院医疗质量的前提和最基本的要求，医疗安全在整个医院管理中具有重要的意义。

（一）医疗安全的意义

1. 医疗安全是现代优质医疗服务的基础　优质医疗服务的基础是医疗安全，宠物医院的优质服务是要全面满足宠物和宠物主人及其他服务对象生理健康的全方位质量要求。医疗安全是医疗质量的基础组成部分，同时医疗的不安全会损害社会对宠物医院的信任，降低宠物主人的满意度，而且会带来医药费用的浪费。

2. 医疗安全是宠物主人选择宠物医院的重要指标　随着我国宠物医院之间竞争的加剧，医院要争取客户，首先要保证有经得起信任的医疗质量。医疗安全则是医疗质量的首要质量特性，一旦出现医疗不安全现象，客户的需求就不能得到满足，甚至引起不必要的纠纷。

3. 医疗安全是保证客户权利得以实现的重要条件　维护宠物的生命健康权是宠物主人的重要权利，医疗的不安全是对宠物生命健康权的损害，只有实现了医疗安全，宠物主人权利的实现才有可能。

（二）影响医疗安全的因素

影响医疗安全的因素是多种多样的，而且有些影响医疗安全因素的界限并不十分明显。常见因素主要有以下几个方面：

1. 医源性非技术因素　该因素主要是医务人员的言语或行为不当给宠物造成了安全隐患或不安全结果。主要有医务人员不当的告知误导宠物主人同意进行手术等特殊治疗，或未经告知宠物主人，医生擅自实施特殊检查和治疗，如未经宠物主人同意，医生就给宠物实施创伤性的检查或治疗。

2. 医疗技术因素　由于宠物医学是一门专业性很强的技术性学科，因此医务人员对于医疗技术掌握的高低和熟练程度直接影响到宠物的治疗效果，技术性因素也就成为影响医疗安全的一个重要因素。如在实施子宫全切手术中，由于技术操作不当而导致输尿管的损伤。

3. 药源性因素　药源性因素是指由于使用药物不当而引起不良后果的因素，如临床用药剂量过大、配伍禁忌或连续服用超过最高限量等，这些通常可以导致宠物不同程度的过敏毒性反应和对机体的不可逆性损伤，甚至死亡。

4. 环境不安全因素　由于宠物医院是宠物集中的场所，患病宠物通常都带有不同的致病菌或者病毒，如果医院消毒措施不当，极易在医院造成交叉感染，如术后感染、输液感染等，特别是传染病流行的季节，容易在医院引起局部暴发。此外，病房室内外的空气污染、供水污染都可能造成宠物的交叉感染，影响医疗安全。

5. 内部管理因素　管理上的缺失是导致医疗安全问题的主要原因。职业道德教育落实不够，各项医疗管理制度不健全，业务技术培训抓得不紧，设备物资管理不善，防止环境污染的措施不力等，都可能成为影响医疗安全的组织管理因素。其中，规章制度不健全，无章可循或有章不循，不认真执行技术操作规程，不认真执行查对制度，甚至玩忽职守，对宠物的生命安全造成很大的威胁。还有使用过期的、不符合质量标准的药品，超范围执业的医疗活动等也可能对宠物的生命安全造成威胁。

（三）医疗纠纷的原因与处理原则

医疗纠纷是指宠物主人与医疗机构之间因对宠物诊疗护理过程中发生的某一问题、不良反应及其产生的原因认识不一致导致的分歧或争议。争议的焦点集中在医疗机构在宠物诊疗护理过程中是否有过失，过失是否导致宠物的不良后果，是否承担法律责任。近年来，医疗纠纷涉及范围更广，包括医疗服务态度、医疗收费及医疗环境等。

1. 医疗纠纷的原因

（1）宠物医院方面的原因。①医疗事故引起的纠纷。医院方面为了回避矛盾，对医疗事故不做实事求是的处理而引起。②医疗差错引起的纠纷。这类纠纷常因为宠物主人和医生对是否是医疗事故的意见不同引起。③服务态度引起的纠纷。多是因为医生的态度等原因造成医疗纠纷，特别是当宠物出现不良后果时，即使不是医务人员的过失，但宠物主人易联系起来而引发纠纷。④不良行为引起的纠纷。医务人员的不良行为如殴打、虐待宠物等可能造成纠纷。

（2）宠物主人方面的原因。由于宠物主人缺乏医学知识和对医院规章制度不理解，或者由于其不良动机造成的纠纷，极少数宠物主人企图通过吵闹来达到某些目的，如要求赔偿等。

（3）医疗纠纷增长的原因。广大人民群众医疗保健知识水平提高，法律观念和自我保护意识增强，宠物主人开始用法律的武器保护自己。有些医疗主体由于对物质利益的追求等原因造成医德水平降低、服务态度下滑，造成医疗纠纷。医疗技术日新月异，但新技术的使用还存在许多未知的情况，可能带来一些新的医疗纠纷。

2. 医疗纠纷的处理　无论从宠物医院还是宠物主人的角度来讲，医疗纠纷的防范都是最重要的、也是最经济有效的方法，但是无论采取多么有效的防范措施，也无法杜绝所有纠纷的发生，只要有医疗活动，就可能有纠纷发生，无论大医院还是小医院都必然要面对医疗纠纷。因此需要正确地面对、妥善地处理。

（1）处理原则。医疗纠纷的本质是民事纠纷，因此处理医疗纠纷的基本原则与处理其他民事纠纷一样，应该遵循公平、公开、公正的原则，以保护宠物主人、医疗机构及医务人员的合法权益，维护医疗秩序，保障医疗安全，促进医学的发展。

医院管理者在面对医疗纠纷时一定不要躲避，不要一味推诿，不要企图用拖延的方式来解决问题，这样往往会导致医疗纠纷的升级，引发恶性的医疗纠纷暴力事件，给医院特别是医务人员造成更大的伤害。近几年来，一些大型连锁宠物医院也在有针对性地设立专门的管理部门受理和处理宠物主人的投诉，及时处理医疗纠纷，有效地维护了医患的合法权益。

（2）处理途径。处理医疗事故有三种途径：协商解决、行政调解和司法诉讼。当事的双方可以根据实际情况自由选择其中一种途径。法律对于民事纠纷的解决方式没有固定为某一种方式，协商解决是解决民事纠纷的一个基本途径，即使是采取行政调解和司法诉讼，也并不排斥协商解决。

（四）宠物医疗安全防范

1. 完善安全责任制　宠物医疗安全防范的关键对策是完善医疗安全责任制，使医务人员做到对医疗安全负责。强化宠物医院医疗安全管理的内涵建设，实行科学化管理，从医疗

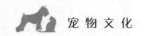

过程本身保障医疗安全。修改完善各项医疗操作规程和规范，补充工作制度和岗位职责，杜绝不按医疗操作规程和规范办事的行为，强化内部监督机制。

医院在理顺原有的各项规章制度、各类人员岗位职责、技术操作规程和各项技术标准并汇编成册的基础之上，还应制定"差错事故防范措施""医患双签字制度""首问负责制"等一些针对当前实际的、新的规章制度，使广大医务人员有章可循，各项工作制度化、常规化、标准化、规范化。

2. 加强业务管理 每一位执业兽医师在接诊宠物时都要认真规范地进行体格检查，不遗漏每个系统、每个应检查的脏器和部位，对各个系统、各个脏器、部位都应按程序规范进行检查，克服"怕烦琐"的思想，认真进行体格检查。同时要加强基础医学知识和基本技能的学习和训练，熟练掌握宠物体格检查的方法和技能。加强业务管理应注意以下5个方面：

（1）注重疾病的鉴别诊断。同一种疾病可能有不同的临床症状，同一个临床症状可能由不同疾病产生，因此在临床实践中要不断加强鉴别诊断能力的培养，以免漏诊或误诊。

（2）完善医疗制度。认真执行各项医疗操作规程和各种检查制度，加强对医疗安全违规事件的处罚，认真落实各项医疗工作制度等。

（3）加强业务学习。医务人员除参加进修、学习、培训和院内业务讲课、考试外，还应积极开展自学，每天抽出一定时间来学习相关业务知识。强化职业道德，树立"一切为了宠物和宠物主人"的思想。服务好宠物是宠物医院生存发展的需要。

（4）强化工作责任心。在强化工作责任心方面，除要求做到对宠物、对工作高度负责以外，同时要体会宠物的痛苦，理解宠物主人心情，积极主动做好服务。

（5）定期做好设备检查。加强辅助检查不仅能够为临床提供科学的诊断依据，同时完善辅助检查也与医疗安全防范有着密切的关系。因此，在临床工作中，做出任何一种诊断或排除任何一种诊断都要求必须有相应的辅助检查作为依据。只有这样，才是真正对顾客负责、对病宠负责，同时也是对医院负责、对自己负责。

🐾 分析与思考

1. 假如要开设一家宠物美容店，如何选址？

2. 作为一家宠物美容店的主管，如何提高服务质量？

3. 作为宠物医院的负责人，请规划一下医院的文化建设。

4. 当出现医疗纠纷时，如何及时处理并化解矛盾？

5. 请问一家经营成功的宠物医院的核心竞争力主要体现在哪里？

第九章　宠物文学与影视文化

　　宠物几乎成为与人类相处最为密切的动物，和野生动物、家畜不同，宠物是动物中的一个特殊品类，人们在书面语中称呼宠物已经不是"它"了，而是"他"或"她"，宠物是以家人和朋友的面目出现的。家庭宠物已经成为孩子、大人的爱宠，他们给孩子一个天真快乐的童年，给现代社会成人的脆弱心灵以无限抚慰，给独身者和子女不在身边的空巢老人一个不可或缺的精神寄托。有权威机构研究表明，宠物的陪伴对空巢老人的身心健康十分有益。

　　可以说宠物已经渗透到当今社会的方方面面，涉及道德、政治、经济、军事、文学、艺术、教育、科技等活动，在文化方面，宠物又有着无限丰富的表现形式，诸如小说、神话、诗歌、戏剧、曲艺、音乐、绘画、影视及网络等，逐渐形成了特色鲜明的宠物文化。宠物文化正呈现出全球化、产业化、多样化的特点，成为人类文化的重要组成部分。

第一节　动物文学

　　谈到宠物文化，不得不提到动物文化，我国历史文化悠久，在历史的长河中，出现了丰富的人类文明，形成了许多关于动物的传说，这些动物形象除了可爱的自身，还有许多寓意，如建筑上的动物形象，民居房屋倒挂的砖雕蝙蝠，寓意福（蝠）到了；服饰上的动物形象，衣服上绣有老虎、狮子，希望孩子聪明、勇敢；器皿上的动物形象，在盘子上画一条鱼，表示年年有余，洗脸盆上鸳鸯戏水，代表爱情。另外，和平鸽代表祈求和平，老马识途代表经验丰富，老黄牛代表任劳任怨，美女蛇代表冷酷残忍等，动物与我国文化关系密切，人们在动物的寓意中能够更深入地了解中华文化的源远流长。在文学上更是有许多描写动物形象的作品，形成了人们如今欣赏到的诸多的动物文学作品。

一、概念

　　人类由动物进化而来的历史，先天决定了人与动物的天然亲缘关系和亲和力。早在两三万年前，动物作为艺术形象就已进入了人类的审美创造视野，原始人遗留下来的史前岩画及图腾崇拜物，绝大多数选择了动物。而在漫长的文学史长廊中，动物更是具有永恒的形象，所以，目前人们谈论的宠物文学在某种意义上就是动物文学。

　　由于人与动物的特殊关系，动物作为艺术创造对象和审美表现的对象，是人类文学中格外绚丽多彩、别具意蕴的命题。以动物为主要描写对象，这是文学作家写作题材的一个新领域。日本《文学教育基本用语辞典》为动物文学下了一个清晰定义："动物文学是以动物为主人公或者以动物为题材的文学作品的总称。"动物文学既有《伊索寓言》这类通过拟人化的动物故事呈现人类的善和恶的作品，也有描写自然中客观存在的动物以及动物与人类之间交流的作品。说到动物文学时，一般指的是后者，其特征是通过写实手法，真实描写动物世界。优秀的动物文学是以对动物的生态认识、研究、观察、情感为根基的。

动物文学指以拟人化的动物及其行为特征、逻辑思维、生活环境及生存方式为题材的文学作品。在加拿大，最早提出"动物文学"这一概念的是加拿大文学之父查尔斯·罗伯茨爵士。但在他之前，由加拿大人创造的动物文学就早已存在，主要以口头文学的形式出现，解释世界和生命的起源以及人与动物相互依存的关系等，如草原狼、大海龟、海狸、驯鹿等动物的故事。在印第安人的传说中，草原狼被描写成智慧、勇气、狡猾、矛盾的化身，它为人类窃取火种，送来光明，传授狩猎、缝纫、烹调的技能，但同时又捉弄人类、制造麻烦。

人类的祖先早已通过作为东方文学源头的《诗经》《罗摩衍那》和作为西方文学源头的《荷马史诗》《古希腊神话》等，提出了一些具有永恒属性的命题以及对这些命题的理解。这些命题包括人与神、爱与恨、生与死、正义与邪恶、荣誉与耻辱、战争与和平、人生的局限和无奈等，而人与动物的关系则是其中重要的命题之一。

中国的《诗经》开篇即是"关关雎鸠，在河之洲"。一种被称为"雎鸠"的美丽鸟儿，亭亭地栖息在波光激滟的河中央，欢快地鸣叫着，开启了中国文学的华美篇章。孔子曾说道，诗的作用在于培养人的各种各样的社会交往能力，也可培养人们认识大自然的能力。孔子的诗教在于引领众生俯仰天地，万物一体，广大心性，到达厚德载物、天人和谐的仁道之境。

无论是中国文学还是外国文学，动物作为艺术创造对象与审美表现对象，都曾经历了渔猎时代的动物神话，农耕时代的动物童话、寓言和传说故事以及现代的动物小说三个阶段。前两个阶段的动物主要是以民间文学的艺术形式承续下来的，而且种类十分丰富。美国学者丁乃通在《中国民间故事类型索引》一书中，列出的中国动物故事类型就多达299种。动物小说是现代动物文学的主要文体，或者说现代动物文学的核心是动物小说，此外还有动物散文等。

有文字记载的最早有关犬的文学是由西班牙军队指挥官、诗人和哲学家马克·特恩特·范鲁于2 000多年前完成的。他在《蒂利拉斯发卡》这本书中描述了不同类型的犬，介绍了如何检查犬的健康、怎样饲养、选育、训练以及到何处购买犬等。马克·特恩特·范鲁的书虽然不如罗马普林尼所著的《大自然的历史》影响大，但他的书通俗易懂且实用。

罗马普林尼所著的《大自然的历史》在描述狂犬病时引用科卢密拉书中的语言，他说，疯犬对于人类是非常危险的，就像天狼星——代表犬的星座一样，在天上闪闪发亮，但有时也能给人带来坏运气（患狂犬病）。所以在狂犬病流行地区，最好的办法就是预防，将犬粪混合发酵，可以将犬粪、家禽的粪与犬食混合，如果已经患病，用藜芦治疗。

罗马帝国灭亡后，几百年来，涉及犬的文学逐渐减少，通过防止偷猎和保护狩猎的立法，人们就会知道犬在各个国家中的地位。在公元14世纪，格劳密·特维斯用法文撰写了《沃尼尔之艺术》一书，西班牙古国狮子山国国王阿芳索十一世用西班牙文写成了《蒙特里亚的自由》一书，这两本书分别是法国和西班牙第一部有关体育狩猎的书。第一本用英文写成的讨论犬的书是《狩猎技术》，由约科公爵于15世纪初完成。

到16世纪后期，当约翰·凯斯医生写了一本名为《大不列颠犬》的书后，才有人试图对犬进行分类。在欧洲的其他地方，犬文学仍然在描绘有关犬狩猎方面的内容。在这个时期，小说家论及犬也只是偶然的事。莎士比亚曾在他的作品中提到的犬有小猎兔犬、灵缇犬、杂种犬、野犬和猎犬，他对犬感人的描述是在《维罗纳的两名绅士》这本书中，书中人物劳尼斯对自己的爱犬卡比倾注了极大的感情。在《来自死者房子的回忆》中，非德·道斯图维斯凯描述了监禁生活的苦恼和他与自己心爱的犬撒里克之间的对话。当他从犯人劳动的地方返回时，撒里克则跑过去迎接他。"我想：这是上帝送给我的朋友。从那以后我心情沉重和伤心的日子里，或每次劳动归来，或在我去任何地方之前，我都先匆忙赶到棚房后面，亲热地与蹦跳雀跃及吠声不断的撒里克在一起，我用双手搂住撒里克的脖子，亲了又亲，我的心有隐隐作痛的感觉，这种感情有时又是悲喜交集。"

勇气、忠诚、爱和献身精神是 20 世纪犬文学的标志，杰克·伦敦和扎尼·瑞格写了许多勇敢的犬努力完成工作的生动故事。在《小飞侠》中，巴瑞解释道达玲一家太穷，请不起保姆，所以他们需要一只纽芬兰犬——奈娜照顾自己的孩子们，达玲认为孩子是最重要的，一生中她常在京士顿公园漫步、观察，而这只犬紧随左右。

二、主要特征

动物文学具有以下几点主要特征：

一是动物中心主义。同一个地球，同一个家园，许多动物曾驰骋于陆地、畅游于水底、翱翔在天际。然而今天，它们已永远地离开了人们，那些神奇美妙的身影如今只能在照片中、图画里看到了。一个个生命的消失，一段段悲惨的往事，动物用它们的生命来呼唤人们，不要让更多的生灵离人们而去。它们的消失在警醒着人们，不要再让悲剧重演。动物文学放弃以人类为中心的理念，强调人与动物的平等地位，呼唤人们关爱动物，尊重动物，不要虐杀动物，倡导绿色生活，共建生态文明。动物文学树立"生态道德"的观念，并进而从动物世界中反思、寻求人类的精神价值。

二是强烈的荒野意识。这不仅是指动物文学已将目光从人与人、人与社会的视角，转向人与动物、动物与动物的丛林、高山、大海、草原等荒野世界，更是指人们希望在荒野中找回曾经失落的精神，寻求拯救地球实际上就是拯救人类自身的途径。正如创作出不朽的自然文学《瓦尔登湖》的作者梭罗所说："只有在荒野中才能保护这个世界"，而《论自然》的作者爱默生说得更彻底："在丛林中我们重新找回了理智与信仰。"

三是独特的文学形式和语言。一般认为，动物文学独特的文学形式和语言表现为：①严格按照动物特征来规范所描写角色的行为；②沉入动物角色的内心世界，把握住让读者可信的动物心理特点；③作品中的动物主角不应当是类型化而应当是个性化的，应着力反映动物主角的性格命运；④作品思想内涵应具有艺术魅力，而不应当仅仅是类比或象征人类社会的某些习俗。

三、价值取向

动物文学是当代文学的一个独具艺术魅力并拥有充分自主发展前景的文学门类。进入 21 世纪以来，这种文学越来越引起全社会的关注，而且极有可能成为未来文学发展的一个重要生长点。动物文学的这种"上升"态势，是与其独特的价值及这种价值在当今世界所彰显出来的重要性分不开的。动物文化的价值体现在如下方面：

　　一是体现生态文明与生态道德的价值。面对全球日益严重的生态危机、生存危机，人类必须反思自身的行为，必须树立生态文明、生态道德的观念，培养人类特别是青少年儿童的生态道德，摒弃人类中心主义，拓展道德共同体的界限，承认自然界的内在价值，赋予自然界特别是动物永续存在的权利，进而从征服自然、灭绝动物的狂热中走上回归自然、天人和谐的道路。而动物文学正是对全社会特别是对广大少年儿童培养、树立生态道德的最好的中介和读物。

　　二是体现对少年儿童"精神成人"的培养。由于少年儿童对动物具有天然的亲和力，因而动物形象自然而然地成为儿童文学最重要的艺术形象之一，动物小说也自然成为儿童文学小说创作中最重要的艺术板块之一。动物文学对少年儿童的"精神成人"具有其他文学样式不可取代的作用。动物文学的审美指向是执着于对"动物性"——与儿童生命世界有着最密切的天然联系的动物世界的探索，艺术地再现和描绘动物世界的生存法则、生命原色，以及由描绘动物世界带来的对博大自然界的由衷礼赞。动物文学直接搭建起作家与少年儿童关于生命、关于生存、关于自然等具有深度意义的话题平台，为少年儿童提供了比其他儿童文学样式更多的关于力量、意志、精神，关于野性、磨砺、挫折、苦难以至生与死、爱与恨等的题材和意蕴。阅读并领悟动物文学所具有的这种独特而深刻的精神内核，对成长中的少年儿童不失为一种"精神补钙"。

　　三是动物文学作为中国现代文学的重要组成部分而存在。现代意义上的动物文学自20世纪以后就已开始出现，鲁迅的《鸭的喜剧》《兔和猫》、周作人的《百廿虫吟》、沈从文的《牛》、叶圣陶的《牛》、丰子恺的《养鸭》、萧红的《小黑狗》、老舍的《小动物们》、巴金的《小狗包弟》等，成为中国现代动物文学初创阶段的重要收获，并形成自身的一些特征：一是以动物散文为主，动物小说较少；二是描写对象以家畜宠物为主，野生动物极少。

四、创作风格

　　动物文学在20世纪80、90年代又有新的发展和变化，作品的风格也与以往的文学作品不同，这是由作家的创作风格所决定的。

　　动物文学作家队伍主要由以下三股力量组成，并在动物文学创作中呈现出不同的艺术倾向与创作风格：

　　1. 关注生态文明、力倡生态道德的作家　他们秉持新的人与自然观，足迹遍及高山、江河、沙漠、荒野，虽然作品的命名不一，被称为"大自然文学""生态文学""环境文学""生命状态文学"等，但动物始终是这类文学锁定的主要艺术形象。代表作家有徐刚、刘先平、方敏、郭雪波、李青松、哲夫等。

　　2. 一批以创作人间社会为主业同时也将目光转向动物世界的作家　他们的动物文学过多地包含了社会学的成分，借动物以折射人类，甚至是"事有难言聊志怪，人与吾非更搜神"。这类"人间延伸型"的动物小说主要集中在20世纪七八十年代，如宗璞的《鲁鲁》、乌热尔图的《七叉犄角的公鹿》、冯苓植的《驼峰上的爱》等。21世纪的代表作有贾平凹的《怀念狼》、姜戎的《狼图腾》、杨志军的《藏獒》等。

　　3. 以儿童文学作为自己目标与志业的作家　他们的创作追求与审美取向不但有力地扩大了中国现代动物文学的艺术版图与艺术成就，而且更是将动物文学的旗帜牢牢地插在了儿童文学领域，一大批优秀作品已成为滋润少年儿童生命成长的"精神钙质"。代表性作家有：

蔺瑾、沈石溪、金曾豪、李子玉、梁泊、牧铃、乔传藻、刘兴诗、朱新望、格日勒其木格·黑鹤等。儿童的天性更接近自然，热爱动物、植物，因而儿童文学也就自然而然地更关注自然万物，将动物世界、植物世界与人的世界一起纳入创作视野。

五、动物小说

动物小说是一种独特的文学艺术形式。其特点在于它是以动物为主要描写对象，形象地描绘动物世界的生活，描绘各种动物寻食、求偶、避难、御敌的情态、技能，描绘动物在大自然中的命运、遭遇及动物间的关系，描绘动物与人类的接触等，从中寻觅大自然的奥秘与情趣，给人类以有益的启示与享受。

动物小说以动物作为艺术主角，是一种动物题材的叙事性文学作品，并严格遵循现代小说艺术的"人物、情节、环境"三要素原则。动物小说最典型的表达方式是以第三人称为主，作者以身临其境的"在场感"直接表现动物世界的生存法则和生命意蕴，而且动物都"不开口说话"，即使偶有开口说话的动物也只是动物与动物之间"说话"，而不是与人"说话"。而动物神话、童话、寓言、传说故事中的动物都能"开口说话"，而且主要是与人"说话"。动物小说创作勃兴于 20 世纪 80 年代，其发展轨迹与艺术策略大致经历了三个阶段：

第一阶段的动物小说蕴涵着较为明显的社会学含量，这与同时期成人文学中的动物小说有相似之处，重在人的主体性，以人的视角看动物，以人与动物的关系隐喻人间社会，动物形象通常具有象征性和寄寓性，更多地承载着现实人世与文明秩序的道德理想和世俗期待。如沈石溪的《第七条猎狗》《一只猎雕的遭遇》、李传锋的《退役军犬黄狐》、朱新望的《小狐狸花背》等。

第二阶段的动物小说中，动物取得了艺术"主体"的地位，从动物的视角看动物、看世界。作品的场景完全是动物世界，动物与动物的生命较量、冲突与丛林法则及动物的生死离别、爱恨情仇、荣辱悲喜等错综复杂的"兽际"关系成为描写的重点。代表作如蔺瑾的《雪山王之死》《冰河上的激战》、沈石溪的《狼王梦》《红奶羊》、金曾豪的《苍狼》、方敏的《大迁徙》《大绝唱》、黑鹤的《黑焰》等。

第三阶段的动物小说延续至今，还在不断探索、实践之中，其特点是力图从动物行为学的"科学考察"角度，深入动物内部本身，还原动物生命的原生状态。代表作有沈石溪的《鸟奴》、方敏的《熊猫史诗》等。

第二节　宠物文学

宠物文学脱胎于动物文学，是动物文学的重要组成部分。宠物文学是指以宠物为题材的文学作品，宠物文学的情感落脚点与当代人的情感需求相贴切，能赢得读者的认可与共鸣。宠物作为比人类弱小的一个群体，更容易获得人们的爱护、怜悯、同情和信任。宠物文学作品透射出浓浓的人文关怀情愫，恰好契合了现代人的心境，使人们在忙碌的生活中获得心灵慰藉。

（一）代表作品

近年来，宠物图书正成群结队浩浩荡荡而来，代表作品有《我与狗狗的十个约定》《小

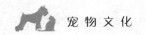
猫杜威》《大象的眼泪》《憨憨你在天堂还好吗?》《宠物记:我生命中的狗狗猫猫》《笨狗小古》《我在雨中等你》《马利:一只与众不同的狗》等。这些以宠物为主角讲述故事的图书多配有精美插图,让读者爱不释手。

其中《小猫杜威》尤为受欢迎。小说讲述美国一小镇图书馆收留一只曾遭遗弃的小猫,小猫获救后勉强撑起一瘸一拐的腿脚,以充满感激和爱的姿势,舔每一只抚摸它的手,赢得了所有人的心。

宠物图书市场也发生了不小的变化,《猫国物语:一个你从未见过的奇幻国度》等引进版绘本的超级畅销,使得绘本书成为宠物图书中的重要组成部分。

值得注意的是,本土宠物绘本书也在近年来异军突起。不管在形式、内容上,还是在销量上,都有了很大进步,例如《绝对是狗》就是一套与犬共读的绘本书。

肖定丽写儿童文学多年,她自言,儿童文学单纯、美好、神奇幻想的元素早已融入了生活的方方面面。她在《绝对是狗》中写道:"我写这套书的原因确是情不自禁。狗狗给我寂寞的时光带来许多的乐趣,它让我明白了什么才是真正的生活。我希望看到人和动物生活得越来越和谐,但也更希望人与人之间充满真诚与善意,不要隔阂和冷漠。"翻开这套可以轻轻松松和家里的犬一起共读的绘本书,一个个有点可爱的小故事虽然平凡,却让人觉得温暖与感动。与狗狗一起经历甜蜜而烦恼的生活,平淡却快乐,这一切在作者的笔下娓娓道来,有了别样的魅力。

(二)宠物文学兴起原因

宠物书的读者中有很大一部分有豢养宠物的经历,易对书中情节产生共鸣。一位读者这样描述他读完全球热销千万册的《马利:一只与众不同的狗》的心情:"因为我也养狗,完全理解作者对狗的喜爱。前半部分马利顽皮的事迹,我边看边笑;后半部分马利走了,我哭了。"

"关于温情,关于爱,关于给予,关于幸福,关于平淡生活的含义",是这类宠物书的标准推荐词。《再见了,可鲁》的作者石黑谦吾 2010 年又有了新作《你不孤单》,此书刚刚在国内出版便引来不少粉丝热读。人们认为在都市的快节奏生活和当前不断加深的金融危机中,压力往往会造成人们情感的缺失,宠物图书正好填补了这一空缺。正如《你不孤单》中表达的那样:"宠物以最忠诚的守候,让你在感动的同时,找回失去已久的温情。"这些书既满足了部分年轻人的"小资情结",又在一定程度上成为年轻人缓解压力的"法宝"。

宠物题材文学作品受到热捧,获得极佳的口碑和巨大的市场反响,透射出人与动物之间浓浓的人文关怀情结。

(三)作品简介

1.《再见了,可鲁》 作者石黑谦吾,日本作家,1961 年生于金泽市,曾任杂志记者、编辑,著有畅销书《再见了,可鲁》《导盲犬驯养员》等。他喜欢棒球、啤酒、犬、可爱的东西,并始终用一颗赤诚的心去爱护身边的犬。

导盲犬可鲁为中年失明的渡边先生服务,经过一番磨合后终于成为最佳拍档。两年后因渡边患上肾衰竭,可鲁被送回训练中心。可鲁在做导盲犬示范表演时,被寄养家庭的"养父母"仁井夫妇接回家中。原本以为可鲁安稳的老年生活才刚刚开始,却不料当它回到仁井夫妇家仅一个月,身体就已经衰弱到根本无法再从事示范犬的表演工作了。它的身体状况越来越差,最后连跳上训练中心专车的力气都没有了。再后来可鲁出门散步的次数越来越少,食欲也开始明显变差。去医院做了检查后，可鲁被医生告知得了白血病。1998 年 7 月 20 日，可鲁的呼吸从一大早就开始变得急促起来。也许是肺部受到压迫而感到呼吸困难，它频频示意想要翻身。本来一个小时翻一次身的，后来缩短为半个小时就要翻一次身了，到最后它连发出示意的力气都没有了。可鲁就这么走了，活了 12 岁零 25 天。

2. 《我与狗狗的十个约定》 作者泽本嘉光，日本作家，1966 年生，东京大学文学部文科毕业，在电通株式会社从事广告企划和制作。曾获创作者奖、东京撰稿人最高奖、戛纳广告节银奖等。

少女小光迎来了她家的新成员，一只前脚裹着白毛的小狗，妈妈给她起名为袜子。妈妈经常教育小光，要和袜子交朋友，不要忘记与狗狗的十个约定，小光似懂非懂地点头答应。

十个约定分别是：狗只能活 10 年左右，所以请尽量和我在一起；请一定要仔细聆听我的话；信赖我就像我总是信赖你一样；多和我一起游戏；永远都不要忘记我；不要吵架，要是真的打的话一定是我的胜利；对我说话，我没有听到的话一定是有原因的；你能去学校，还有朋友，可是我只有你，请和我做好朋友；不要忘记和我在一起的事情；在我老去的时候一定要在我身边。

在成长的日子里，母亲的突然辞世、父亲的辞职、美好的初恋、有意义的工作、第一次独自一人生活、恋人的事故……小光的生活发生了很多变化。小光与袜子渐渐疏远了……小光还能守住与狗狗的十个约定吗？

3. 《静静的白桦林》 作者格日勒其木格·黑鹤，曾获冰心奖大奖、榕树下诗歌奖。出版动物小说作品集《重返草原》《狼獾河》等。

本书是一部中短篇小说集，收录了著名作家格日勒其木格·黑鹤的四篇优秀动物小说。作者的童年是在蒙古大草原度过的，《静静的白桦林》就是以他的童年生活为题材，讲述一个蒙古族男孩在山林草地上所度过的童年岁月。在这部书中，作者通过细腻的笔触，描绘了自然中人类和动物并行并生的图景，森林中驯鹿、犴、狼、雕鸮、鄂温克猎民等各种生命相处的奇异故事令人动容、令人心碎，有着浑然天成的和谐和令人屏息的美感，在震撼心灵的同时引发了人们对自然与生命的思考。

4. 《小猫杜威》 作者薇奇·麦仑，美国人，艾奥瓦州斯潘塞镇附近农场出生，曼卡托州立大学毕业，获恩波里亚州立大学硕士学位，1987 年任斯潘塞公共图书馆馆长。作者布赖特·维特，美国人，编辑、作家，曾任 HCI 出版公司编辑总监。

杜威是一只才出生不久的小猫，在最冷的冬天被遗弃在图书馆的还书箱里，当它被图书馆长薇奇发现时，肮脏不堪、奄奄一息。经精心擦洗和救护后，它带着伤腿，马上做出令人惊奇的姿势——对每一个人表示感激和爱，图书馆收留了它。它不久就养成了固定的习惯，每天早晨在图书馆门口等待薇奇的到来，向她招手，然后便跟着她在馆内巡视，依次拜访每位员工，等待图书馆开门后第一个客人的到来……随着岁月的流逝，杜威已经成了小镇图书馆乃至整个小镇的人们不可或缺的伴侣。

5. 《巴别塔之犬》 作者加思·斯坦，美国著名作家。1990 年获哥伦比亚大学艺术硕士学位，原为纪录片制作人。1998 年，小说《渡鸦偷月》出版，在文学界崭露头角。2005 年，出版《How Evan Broke His Head and Other Secrets》，获太平洋西北书商公会图书奖、美国独立书商协会小说选书。

故事开篇便将读者引入一个神秘离奇的氛围中，一个女人从苹果树上坠地身亡，是意外还是自杀？无人知晓，唯一的目击者就是她的爱犬罗丽。女人的丈夫是一位语言学家，因为思念妻子却无从得知她真正的死因，竟异想天开地打算教爱犬罗丽说话，让它道出事情的真相。也就在教罗丽说话的期间，语言学家逐渐开启了和妻子之间的记忆之盒……至此，语言学家才渐渐拼贴出妻子的样貌。主人公保罗所要面对的不是如何让他家的犬开口说话的难题，而是他和妻子间幸福生活下潜藏着的观念鸿沟。他们彼此相爱，但并不能互相理解，对于生活习惯和爱好的争端从未停止。保罗深爱妻子露西，因为她带给他惊喜和快乐，但他忽略了在快乐表面下露西那颗伤痕累累的心。在断断续续讲述自己过去的时候，露西渴望抚慰，然而保罗没有给；在露西冲着像自己的面具发火时，露西渴望理解，但保罗没有给；最后虽然罗丽并没有开口说话，但保罗的回忆让自己明白了妻子的内心，从而知道了妻子为什么自杀，并且原谅了妻子。

6.《笨狗小古》 作者后藤保幸，日本人，宠物文学作家。本书记录了作者在 11 年又 108 天的日子里，和爱犬小古在一起，直到它因病死去的点点滴滴。温暖的文字里流淌出的是对小古深沉的爱与怀念。在他充满爱意的笔下，逗人喜爱的小古仿佛就在眼前：小古笨笨的，有点懒，有点贪吃，够聪明，也很狡猾，很腼腆，特别温柔，会耍酒疯，害怕鼠和猫，看到它们掉头就跑，喜欢撒娇，要独占主人的宠爱，有很多招人喜欢的表情……作者写下的每一个字都发自内心，平实坦率，没有丝毫的做作和修饰，有时让人心动，有时让人悲伤感怀。手绘的小图线条简洁而传神，与亲切真实的文字相得益彰。读起来，仿佛可爱的小古就在眼前。本书传达给人们关于友谊、关于温情、关于爱、关于给予、关于幸福、关于平淡生活的含义。

7.《猫城小事》 作者莫莉蓟野，日本宠物作家，荷日混血儿，5 岁移居日本。热爱绘画，虽没有接受正统绘画教学，但凭着对绘画的浓厚兴趣，她的作品日趋成熟，出版了《猫国物语》系列作品，深受爱猫人士好评。

本作品是绘本小说，描绘了一个奇幻国度，作者画笔下的猫国是爱猫人士心中向往的猫天堂。作者以细腻的画笔和俏皮的文字活灵活现地展现了动物王国中各种猫的鲜明模样、独特的个性和嗜好，介绍了不同猫的生长背景甚至职业以及和人类之间的有趣互动，种种逗趣姿态与古怪癖好让人觉得可爱、过目难忘。

第三节　宠物影视文化

如今，宠物也出现在诸多虚拟的电影世界中，人们让这些可爱、单纯、弱小的生命以伙伴甚至是家人的形象陪伴左右，成为人们日常生活中重要的组成部分。宠物题材电影所要表达的虽是人与宠物的亲密情谊，但折射出的却是人和宠物间的关系变化。

动物与人的关系受社会环境变化的影响，从实用的以金钱为目的的关系逐渐转变成精神方面的关系。自 20 世纪 70 年代起，社会兴起了宠物热潮，人们热衷于将猫、犬等动物当作宠物饲养，进而把宠物视为家庭成员。这种人与动物的关系变化也反映出现实的社会文化变化。因此，近年来，以人与宠物关系为主题的影视作品备受欢迎。

随着宠物饲养的盛行，以宠物和人的关系为主题所创造的电影也深得人心并逐年增多。早在 20 世纪 80 年代就佳作频出，如《南极物语》（1983）、《子猫物语》（1986）、《松五郎的生活》（1986）、《忠犬八公的故事》（1987）等。其中《南极物语》的票房收益高达 59 亿日元，而《忠犬八公的故事》的票房收入也有 40 亿日元，无论是高票房收益，还是动人的故事情节，都曾轰动一时。而后经美国重拍的《忠犬八公的故事》（2009）和《南极大冒险》（2006）在当今也同样拥有众多观众，好评不断。

21 世纪以来，宠物题材电影的创作迎来了全盛时期。2003 年的《再见小黑》、2004 年的《导盲犬小 Q》、2005 年的《狗狗的心事》、2007 年的《爱犬的奇迹》《猫咪物语》、2008 年的《狗狗与我的十个约定》《咕咕是一只猫》、2009 年的《豆柴小犬》、2010 年的《实习警犬物语》以及 2011 年的《狗狗与你的故事》《秋田犬蓬夫》《守护星星的小狗》《狗狗的岛屿》等，无论是数量还是质量都有了长足发展。

1. 宠物电影中的家族观 在宠物题材影片中，登场的主角或故事主线大多是真实的宠物。这些主角们作为人类的伙伴或家人，因人的善待，给人以回报，对人付出真心，也收获了真挚的情感。这种宠物与人类亲人般的情感交流正是这类题材影片的动人之处。这些影片多为真实题材改编，剧情发展舒缓平淡，通过细节刻画来诠释生活的真谛，娓娓道来，温暖人心，包含着文化底蕴，而其中浓厚的宠物与主人的情谊更反映出独特的家族观意识。

电影《导盲犬小 Q》讲述的是由导盲犬训练师多和田养育，后来到渡边夫妇家生活的名为小 Q 的导盲犬的故事。在关爱下健康成长的小 Q 从 1 岁开始就接受了多和田的训练，不久，这只小犬就能够陪同盲人渡边散步了。然而渡边却是个无法适应导盲犬的顽固分子。但在不断磨合中，渡边渐渐和小 Q 心意相通起来，在朝夕相处中，小 Q 更成了渡边信赖的家人。

《狗狗与我的十个约定》是一部根据小说改编的电影，影片以狗狗的视角，通过拟人的手法来表现名为索克斯的宠物犬与主人间的情感。以人和宠物的关系为主题的这部电影感动了很多人，片中不仅描述了宠物对主人的依赖，还展现了其不单单是一只宠物，更被主人看成是一个家庭成员。

影片《爱犬的奇迹》和《狗狗的岛屿》均为真实故事改编的影片。《爱犬的奇迹》中的宠物犬玛丽在地震发生后顽强地照顾幼犬的同时，不忘寻找被埋在废墟中的主人，并鼓励主人重拾对生的渴望，最终引导救援队员成功地将其救出。影片中的玛丽是智慧与勇敢的化身，更是主人生命的精神支柱，它与主人间家人般的情谊被展现得淋漓尽致。影片《狗狗的岛屿》的背景是发生在 2000 年的三宅岛火山喷发事件，影片讲述了火山喷发后三宅岛岛民痛失家园、亲人离散，宠物犬和主人不离不弃，同岛民一起积极、坚强地面对灾后生活的动人故事。

事实上，无论是像《忠犬八公的故事》里的八公、《狗狗的心事》中的波奇、《导盲犬小 Q》里的小 Q、《秋田犬蓬夫》中的蓬夫、《守护星星的小狗》中的开心一样，展现出的坚定、忠诚的品质以及它们奉献一生的忠诚，不求回报，悲壮地为主人牺牲的精神，还是像玛丽和小六一样，拥有勇敢、坚强的品格；无论是像《南极物语》《实习警犬物语》中的狗狗展示的永不畏惧、奋勇向前的意志，还是《再见小黑》里的小黑守护生命尊严的执着，它们的精神都深深地感染着每一个人，令人深思，它们与主人间亲人般的情感深深地感动着每一个人，令人温暖。

一般而言，宠物的寿命远远短于人类，这就意味着宠物题材电影中的主人公们能够陪伴主人的时间只是主人人生中的某个短暂阶段，但人们坚信拥有美好的回忆，即使是短暂的相处也将成为永恒，虽然是动物，也是人们非常重要的家人。动物眼中的世界是纯净的，人类出于对单纯世界的向往及对弱小生命的同情，往往将情感寄托于宠物电影的虚拟世界中，让这些可爱、单纯、弱小的生命，以伙伴甚至是家人的身份出现，成为人们日常生活中重要的组成部分。宠物题材电影所要表达的虽是人与宠物的亲密情谊，但折射出的却是人和宠物间的关系变化，而这一变化的根源便是人对家族观意识的改变。

2. 家族观意识的改变 传统的家族概念即以父辈管理下的家产为基础，亲属关系复杂的家族成员相互依存，也就是抚养共同体的家族生活。一般提起家族，一定是具有血缘关系的亲族为共谋生计而组成的团体。家族观念被认为是祖辈创下家业，后代在这个家族中出生、成长，房屋及家产则由父传子、子传孙的形式传承发展下去。然而在现代社会中，即使有血缘关系，但并不共同生活的家族形态越来越多。因此，现代社会人们开始关注家族和自己的关系，关注家族的范围。

与人一同生活的动物，也就是新的家族成员——宠物的数量增加了。例如，从前日本人的观念中，犬只是作为抓小偷而饲养的动物，猫只是作为捕捉鼠而饲养的动物，必要的时候可以作为食物充饥。因此，人和宠物的关系并不亲密，甚至"犬和猫只是人类的道具"的说法更加符合实际。日本文学巨匠夏目漱石的名作《我是猫》中的猫，也无法避免"书生时不时地会把我们抓起来煮了吃了"这样的境遇。

当今，家族成员的减少让宠物也升级成为家族成员之一。因此，很多人接受了"即使没有血缘关系，一起生活的话就会形成家族这样的情感羁绊"的现代家族观。由此看来，宠物作为家庭成员之一的说法也不为过。

分析与思考

1. 简述宠物文学的发展过程。
2. 简述宠物电影的发展过程。
3. 阅读一本你喜欢的宠物文学，写一篇评论。
4. 观看一部关于宠物的电影，写一篇影评。

附录　宠物组织机构介绍

一、国际宠物组织

目前主要国际宠物组织有：英国养犬俱乐部（KC）、美国养犬俱乐部（AKC）、世界犬业联盟（FCI）、日本养犬俱乐部（JKC）、韩国宠物协会（KKC）、德国牧羊犬协会（SV）、西敏寺养犬俱乐部（WKK）、美国爱猫联合会（CFA）、法国中央养犬协会（SCC）等。

1. KC　KC 是国际上成立最早的一个专业性的犬业俱乐部，是当今最具影响力的犬业俱乐部之一。

19 世纪中叶，维多利亚女王时代人们开始热衷于各种展览。1851 年，铁路的发展使多元化的展示会扩展到整个英国，在随后的几年里，许多展示会在克里斯特尔地区大范围地展开。

1859 年 6 月 28—29 日，世界首次犬展在位于泰恩河之上的纽卡斯尔市政厅举行。犬展的组织者是 Messrs。在 Brailsford 先生的提议下，有 60 只波音达犬和雪达犬进行了注册。

KC 的主要功能是：制定赛制、举办比赛、纯种犬注册。

2. AKC　AKC 是致力于纯种犬事业的非营利组织。其成立于 1884 年，由美国各地 530 多个独立的养犬俱乐部组成。此外，约有 3 800 个附属俱乐部参与 AKC 的活动，使用 AKC 的章程来开展犬展览，执行有关事项，制订教育计划，举办培训班和健康诊所。AKC 于 1876 年在纽约举办第一届"西敏寺"犬展。1997 年，全美有经 AKC 批准举行的活动 15 738 项，其中包括 3 289 项爱犬展览、2 561 次服从及追踪训练和 3 305 次表演活动。

AKC 的主要职责是：发行纯种犬的血统证书；每月发行种公犬配种的登记和幼犬产生的胎数记录；发行美国育犬内容相关的杂志月刊，如专门记录每一只冠军犬所得点数、犬展报道及成绩公布；授权办理犬展；宣传纯种犬；赞助犬的医学研究；安排犬赛的日期与地点；核发评审执照；监督犬展；代表美国参加国际所举办的犬赛以推广纯种犬。

3. FCI　FCI 成立于 1911 年，已有 100 多年的历史，总部位于比利时，是目前世界上最大的犬业组织。最初由比利时、法国、德国、奥地利、荷兰五国联合创立，现已具有 84 个成员机构，这些机构都保留有自己的特性，但都归属于 FCI 统一管理，并且使用共同的积分制度。FCI 目前承认世界上 337 个品种的犬类并将其所有认可的纯种犬分为 10 个组别，其中每个组别又按产地和用途划分出不同的类别。

FCI 的主要职责是：监察其会员机构每年举办 4 次以上的全犬种犬展；统一各个犬种原产国的标准，并广泛公布；制定国际犬展规则；组织、评审以及颁发冠军登录头衔；制定协会成员国血统记录，认定犬种标准。

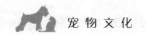

FCI致力于发展繁殖优良的纯种犬，并建立了一套规范合理的纯种犬管理繁殖理念，使纯种犬的管理和繁殖更加系统化、优越化。

4. SV　SV是世界上最大的单犬种繁殖协会，于1975年9月9日在德国曼海姆市成立，当时出席大会的有阿根廷、澳大利亚、比利时、巴西、智利、哥伦比亚、丹麦、英国、芬兰、荷兰、爱尔兰、以色列、意大利、日本、卢森堡、墨西哥、挪威、奥地利、菲律宾、瑞士、泰国、捷克、乌拉圭等国家的38位来宾，会上一致赞成创立世界利益共同体——德国牧羊犬世界联盟，会员共有31个，并确定由SV主席主持世界牧羊犬协会联盟（WUSV）的工作。

1976年9月8日在德国越仙市召开的第2届WUSV会议上，美国和匈牙利新加盟为会员，会员增至33个，来宾80多位。以后每年召开一次会议，到1984年已召开了10届会议，先后吸纳了中国台湾、加拿大、西班牙、印尼的狼犬协会和警犬协会、巴基斯坦、波兰、美国的训练协会等，会员增至42个。

2001年9月10日在德国杜塞尔多夫召开的第27届WUSV会议上，当值主席彼得·麦斯勒先生同意了中国牧羊犬俱乐部（CSV，2001年7月7日在北京钓鱼台国宾馆成立）的入会申请，成为该世界性单犬种协会的最新一个成员，但由于我国的基础工作较差，故与SV接轨的时间延长至2010年12月31日。

"牧羊犬的繁殖就是作业犬的繁殖"是SV的宗旨，其目标是"控制、监督和促进该犬种的繁殖和训练，保持其优良的遗传特性"。

5. WKK　美国西敏寺犬展（Westminster Kennel Club Dog Show）的历史已经有140多年了，西敏寺源于坐落于纽约曼哈顿街区的西敏寺酒店，17世纪50年代在美国上流绅士间流行狩猎运动，人们在运动中开始讨论谁的猎犬更优秀，就此形成了犬展的雏形。他们在西敏寺酒店建立的俱乐部名为西敏寺饲养协会。

1876年，Westminster饲养协会会员们将自己的犬带到费城的美国百年纪念庆典上，并将其组织更名为西敏寺养犬俱乐部（WKK）。

1877年，第一场每年一度的纽约犬展在WKK的赞助下举办，地点在纽约市的Gilmore花园，共有1201只犬到场参赛，俱乐部付了1500美元租金租用3天场地，为了满足民众们的热情延长为4天，这4天全部收入捐赠给了"社会防止虐待动物机构"。

1878年，西敏寺犬展报名费为2美元，其中包含喂养和管理的费用。

1884年，WKK通过选举成为第一个AKC的会员俱乐部。其标志是紫色和黄色共同构成的主色调中一个正在工作中的指示猎犬的形象。

西敏寺犬展每年由WKK负责筹办、宣传、运行、执行。WKK也是AKC旗下最大的全犬种俱乐部之一。

美国西敏寺犬展是美国历史上最古老的运动竞赛之一。西敏寺犬展每年都要举行一次。从1992年开始，WKK规定只有取得冠军登陆的犬才有资格参加西敏寺犬展的比赛。美国最优秀犬的最终目标就是获得西敏寺犬展的冠军，这也是众多国外顶尖犬的终极目标。

二、国内宠物组织

目前国内现有宠物管理机构与组织有：中国光彩事业促进会犬业协会（CKU）、中宠宠物及用品发展服务中心（CPSC）、中国畜牧业协会犬业分会（CNKC）、中国工作犬管理协会、中国小动物保护协会、中国牧羊犬俱乐部（CSV）。

1. CKU CKU 是 FCI 合作伙伴，该机构为会员提供国内外犬业的相关新闻和活动信息，发布犬种的繁殖、饲养知识以及法律法规等信息，旨在推进我国犬业健康发展。

CKU 的职责主要有以下几项：

（1）登记繁殖犬。CKU 的主要职责是进行纯种犬的血统登记，发放纯种犬血统证书，包括纯种犬鉴定证书、纯种犬血统证书、纯种犬国际出口证书和纯种犬繁育证书。除此之外，CKU 还负责 3 类纯种犬血统检测工作，即纯种犬芯片登记、髋（肘）关节检测和 DNA 亲子关系鉴定，并且负责与国外犬业组织核实纯种犬登记信息，处理会员违反纯种犬登记的事宜。

（2）举办犬类活动。负责实施组织对外赛事活动计划安排，在全国范围内的执行赛事活动推广，颁发挑战奖（CC）和世界冠军犬（CACIB）证书，发布 CKU 参赛犬积分榜和 CKU 牵犬师积分榜；翻译 FCI 各项比赛规则、犬种标准和与国外协会日常交流等。赛事方面是裁判资料翻译、与裁判前期沟通和赛后联系、赛场翻译、比赛评价翻译、赛后向 FCI 报告比赛情况。

（3）组织行业培训。制定犬美容和牵犬师培训标准，制定培训大纲，指定地区美容和牵犬师培训学校，监督和指导学校日常教学；制定敏捷犬训练和服从犬训练标准，制定相关培训大纲，指定地区训练培训学校，监督和指导训练学校日常教学以及 FCI 的世界敏捷犬（服从犬）冠军展的赛事活动，负责竞速犬、狩猎犬和飞盘犬的表演赛活动，美容师考试、牵犬师考试、敏捷犬训练考试和服从犬训练考试的执行工作，负责制订不同地区考试计划，邀请考试裁判，监督考试和发布考试结果。

（4）网站。CKU 的官方网站。

2. CNKA CNKA 是中国最有影响力的犬类组织之一，是在中国香港注册的社团机构，不仅符合中国法，同样符合国际法，是全世界都认可的组织。计划在五年内完成中国犬的造册工作，使其成为世界上最大的国家犬业组织。

CNKA 的职能主要有以下几项：①统计中国犬数量；②开展中国流浪犬关爱行动；③普及养犬知识；④给中国犬上户口；⑤开展有益于人与动物和谐及身心健康的活动。

3. 中国工作犬管理协会 中国工作犬管理协会是由从事工作犬事业与工作犬部门有关的个人和单位自愿结成的全国性、联合性、非营利性的社会团体，为独立的社会团体法人。协会在公安部的倡议下，军队、武警、海关系统积极响应，经民政部报国务院同意，顺利地完成了协会的申请成立工作。公安部是中国工作犬管理协会的业务主管部门。

中国工作犬管理协会的主要业务有以下几项：制定部门发展规划，向行政管理部门提出政策建议，提供决策参考；举办赛事；促进国际间的交流与合作，吸收、引进先进技术、装备和管理经验；组织人员出国学习、考察、培训；组织参加国际学术活动等；制定科研项目指南，组织科研攻关；参与或承担科技项目、技术产品的评估、论证、鉴定、奖励和推广；制定有关标准、规则，开展部门资质考核、认证，加强部门指导，规范部门运行管理机制；制订部门培训计划，建立规范的培训机制，推行从业人员认证制度；承办相关部门委托的技术职称资格评定工作；接受委托，进行有关技术检验、复核，提供技术支持和咨询服务；编辑出版有关信息资料、刊物、书籍以及相关的音像制品，建立中国工作犬网站；维护会员的合法权益，表彰奖励工作成绩优异的团体、个人，举荐管理人才和科技人才；

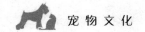

推动动物保护工作。

4. CSV　2001 年 7 月 7 日，CSV 在北京钓鱼台国宾馆举办了成立大会。这标志着 CSV 将在 WUSV 及 SV 的全力支持下，全面展开中国地区有关纯种德国牧羊犬的各项工作，这将成为中国地区的德国牧羊犬走向国际化、规范化和科学化发展的一个重要的里程碑。

2001 年 9 月 10 日，在德国杜塞尔多夫举办的 WUSV 大会上，WUSV 当值主席彼得·麦斯勒先生宣布：CSV 正式加入 WUSV 并成为该世界性民间组织的最新一员。

CSV 将在 WUSV 和 SV 的直接参与和支持下，全面建立中国民间的纯血统德国牧羊犬的发展模式和繁殖标准系统，促进中国地区的德国牧羊犬事业的健康发展，并使之逐步纳入国际化、规范化和科学化的轨道。CSV 采用会员制，按照 WUSV 的有关德国牧羊犬的各项管理模式开展工作。

参 考 文 献

陈可唯，2007. 感受生命尊严——崛起的动物电影初探 [J]. 文教资料 (3) 149 - 151.

大卫·波德维尔，克莉斯汀·汤普森，2008. 电影艺术：形式与风格 [M]. 北京：世界图书出版社.

范志勤，1987. 宠物的行为 [M]. 北京：科学出版社.

格日勒其木格·黑鹤，2011. 静静的白桦林 [M]. 武汉：湖北少儿出版社.

郭欣，2010. 我国宠物服务企业的营销策略分析 [J]. 中国商贸 (6)：21 - 22.

赖晓云，2012. 当前国内宠物医院管理现状的调研——宠物医院管理存在的问题及其对策 [D]. 南京：南京农业大学.

李芃芃，2004. 动物电影——回归自然的艺术创作新生 [J]. 艺术广角 (5)：56 - 57.

李鹏，赵博，2008. 宠物的历史 [M]. 哈尔滨：哈尔滨出版社.

李术，天培育，2008. 宠物学概论 [M]. 北京：中国农业出版社.

李玫，2006. 从动物的角色功能看当代电影的生态意识 [J]. 辽宁师范大学学报 (5)：95 - 98.

李星洁，2010. 东西方动物题材电影异同 [J]. 商业文化 (上半月) (7)：335.

刘朗，2010. 宠物食品发展前景 [J]. 中国比较医学杂志，20 (z1)：76 - 78.

美国养犬俱乐部，2003. 世界名犬大全 [M]. 林德贵，等，译. 沈阳：辽宁科学技术出版社.

欧阳艳，马涛，车海林，2015. 新常态下的宠物经济发展思考 [J]. 中兽医学杂志 (10)：102 - 103.

任姗姗，2008. 仁达公司爱犬休闲食品营销策略研究 [D]. 大连：大连理工大学.

王锦锋，2008. 犬训导技术 [M]. 北京：中国农业出版社.

王锦锋，2009. 宠物饲养技术 [M]. 北京：高等教育出版社.

王敏，2012. 人与动物和谐共生的诗意书写——评格日勒其木格·黑鹤的动物小说 [J]. 名作欣赏 (9)：20 - 21.

王泉根，2011. 动物文学的精神担当与多维建构 [J]. 贵州社会科学 (12)：5 - 7.

魏锁成，1996. 古代的犬文化现象及其对社会生活的影响 [J]. 西北民族学院学报 (哲学社会科学版) (4)：50 - 56.

吴艳华，2015. 生态批评视角下雅克·阿诺的动物电影 [J]. 电影文学 (16)：74 - 76.

谢金洋，2015. 解析日本宠物题材电影中的家族观意识 [J]. 电影文学 (21)：28 - 30.

易宗容，冯堂超，李雪梅，2013. 浅析中小城市宠物美容现状及发展策略 [J]. 中国畜牧兽医文摘，29 (1)：51.

张斌，2015. 宠物医院实务 [M]. 北京：中国农业出版社.

张广义，2013. 动物在电影作品中的存在方式及作用初探 [J]. 大众文艺 (7)：199 - 200.

周玫，2011. 生态美学视域下的动物电影 [J]. 名作欣赏 (29)：162 - 164.

朱玉峰，2015. 宠物市场现状与药品产业趋势研究 [D]. 洛阳：河南科技大学.

邹介正，王铭农，牛家藩，等，1994. 中国古代畜牧兽医史 [M]. 北京：中国农业科技出版社.

邹连生，2013. 我国宠物产业发展展望 [J]. 广东畜牧兽医科技，38 (1)：41 - 43.

图书在版编目（CIP）数据

宠物文化 / 朱国奉，贾艳主编 . —北京：中国农业出版社，2020.11
高等职业教育农业农村部"十三五"规划教材
ISBN 978-7-109-27360-3

Ⅰ.①宠… Ⅱ.①朱… ②贾… Ⅲ.①宠物—文化研究—高等职业教育—教材 Ⅳ.①S865.3

中国版本图书馆 CIP 数据核字（2020）第 181976 号

中国农业出版社出版
地址：北京市朝阳区麦子店街 18 号楼
邮编：100125
责任编辑：李 萍　文字编辑：张庆琼
版式设计：王 晨　责任校对：周丽芳
印刷：中农印务有限公司
版次：2020 年 11 月第 1 版
印次：2020 年 11 月北京第 1 次印刷
发行：新华书店北京发行所
开本：787mm×1092mm　1/16
印张：10.5
字数：250 千字
定价：33.00 元